Headquarters & Sci-Tech Parks Ⅱ

总部科技园 Ⅱ

佳图文化 编

华南理工大学出版社
SOUTH CHINA UNIVERSITY OF TECHNOLOGY PRESS
· 广州 ·

图书在版编目（CIP）数据

总部科技园Ⅱ / 佳图文化编．—广州：华南理工大学出版社，2012.11
ISBN 978-7-5623-3791-1

Ⅰ.①总…　Ⅱ.①佳…　Ⅲ.①高技术开发区—工业建筑—建筑设计—图集　Ⅳ.① TU27-64

中国版本图书馆 CIP 数据核字（2012）第 236990 号

总部科技园Ⅱ
佳图文化 编

出 版 人：韩中伟
出版发行：华南理工大学出版社
（广州五山华南理工大学 17 号楼，邮编 510640）
http://www.scutpress.com.cn　E-mail: scutc13@scut.edu.cn
营销部电话：020-87113487　87111048（传真）
策划编辑：赖淑华
责任编辑：李良婷　赖淑华
印 刷 者：广州市中天彩色印刷有限公司
开　　本：1016mm×1370mm　1/16　印张：19
成品尺寸：245mm×325mm
版　　次：2012 年 11 月第 1 版　2012 年 11 月第 1 次印刷
定　　价：298.00 元

前言

《总部科技园 II》是继《总部科技园 I》后一本对总部科技园这类特殊建筑的全新解读的建筑系列书籍。本书时效性强，所选案例均为近年最新的设计作品；与第一本不同的是本书的选材范围更广，取材来自世界各地的设计事务所、设计公司以及知名设计师等全球的众多总部科技园建筑；此外全书的可读性强，所选案例都有非常详细深入的介绍，包含了总图、鸟瞰图、平面图、立面图、剖面图以及各种效果图和分析图等，还有大量建成后的实景图供读者参考。

本书是集高水准、代表性总部科技园的佳作，内容详实，介绍角度独特新颖，实为建筑设计类图书中的精品，相信《总部科技园 II》对借鉴和学习总部基地及科技园建筑的设计师和业主等相关行业读者大有裨益。

Contents | 目录

001 总部办公大楼

总部
办公大楼

核心特征
形象展示
集团属性
智慧建筑

CMT 总部大楼

项目地点：西班牙巴塞罗那
客　　户：Groupo Castellvi
建筑设计：Batlle i Roig Arquitectes
面　　积：12 000 m^2
设 计 师：Enric Batlle, Joan Roig
合作设计：Goretti Guillén, Meritxell Moyá, Helena Salvadó, architects, G3 Arquitectura, STATIC, Gerardo Rodríguez, PGI Grup SL

CMT 总部大楼位于 22@ 区，和 INTERFACE 办公大楼一起与周边的建筑共同组成一个建筑群，包括由 Grupo Castellví 开发的 22@ 商业园和超过 41 000m^2 的综合性办公及酒店建筑。它与四个街区相联：Bolivia、Ciutat de Granada、Sancho d'Àvila 和 Badajoz。这一区域也是工业遗产保护区，有着建于 1906 年的 Can Tiana 纺织厂。

CMT 大楼在一个狭长的用地之中，主要立面面向 Carrer Bolivia，老的工业厂坐落在场地中间，项目的出发点就是要将其融入 CMT 的功能规划中。建筑包含地下 3 层停车场以及 11 层的办公服务区域。底层作为建筑的进出通道，与原来的旧厂房相连。旧厂房在原有结构基础上被改造成可容纳 330 人的大会议室以及 CMT 员工服务礼堂，厂房屋顶也与大楼的地面楼层相连接。

包括办公区域在内的主要建筑以入口和服务区为中央核心，办公区域在其外延四周，充分利用建筑内部的自由空间，向四面开放。这样的设计使建筑整体呈现细长不对称状，区别于周边的其他建筑。这种自由的形式又催生了奇异的体量，离散了建筑的表面，不光影响着建筑的内部空间，也使得建筑成为一个标志性的建筑。

建筑师在新建筑上采用与老厂房一致的水平板式表皮系统，将两个建筑统一起来。板式表皮系统能为每层遮阳，同时也形成了地面入口的雨棚。

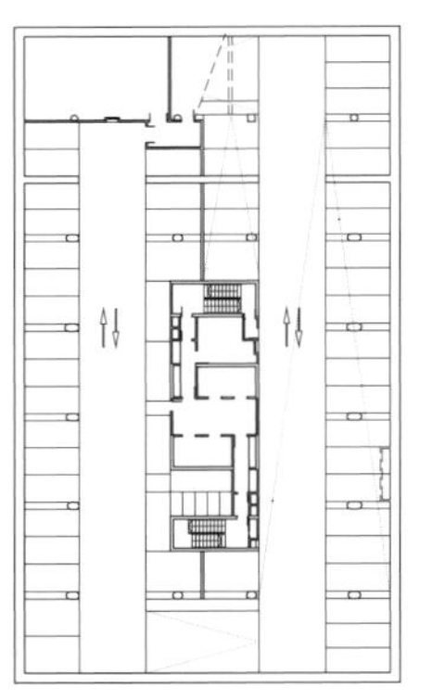

PLANTA SÓTANO -3

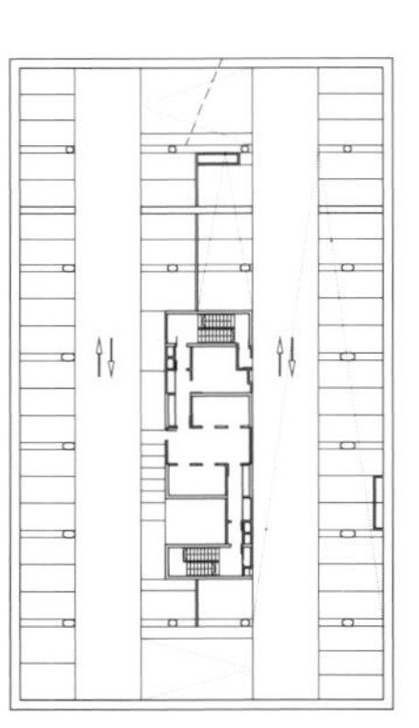

PLANTA SÓTANO -2

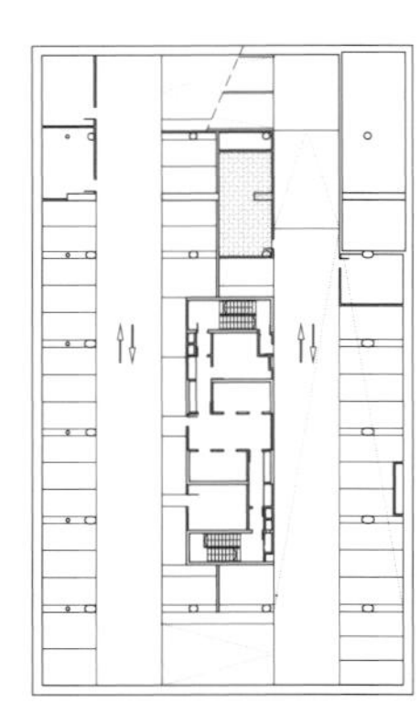

PLANTA SÓTANO -1

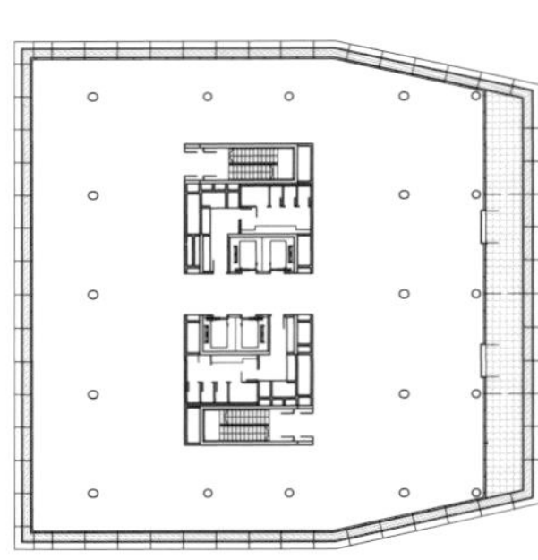

PLANTA SEXTA

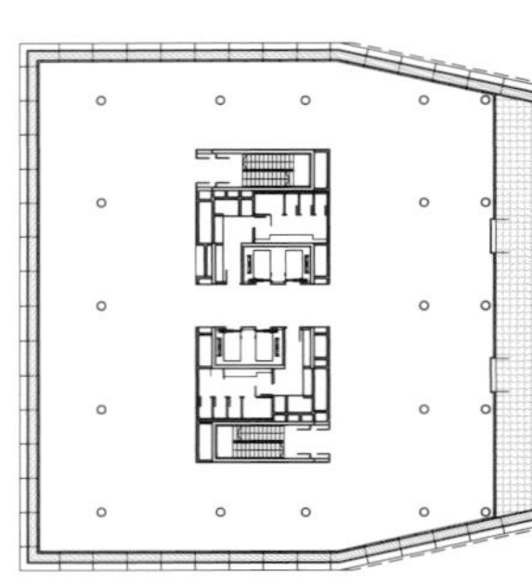

PLANTA SÉPTIMA

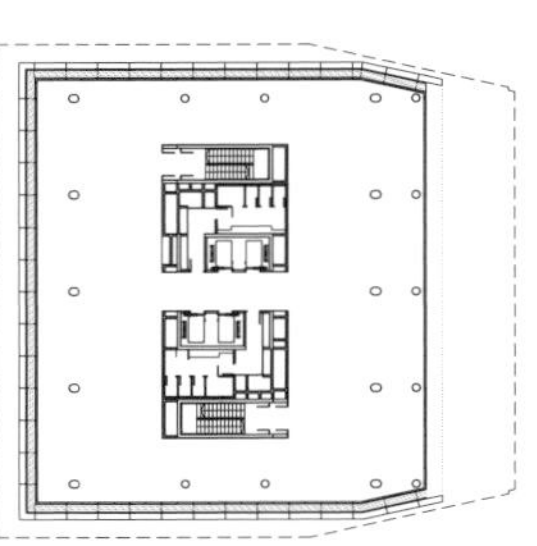

PLANTA TERCERA

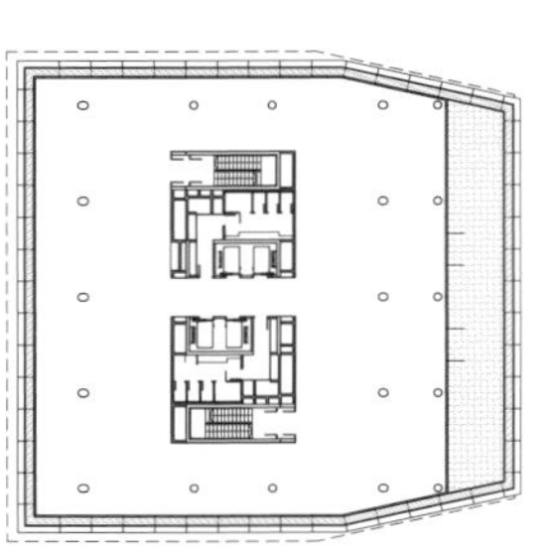

PLANTA CUARTA

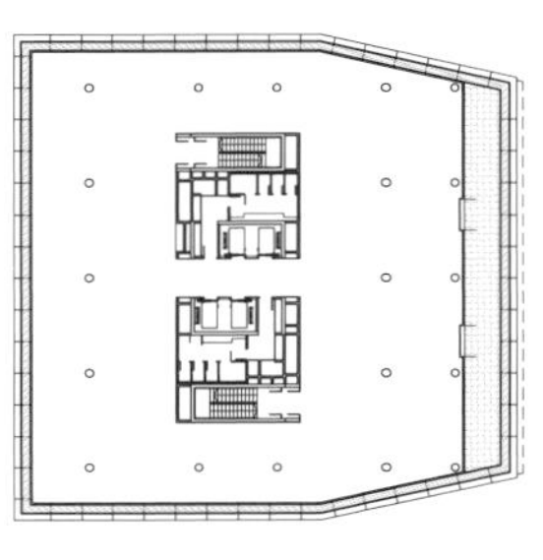

PLANTA QUINTA

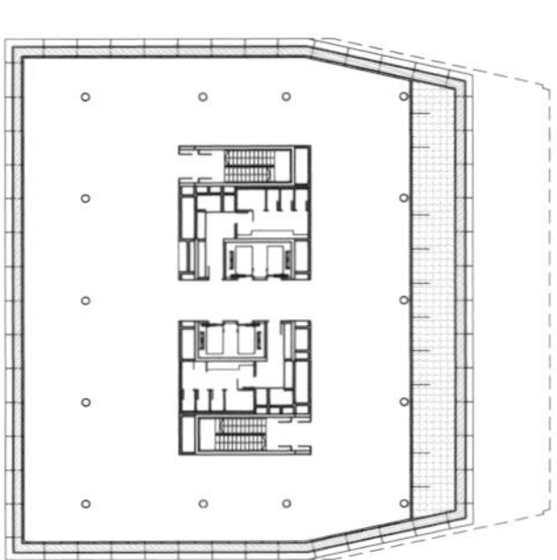

PLANTA NOVENA

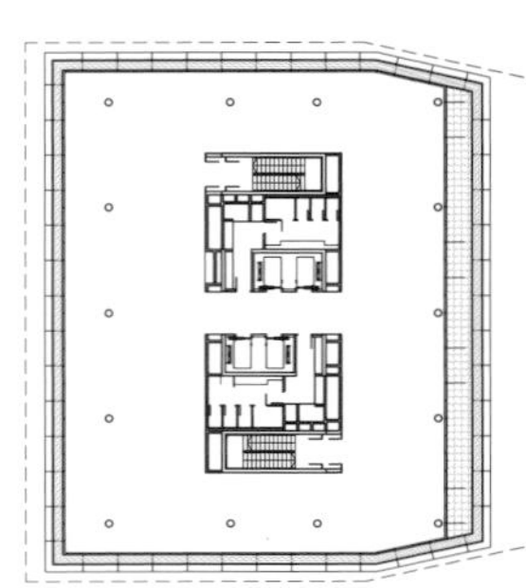

PLANTA DÉCIMA

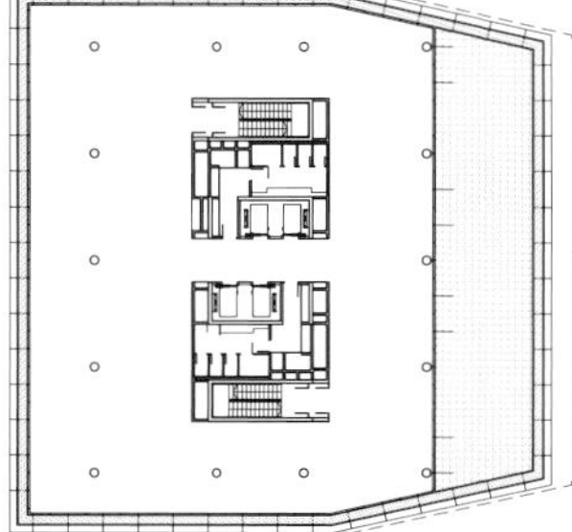

PLANTA OCTAVA

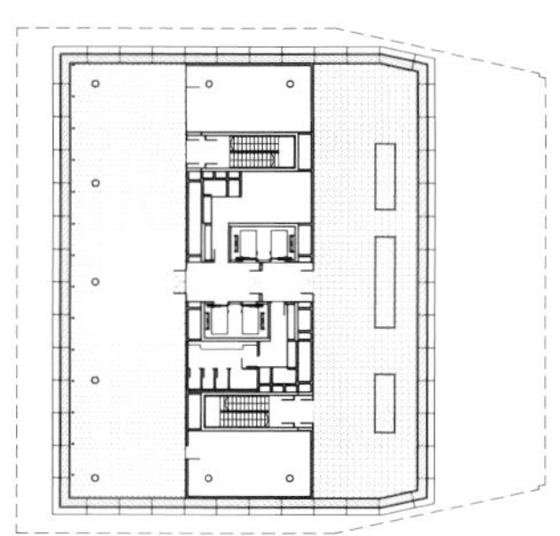

PLANTA TÉCNICA

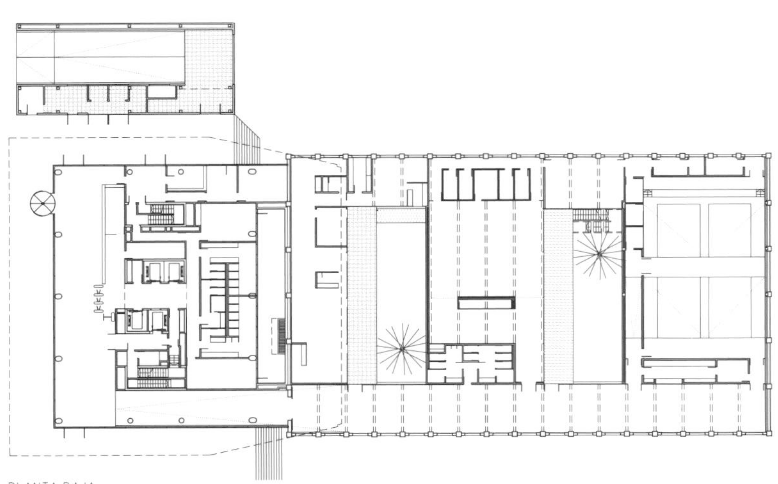

PLANTA BAJA

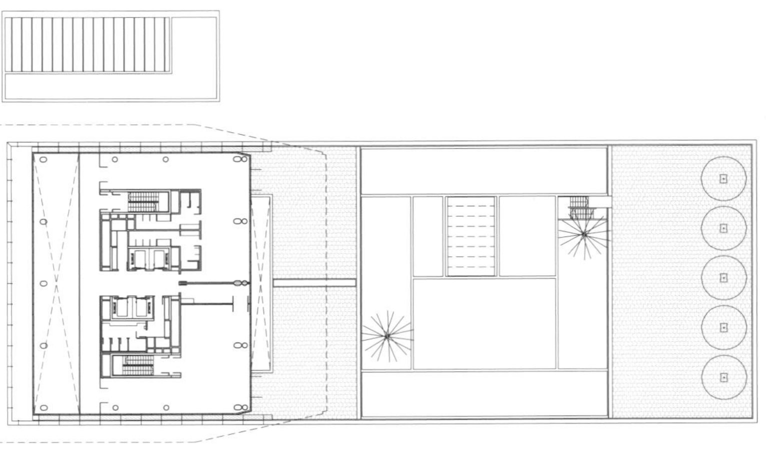

PLANTA PRIMERA

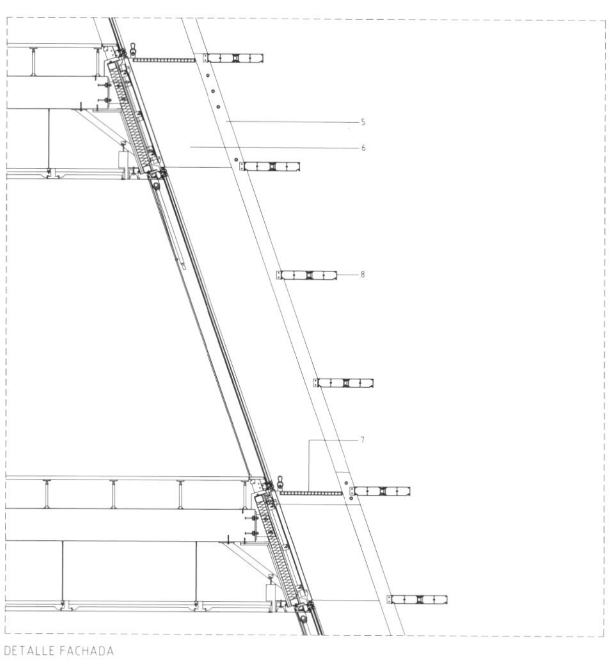

DETALLE FACHADA

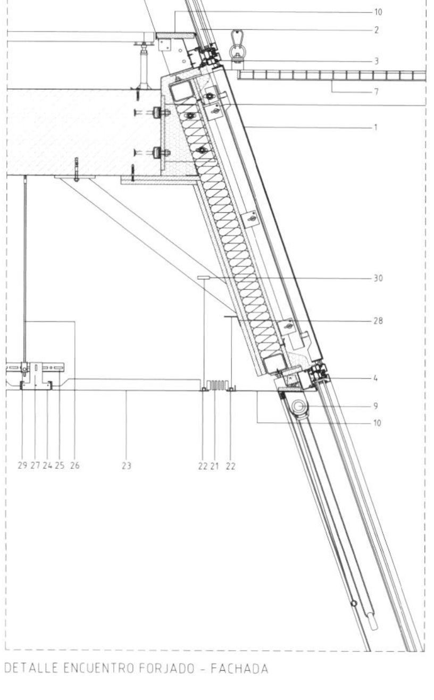

DETALLE ENCUENTRO FORJADO - FACHADA

0 10 50 cm

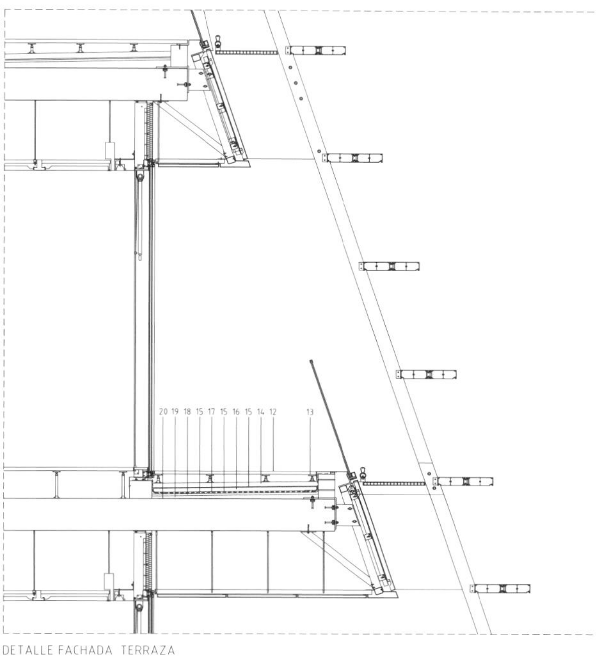

DETALLE FACHADA TERRAZA

0 50 100 cm

1. BANDEJA COLGADA DE PANEL COMPOSITE LACADA RAL SEGUN DF
2. VIDRIO CAMARA 8T/158/6+4 CON CAPA SELECTIVA EN CARA 2 TONALIDAD MARRÓN
3. TAPETA PLANA DE ALUMINIO DE 13mm
4. CARPINTERÍA DE ALUMINIO DE 65mm
5. SABLES ESTRUCTURALES DE ACERO GALVANIZADO PINTADO e:12mm
6. CHAPA CORTADA A LASER DE ACERO GALCIVANIZADO e:8mm
7. ENTRAMADO DE ACERO GALVANIZADO 30x30mm DE PLETINAS 35x3mm
8. PERFIL DE EXTRUSIÓN ESPECIAL DE ALUMINIO MACHIHEMBRADO
9. CORTINA ENROLLABLE TIPO SCREEN, CARACTERÍSTICAS SEGÚN DF
10. MOLDURA DE CHAPA PLEGADA DE ALUMINIO LACADO e:2mm
11. VIDRIO LAMINAR 8T+8T
12. PAVIMENTO DE PIEZAS PREFABRICADAS GRANULADAS DE 30x60x5cm
13. SOPORTES GRADUABLES DE ACERO GALVANIZADO
14. CHAPA DE COMPRESIÓN DE HORMIGON e:5cm. CON MALLA 150x150Ø5mm
15. GEOTEXTIL
16. AISLAMIENTO PLACAS DE POLIESTIRENO EXTRUIDO e:4cm
17. IMPERMEABILIZACIÓN LÁMINA ASFÁLTICA
18. CAPA DE MORTERO DE REGULARIZACIÓN e:2cm.
19. HORMIGÓN CELULAR FORMACIÓN DE PENDIENTES
20. BARRERA DE VAPOR
21. REJA DE VENTILACIÓN DE ALUMINIO EXTRUIDO ACABADO ANODIZADO CON LAMAS HORIZONTALES FIJAS Y SIN MARCO
22. GUÍA METÁLICA SUSPENDIDA DEL FORJADO. ANCHO 32mm
23. PLACA METÁLICA DE FALSO TECHO MICROPERFORADA CON VELO ACÚSTICO
24. PERFIL EN "C" METÁLICO 100x30x4000mm
25. PERFIL U DE SOPORTE Y ARRIOSTRAMIENTO. e: 1.5 mm
26. VARILLA ROSCADA
27. COLGADOR PARA PERFIL C. e: 1.5 mm
28. PERFIL EN "L" 25X25X1,2 mm
29. ABRAZADERA METÁLICA
30. TRAVESAÑO METÁLICO ENTRE LAS RIOSTRAS DE LA FACHADA

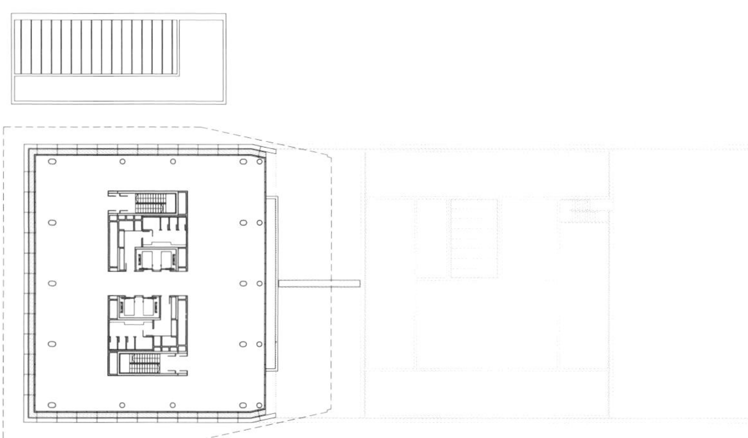

PLANTA SEGUNDA

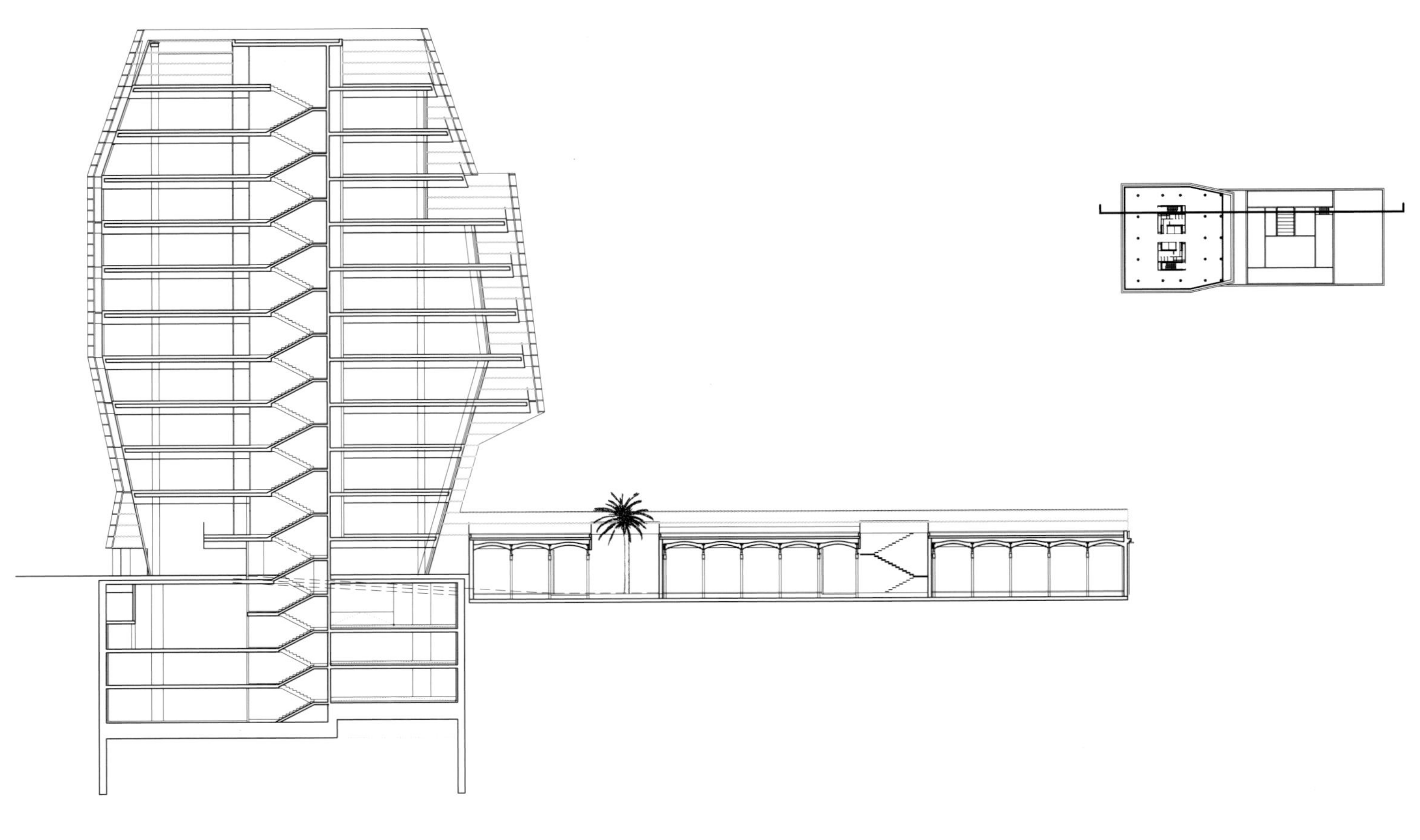

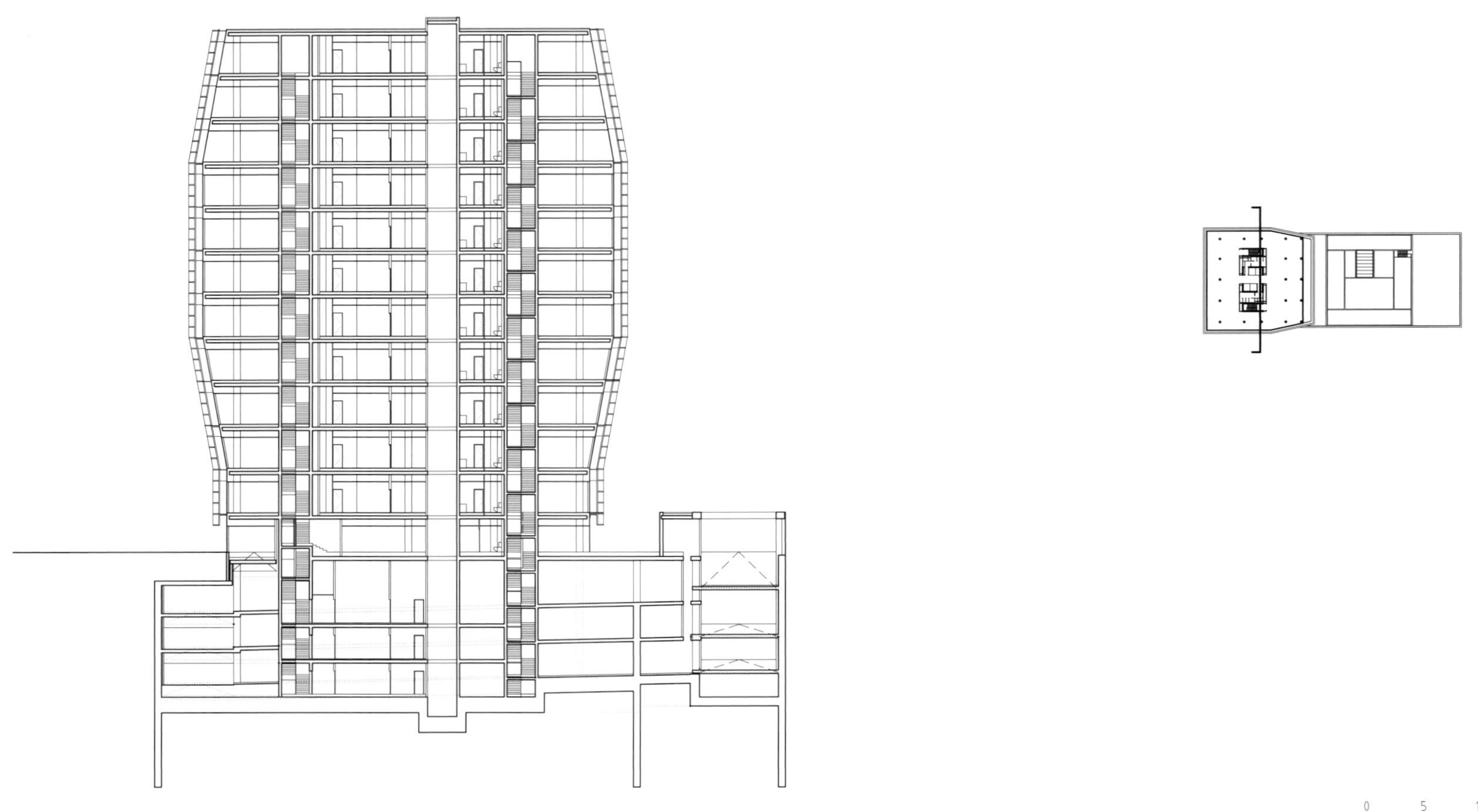
0 5 10 m

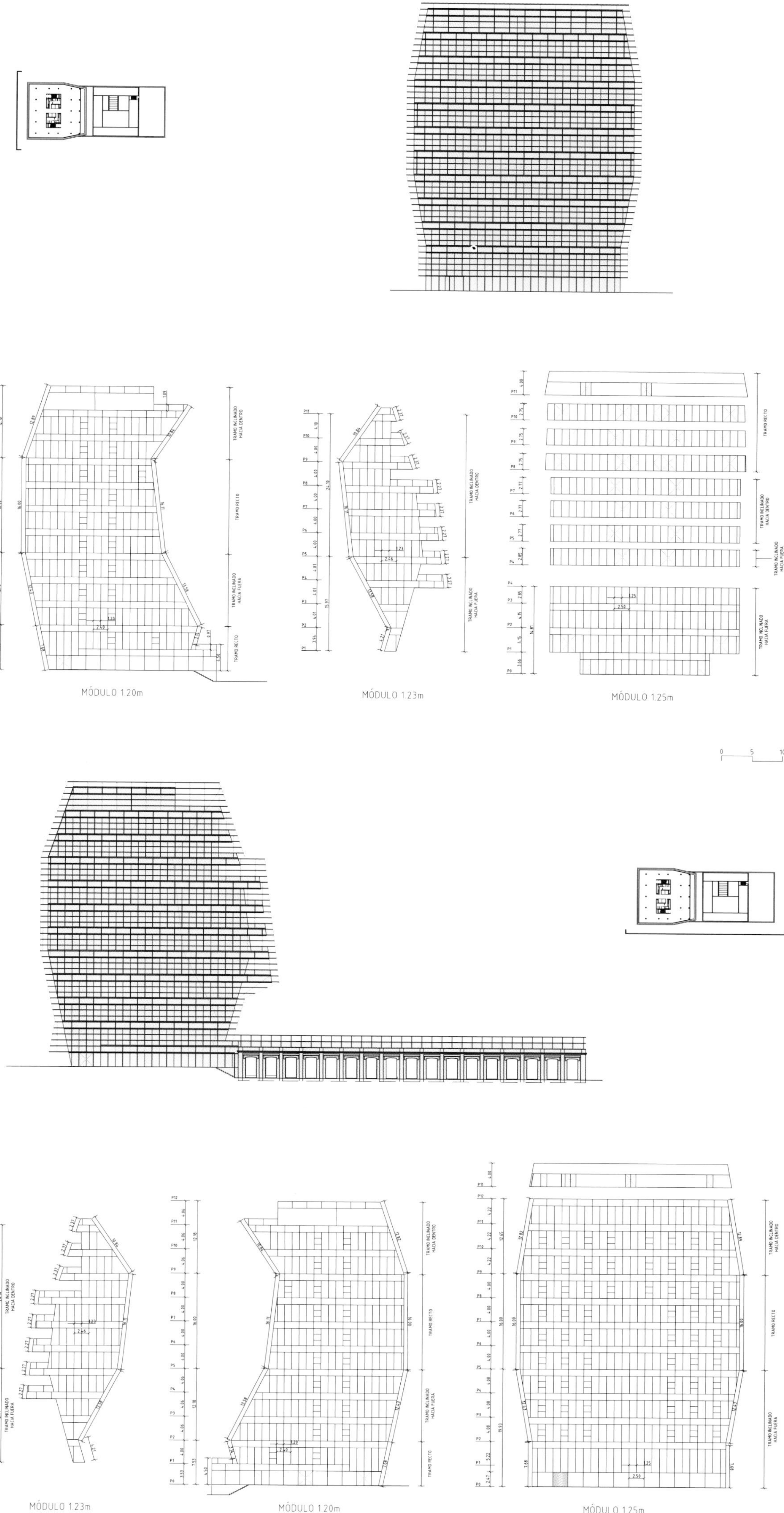
MÓDULO 1.20m
MÓDULO 1.23m
MÓDULO 1.25m
TRAMO INCLINADO HACIA DENTRO
TRAMO RECTO
TRAMO INCLINADO HACIA FUERA
0
5
10
m
MÓDULO 1.23m
MÓDULO 1.20m
MÓDULO 1.25m

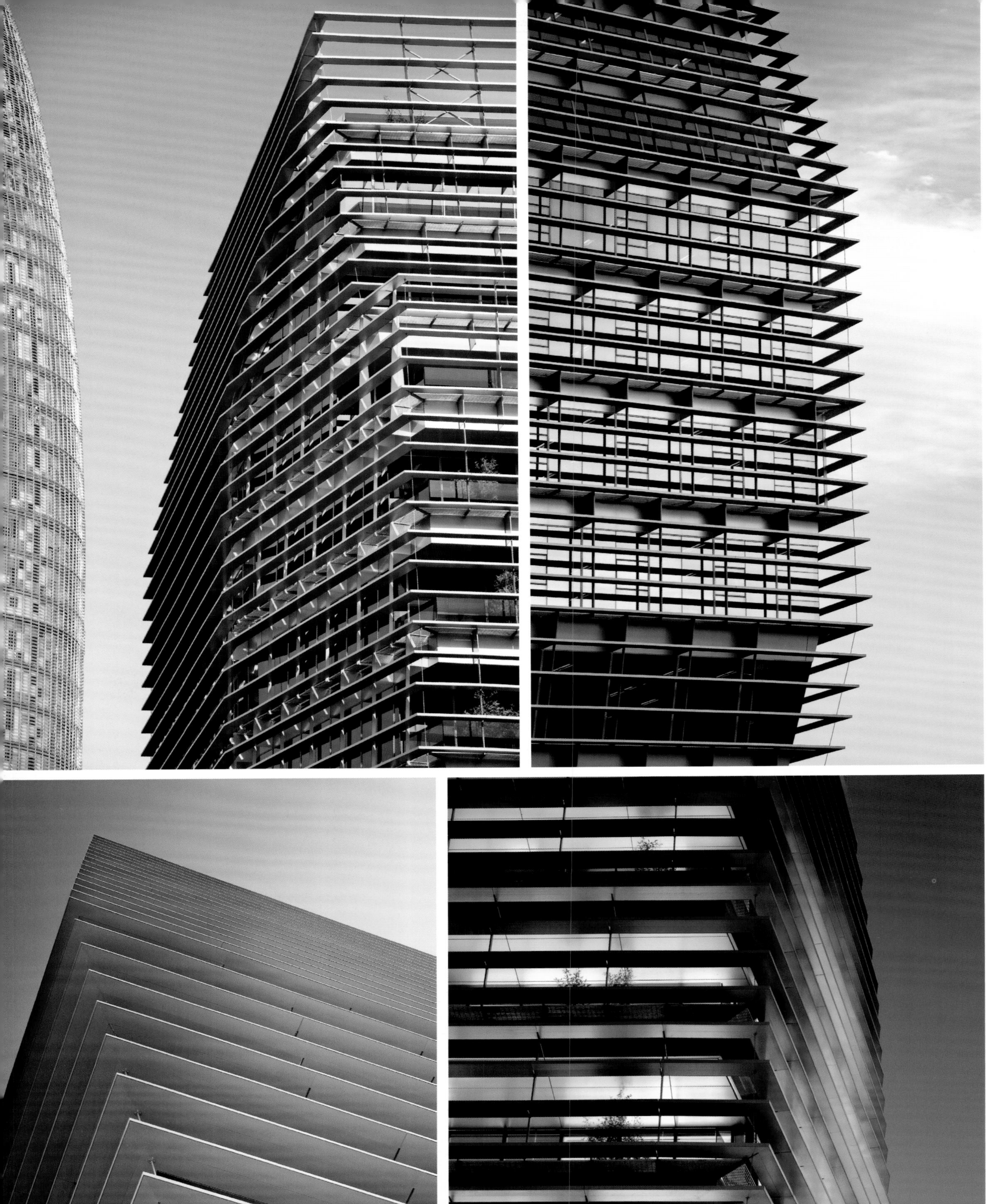

荷兰 TNT 总部办公楼

项目地点：荷兰霍夫多普
客　　户：Triodos-OVG 地产公司（鹿特丹、泽斯特）
建筑设计：阿姆斯特丹 Paul de Ruiter 建筑师事务所
建 筑 师：Paul de Ruiter，Chris Collaris
室内设计：新维根 Ex 室内设计
室内设计师：Odette Ex，Jessica van Boxtel
总建筑面积：17 300m^2
摄　　影：Bowie Verschuuren，Alexander van Berge，Pieter Kers

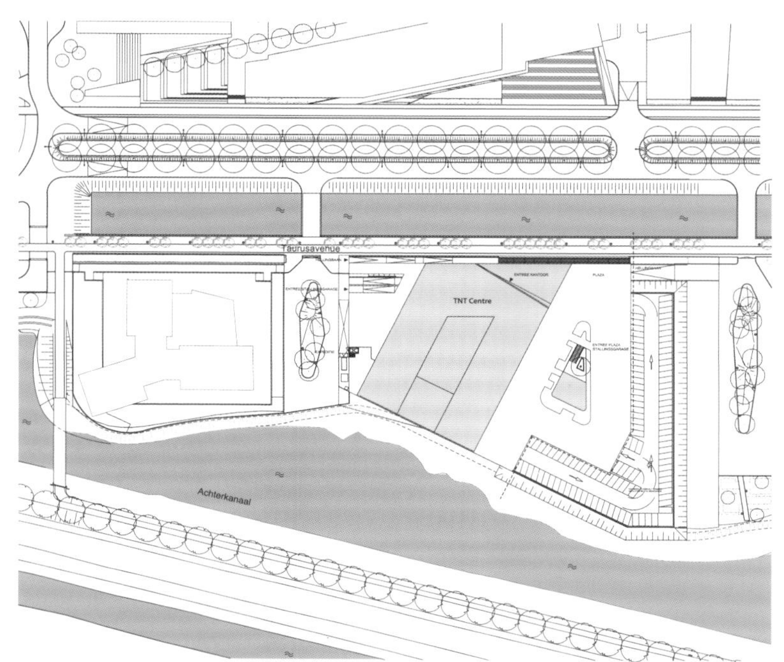

situatie/situation
schaal/scale 1:1000
formaat/format A3

TNT 总部办公楼是一座通透而鼓舞人心的建筑。建筑的朝向和布局根据场地、城市规划及周围的景观而定，充分体现其对所在位置的衔接作用。而城市肌理、物流及社会层面上的连通性正是可持续性的核心理念。同时，连通建筑又能与周围环境形成互动：它将人们聚集到一起并促进相互之间的交流与联系。在 TNT 总部大楼，这种功能被体现得淋漓尽致：它为人们提供了多个聚集、交流的场所。

得益于建筑的朝向，充足的阳光得以通过中庭渗透到建筑内部。同时，中庭的设计使 TNT 员工能够欣赏到周围的自然景观。且中庭与入口相连，通过阶梯露台可引导人们进入建筑内部。

TNT 大楼中所有的绿色电力都由“绿色机器”提供，周期性的电力盈余被蓄积起来供电力短缺时使用，而这个过程中产生的热量则可供周围的建筑使用。该建筑的内置供电设备将能源消耗量降到最低，基本上可达到能源的自给自足，这一构思通过土壤蓄水层的热能储备来实现。在这一过程中，生物热电联产处理的是有机残余废料。同时，地热为大楼的微气候调节系统提供了必要的能量来源。

一座建筑的可持续性，不仅体现在建筑材料的选择、节能技术的应用、二氧化碳排放的控制及功能的灵活布置上，更重要的在于不对周围建筑、当地社区及环境造成破坏。当建筑忽视与周围环境的联系时，就容易对环境肌理造成损害。

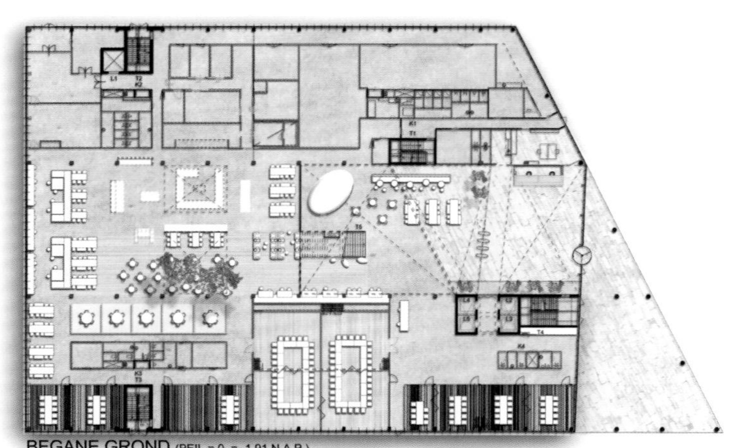
BEGANE GROND (PEIL = 0 = -1.91 N.A.P.)

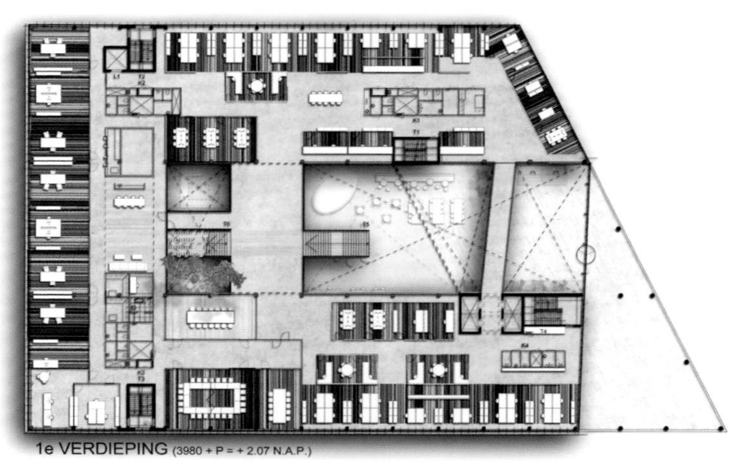
1e VERDIEPING (3980 + P = + 2.07 N.A.P.)

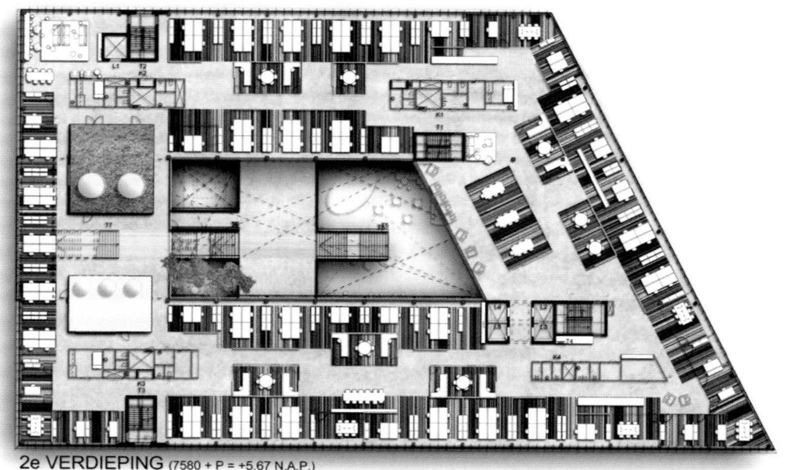

2e VERDIEPING (7580 + P = +5.67 N.A.P.)

4e VERDIEPING (14780 + P = +12.87 N.A.P.)

1 kantoorruimte/office space
2 trappenhuis/staircase
3 lift/elevator
4 toiletten/toilets
5 douches/showers
6 schacht/shaft
7 terras atrium/terrace atrium
8 vloer sparing/floor pairing
9 technische ruimte/technical space
10 goederenlift/freight elevator
11 pantry/pantry
12 entree/entry
13 restaurant/restaurant

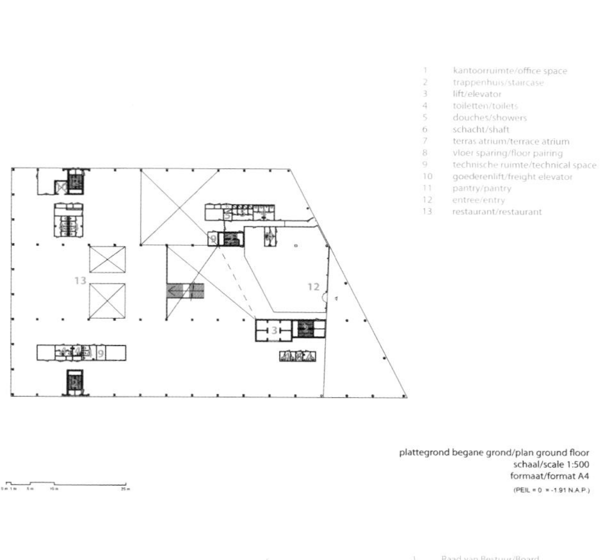

plattegrond begane grond/plan ground floor
schaal/scale 1:500
formaat/format A4
(PEIL = 0 = -1.91 N.A.P.)

1 Raad van Bestuur/Board
2 trappenhuis/staircase
3 lift/elevator
4 toiletten/toilets
5 brug/bridge
6 schacht/shaft
7 terras atrium/terrace atrium
8 vloer sparing/floor pairing
9 technische ruimte/technical space
10 goederenlift/freight elevator

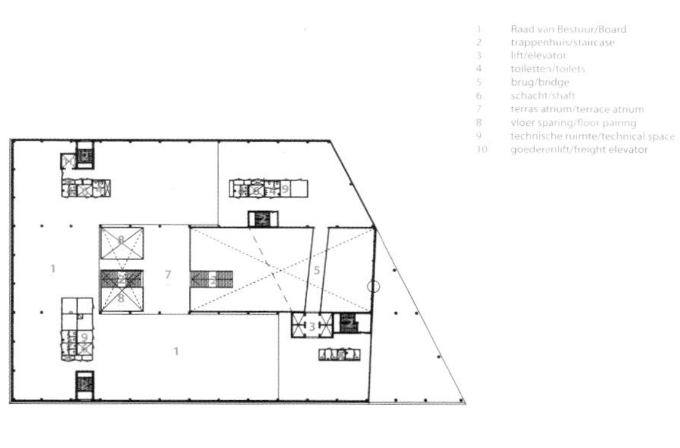

plattegrond 1e etage/plan 1st floor
schaal/scale 1:500
formaat/format A4

1 kantoorruimte/office space
2 trappenhuis/staircase
3 lift/elevator
4 toiletten/toilets
5
6 schacht/shaft
7 terras atrium/terrace atrium
8 vloer sparing/floor pairing
9 technische ruimte/technical space
10 goederenlift/freight elevator

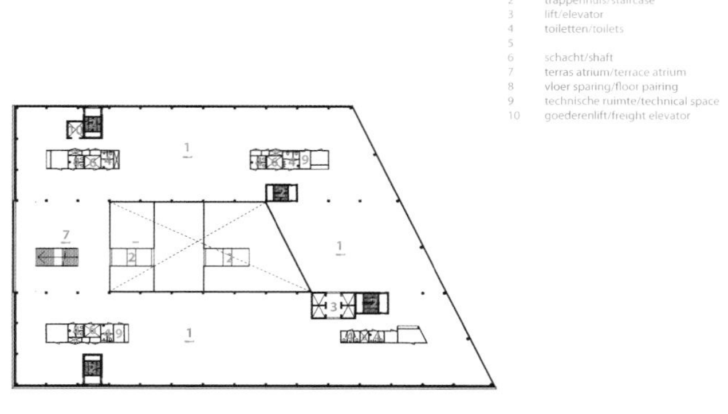

plattegrond 2e etage/plan 2nd floor
schaal/scale 1:500
formaat/format A4
(7580 + P = +5.67 N.A.P.)

1 kantoorruimte/office space
2 trappenhuis/staircase
3 lift/elevator
4 toiletten/toilets
5
6 schacht/shaft
7 terras atrium/terrace atrium
8 vloer sparing/floor pairing
9 technische ruimte/technical space
10 goederenlift/freight elevator

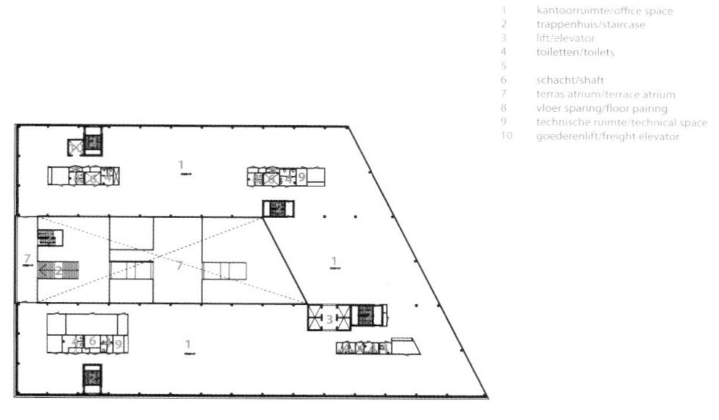

plattegrond 3e etage/plan 3rd floor
schaal/scale 1:500
formaat/format A4
(11180 + P = +9.27 N.A.P.)

1 kantoorruimte/office space
2 trappenhuis/staircase
3 lift/elevator
4 toiletten/toilets
5
6 schacht/shaft
7 terras atrium/terrace atrium
8 vloer sparing/floor pairing
9 technische ruimte/technical space
10 goederenlift/freight elevator

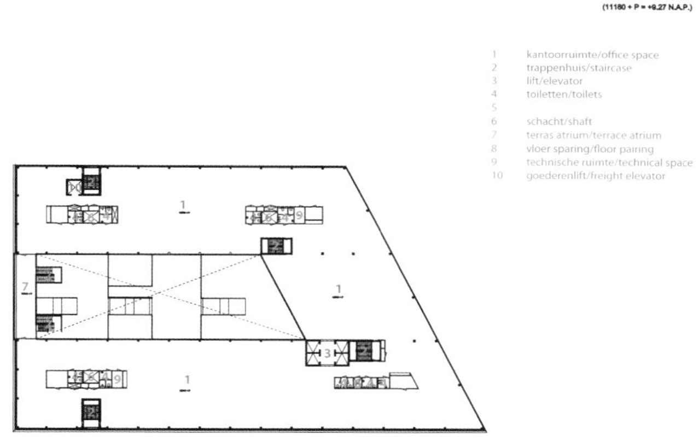

plattegrond 4e etage/plan 4th floor
schaal/scale 1:500
formaat/format A4
(14780 + P = +12.87 N.A.P.)

1 kantoorruimte/office space
2 trappenhuis/staircase
3 lift/elevator
4 toiletten/toilets
5
6 schacht/shaft
7 terras atrium/terrace atrium
8 vloer sparing/floor pairing
9 technische ruimte/technical space
10 goederenlift/freight elevator
11 pantry/pantry

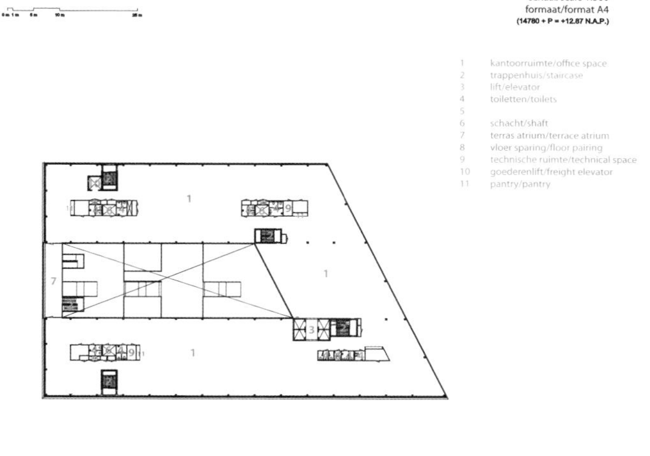

plattegrond 5e etage/plan 5th floor
schaal/scale 1:500
formaat/format A4
(18380 + P = +16.47 N.A.P.)

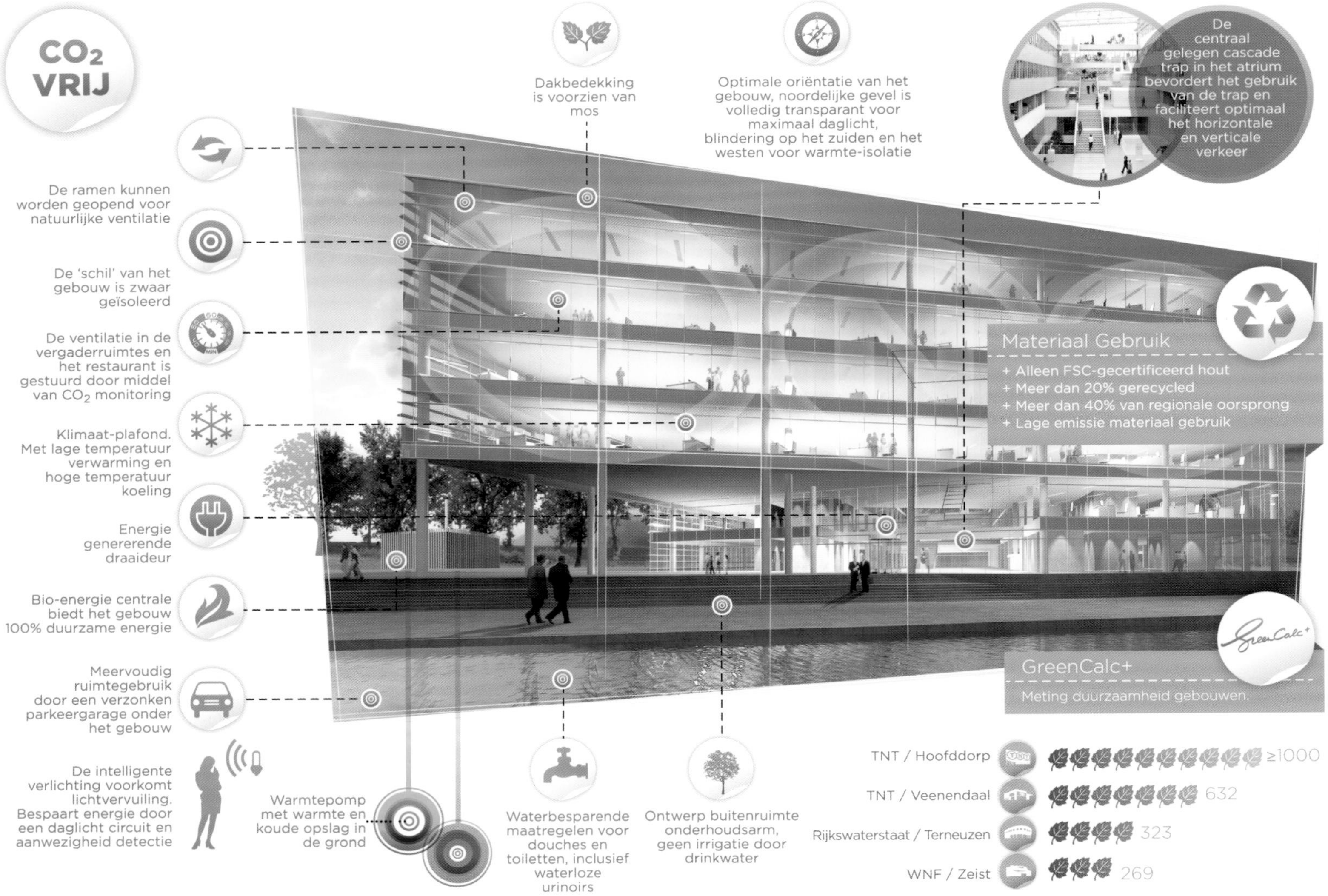

CO2 VRIJ

Dakbedekking is voorzien van mos

Optimale oriëntatie van het gebouw, noordelijke gevel is volledig transparant voor maximaal daglicht, blindering op het zuiden en het westen voor warmte-isolatie

De centraal gelegen cascade trap in het atrium bevordert het gebruik van de trap en faciliteert optimaal het horizontale en verticale verkeer

De ramen kunnen worden geopend voor natuurlijke ventilatie

De 'schil' van het gebouw is zwaar geïsoleerd

De ventilatie in de vergaderruimtes en het restaurant is gestuurd door middel van CO_2 monitoring

Klimaat-plafond. Met lage temperatuur verwarming en hoge temperatuur koeling

Energie genererende draaideur

Bio-energie centrale biedt het gebouw 100% duurzame energie

Meervoudig ruimtegebruik door een verzonken parkeergarage onder het gebouw

De intelligente verlichting voorkomt lichtvervuiling. Bespaart energie door een daglicht circuit en aanwezigheid detectie

Warmtepomp met warmte en koude opslag in de grond

Waterbesparende maatregelen voor douches en toiletten, inclusief waterloze urinoirs

Ontwerp buitenruimte onderhoudsarm, geen irrigatie door drinkwater

Materiaal Gebruik

+ Alleen FSC-gecertificeerd hout
+ Meer dan 20% gerecycled
+ Meer dan 40% van regionale oorsprong
+ Lage emissie materiaal gebruik

GreenCalc+

Meting duurzaamheid gebouwen.

TNT / Hoofddorp	≥1000
TNT / Veenendaal	632
Rijkswaterstaat / Terneuzen	323
WNF / Zeist	269

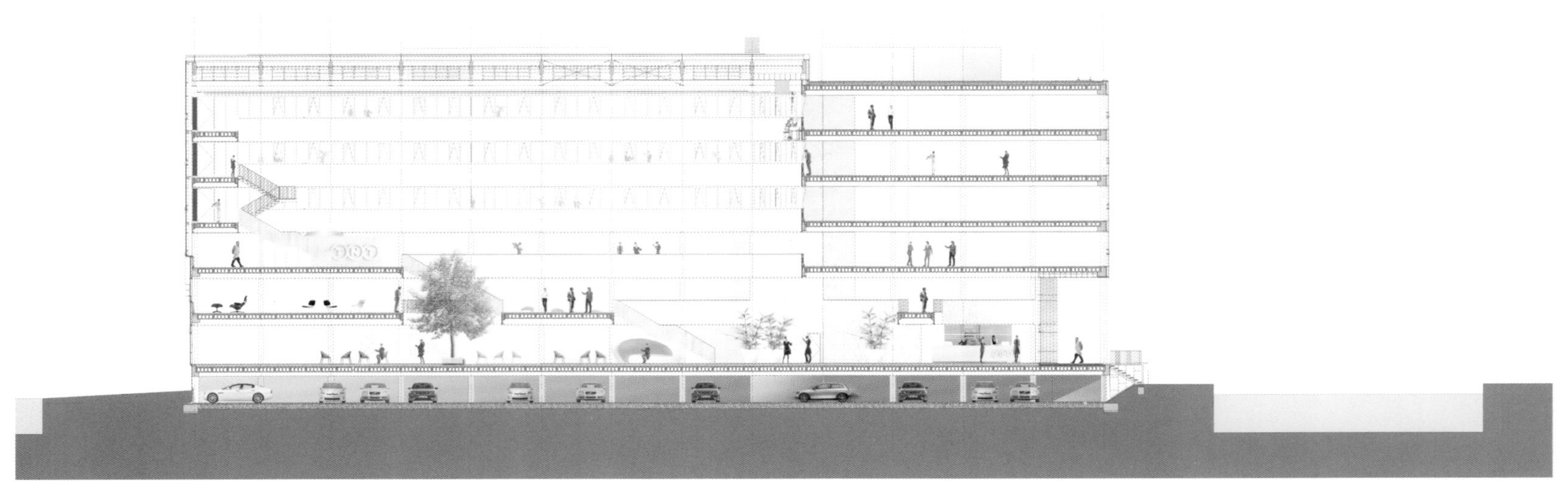

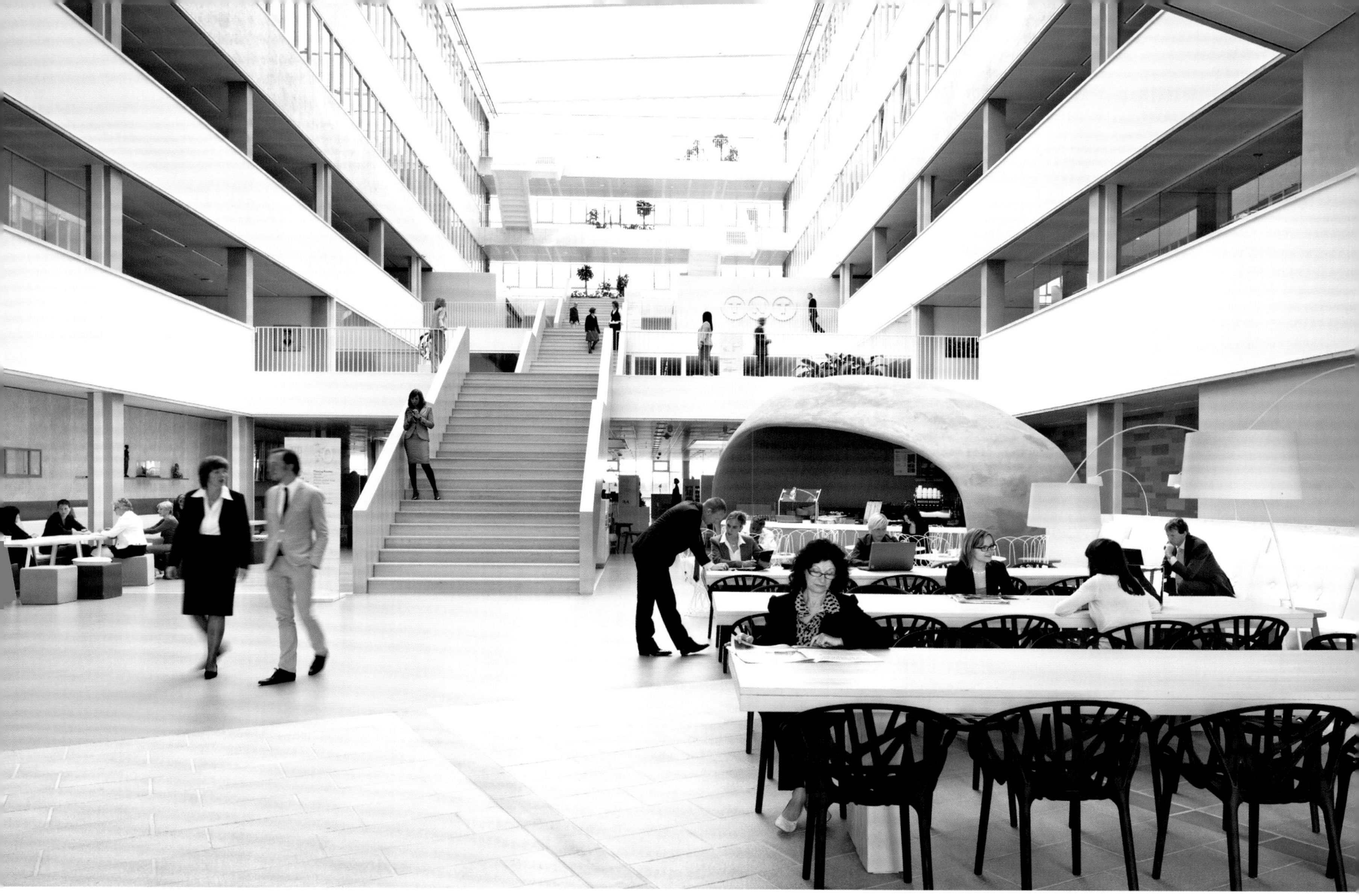

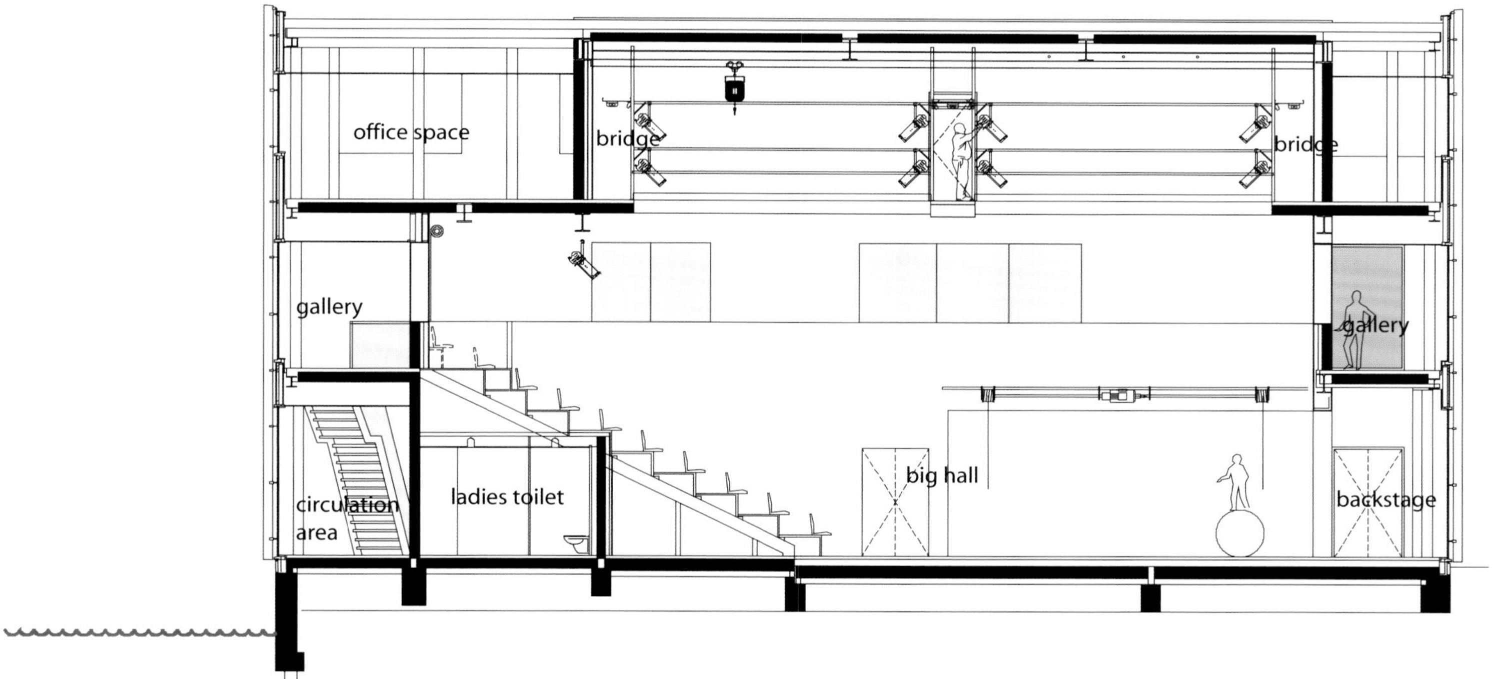

office space
bridge
bridge
gallery
gallery
big hall
backstage
circulation area
ladies toilet

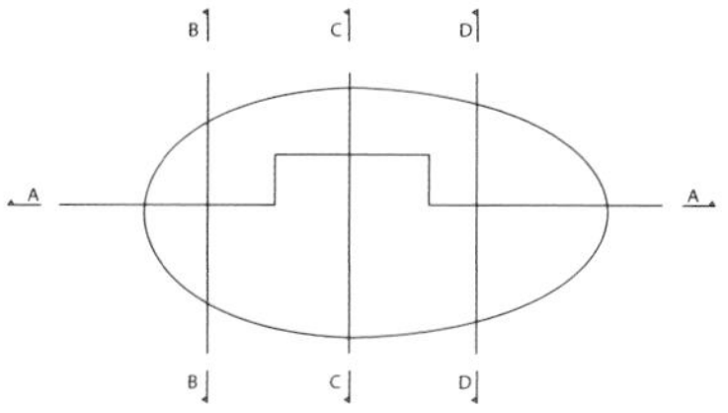

B
C
D
A
A
B
C
D

cross section C-C
scale 1:200
format A4

0 5 10 m

Project met financiële steun
van de Europese Unie

TNT

微软欧洲总部大楼

项目地点：法国巴黎

建筑设计：美国 Arquitectonica 建筑事务所

总 面 积：46000 m^2

摄　　影：Eric Morrill, Paul Maurer

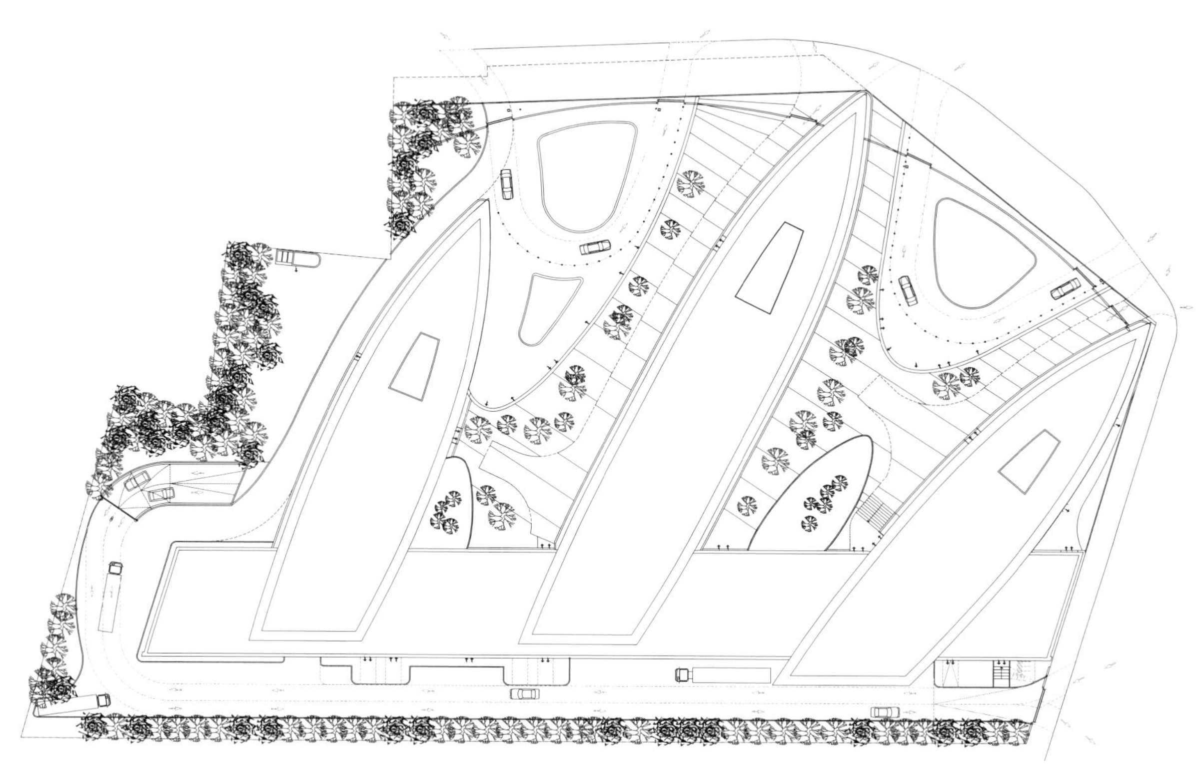

项目的亮点体现在三个方面。

棱柱：SCNF 小道上的矩形棱柱标志着城市的边缘线，定位了城市的发展方向。这个矩形棱柱在几何方向上与周围的建筑成直角结构分布。另外，它还为 SCNF 活动区提供了一个缓冲区，并且通过其玻璃的透明特性，从视觉上把项目与该城市联系在一起。

塔楼：三座如雕塑般的建筑矗立在矩形棱柱前。塔楼建筑朝河边延伸，一座座看起来就是整个作品中独立的一部分。其中两座塔楼与棱柱交叉相错而立，另一座则独自站立。这种设置格局是为了引人注目和彰显个性。塔楼建筑的活力蕴藏在其动态感之中，与矩形棱柱的静态美相得益彰。异型玻璃表面在棱柱处分开，而后又汇聚在一起，向码头延伸。它们之间合成的空间打开了沿河狭长的街景，使建筑环城公路大道和码头拥有同等的可视度。

基地：高楼在这个有机的起伏的平台上林立而起。这个新的地形或者说是人造地形隐藏着基地建设的巨大潜能，并为建筑提供一个意想不到的基础环境。基地与码头边上的公共土地，发电厂附近的公园以及项目大楼和环城大道之间新建的公园融为一体。目的是消除新建公园和项目地之间的边界定义。这产生了双重好处：使得公园看上去比实际的更大，同时项目大楼的占地面积看起来也更宽广些。

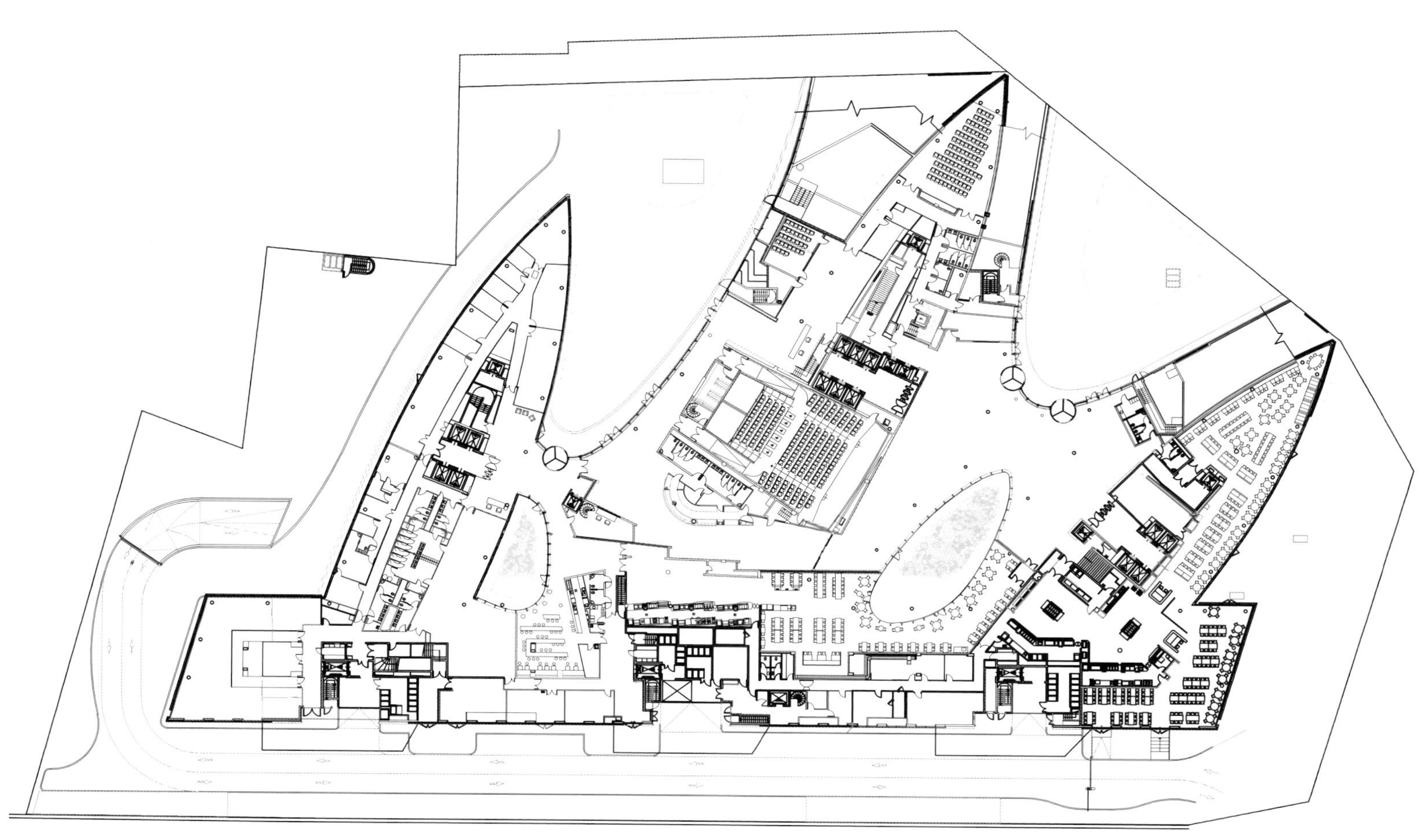

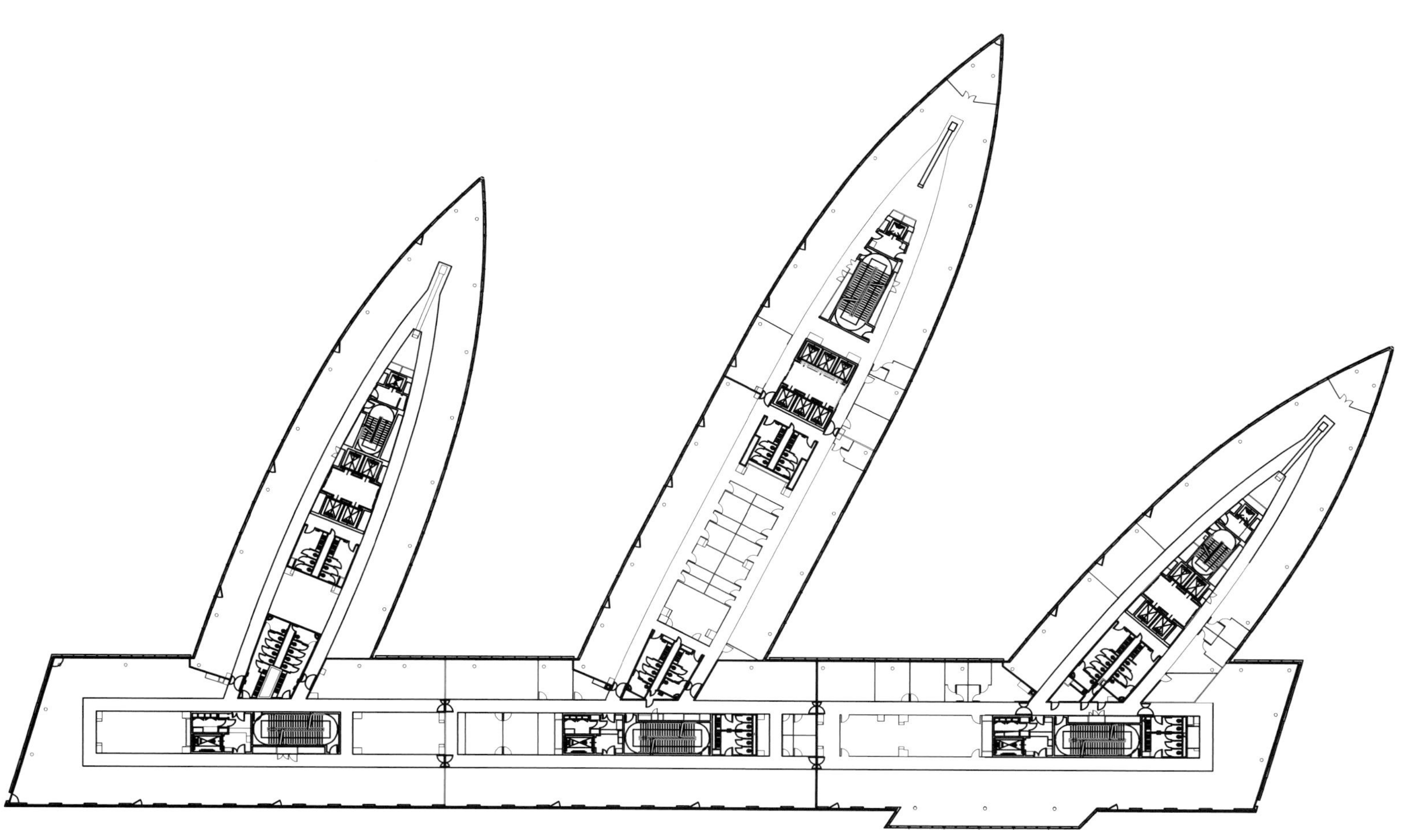

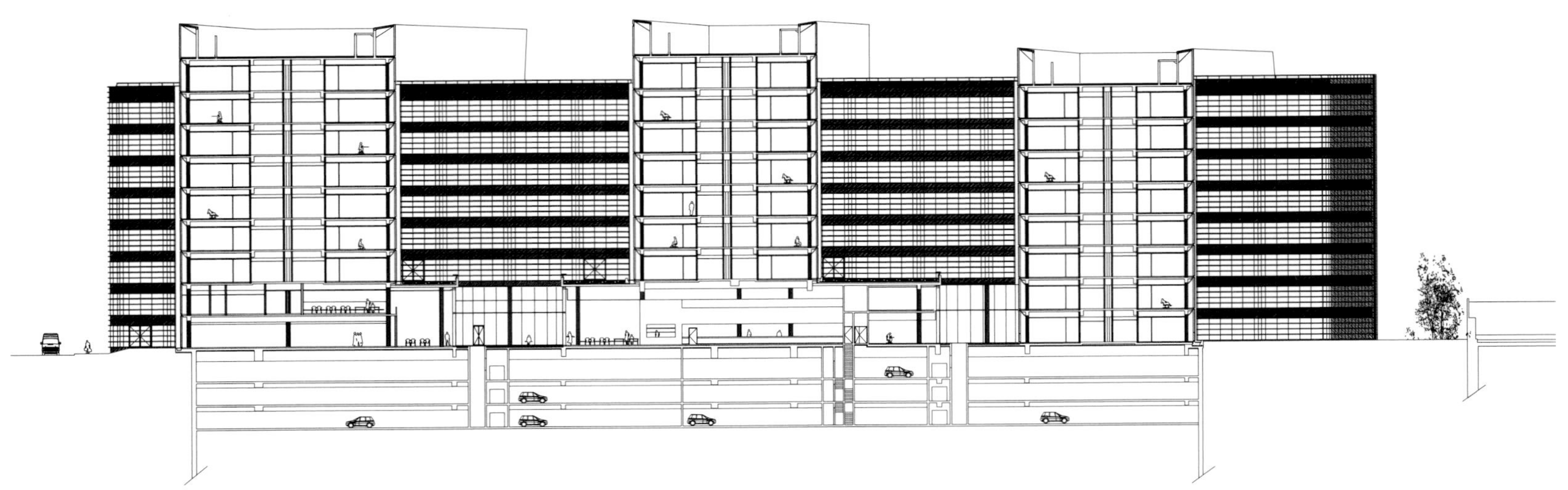

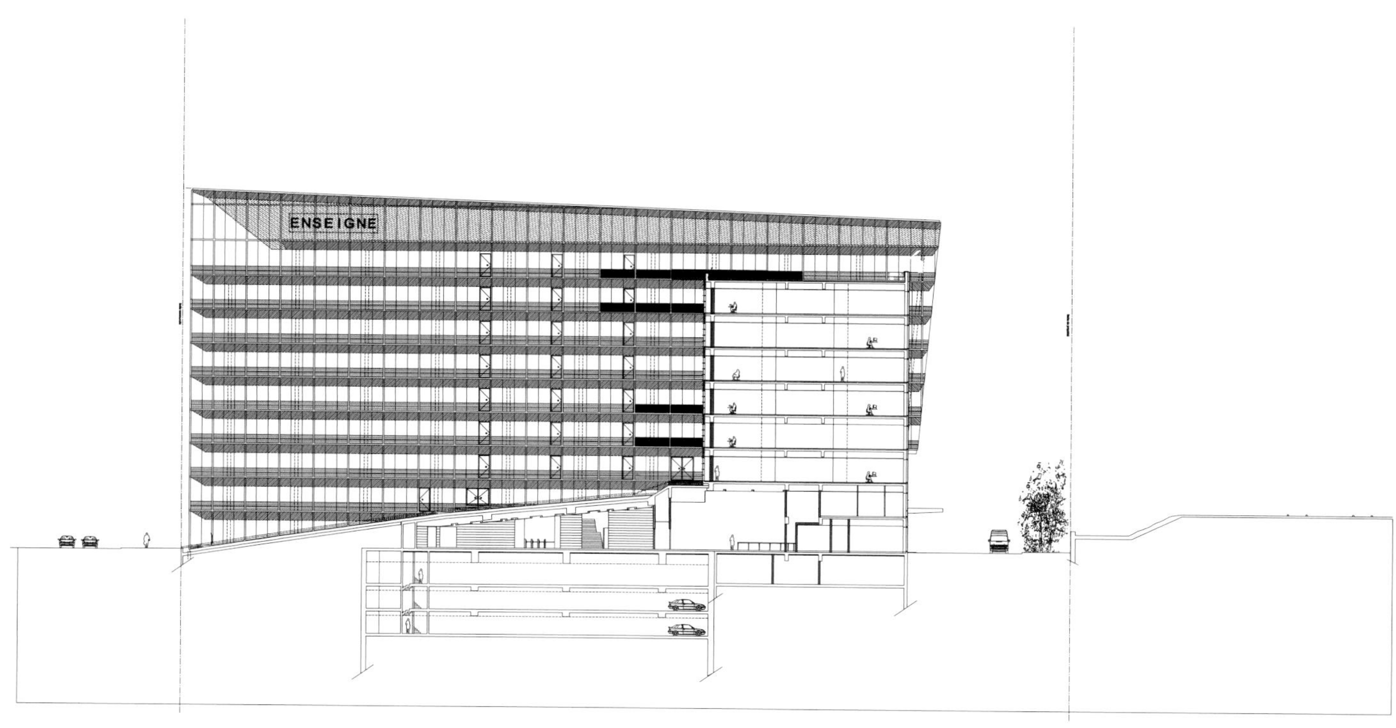
ENSEIGNE

assion.
Microsoft

Decos 科技集团总部

项目地点：荷兰诺德维克
客　　户：Decos 科技集团
建筑设计：INBO
设 计 师：Jeroen Simons, Saxon-Lear Duckworth
设计团队：Arnold Homan, Hans van Velzen, Erik Berg, Arie de Jong, Ben van der Wal
摄　　影：Gerard van Beek Fotografie
面　　积：2 531 m^2

荷兰 Decos 科技集团新总部最近正式开放，以量身定制的工作空间开启了集团的新纪元。建筑位于 Space Business 公园内，毗邻 ESTEC-ESA，Decos 总部将会成为该中心公共区域之外的又一间联营公司。

新总部由荷兰 Inbo 设计，建筑象征着公司发展和无形尖端技术的运用。建筑师 Jeroen Simons 与 Saxon-Lear Duckworth 的方案灵感来自陨石和其撞击地面的痕迹，显现出建筑突兀地端坐于平地之上的惊奇效果。而陨石概念也意指在园区内所实施的与空间有关的活动。

无纸化环境与车队管理系统使得员工可以不受地点限制工作，这种办公方式也让设计师有可能从根本上对办公空间与员工工作方式进行重新考虑。因此，建筑力图适应灵活的办公与会议场所的所有用途及变化。客户颇具雄心的计划促成了这个独特的设计。

项目最大的特色是建筑的表皮与内里相呼应，间隔的空隙使各楼层拥有不同的景观，由此而来，便呈现出一座透明的结构。建筑光滑无缝的冰蓝色表皮上镶嵌着连续的窗棱，呈现出遥远而奇妙的效果。场地折叠如同月球表面，而建筑正位于一个火山口前方。一扇夏至窗如同日晷一样，加强了建筑的神秘感和与宇宙之间的联系。在 2011 年 6 月 21 日的盛大开幕中，正午的一缕阳光犹如照射到一块有 40 亿年历史的陨石上，使该建筑根植于这个宇宙上。

无纸环境也意味着没有文件柜或订单，员工仅靠笔记本电脑便能自由办公。建筑内包括一系列大大小小的会议室，用于正式或非正式的会议，亦可用作咖啡间、冥想室和游戏间。大楼的中部覆盖了多数的会议空间、洗手间、电梯厅及其他的配置。楼梯设在靠近窗户的一侧，鼓励人们多走楼梯、欣赏表皮呈现的奇妙的空间效果。这座新的建筑大胆而有力地回应了业主的雄心。

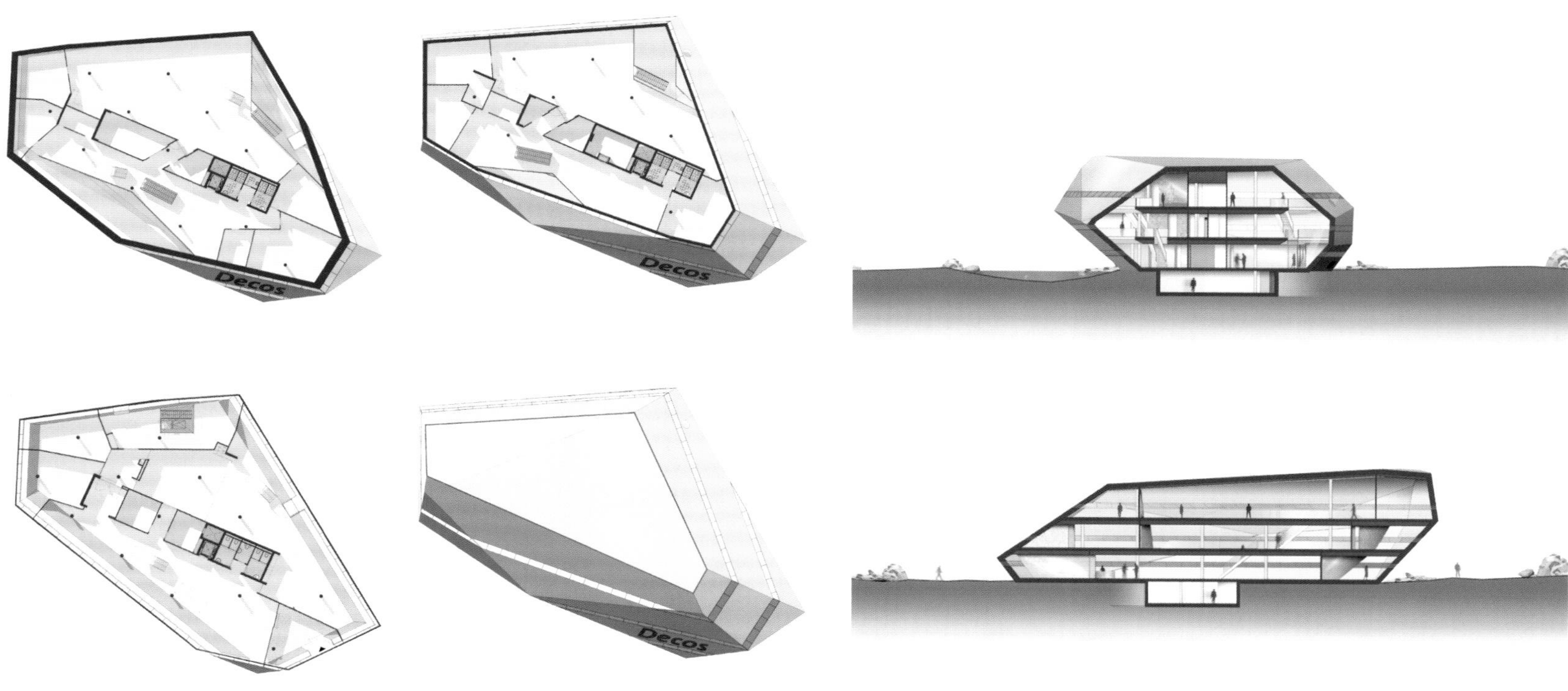
Decos
Decos
Decos

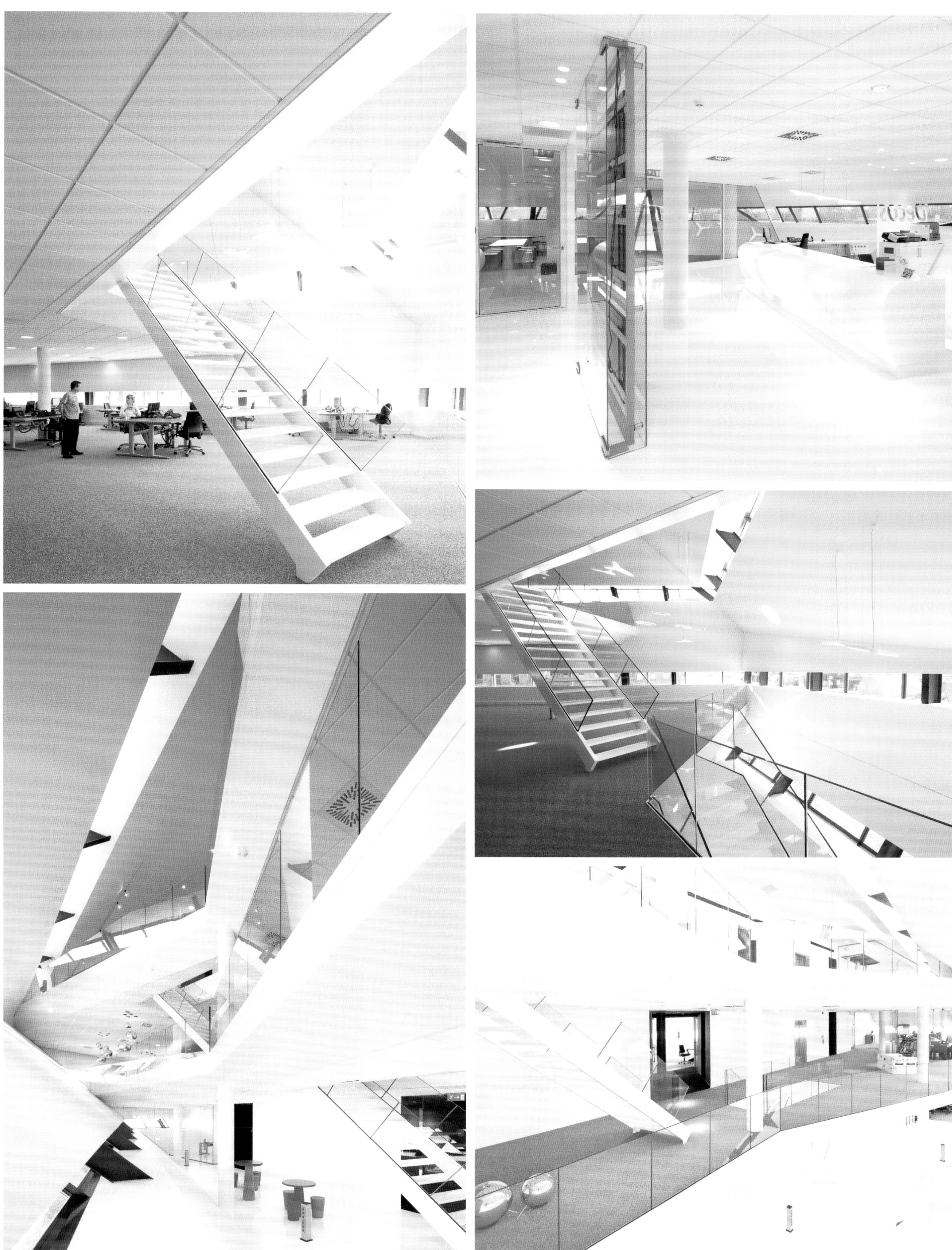

Mossos d'Esquadra 警察总部

项目地点：西班牙巴塞罗那马托雷利
开发商：加泰罗尼亚政府 GISA 内政部
建筑/景观设计：Jordi Farrando
占地面积：2 495 m^2
总建筑面积：3 087 m^2
容积率：0.35
建筑密度：1.24
绿化率：0.54
摄影：Adrià Goula

从建筑外部看，整个建筑就是一个带有地面楼层基底和两层楼的平行六面体。旁边的技术服务小屋就是主体建筑的一个附加建筑物。平行六面体建筑的上端超出了地面楼层，成为大楼入口的屋檐，提供了从街道进入建筑内部的一个过渡空间。

地面楼层基底采用了深色的石英岩，上面的建筑体量三面采用了大量坚硬的涂料，西面则设置了大幅的玻璃平面，加上可调的纵向百叶板作为一种保护措施，使建筑内部免受午后阳光的照射。

城市植入和项目用地的特点都表明一个紧凑的建筑在充分利用和开发地块的几何长度的同时也要考虑规划影响因素（占地面积的最大化和与临近物业的规定距离）。项目规划固有的安全要求也决定了建筑的紧凑性。

项目包括地下室和地上 3 层建筑，采用网格结构。交叉的圆柱间的距离为 4.8m，纵向两端的隔间为 4.8m，与中间 6m 的隔间形成对立。地下楼层被设为停车场，中间是 6m 宽的过道，两边是 4.8m 深的停车区。其他楼层的 6m 隔间则作为服务和流通区域，4.8m 的隔间是办公和公共区域。

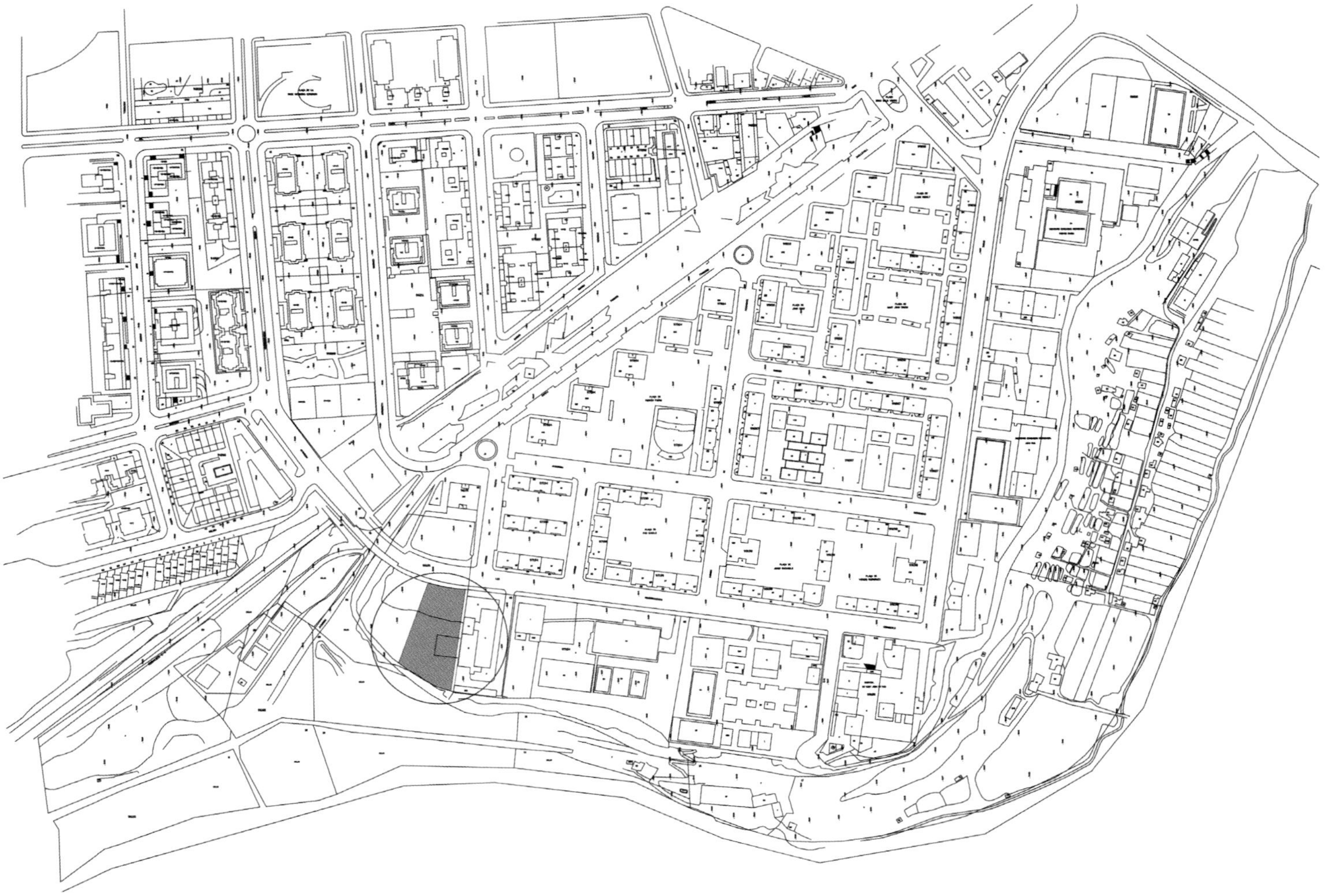

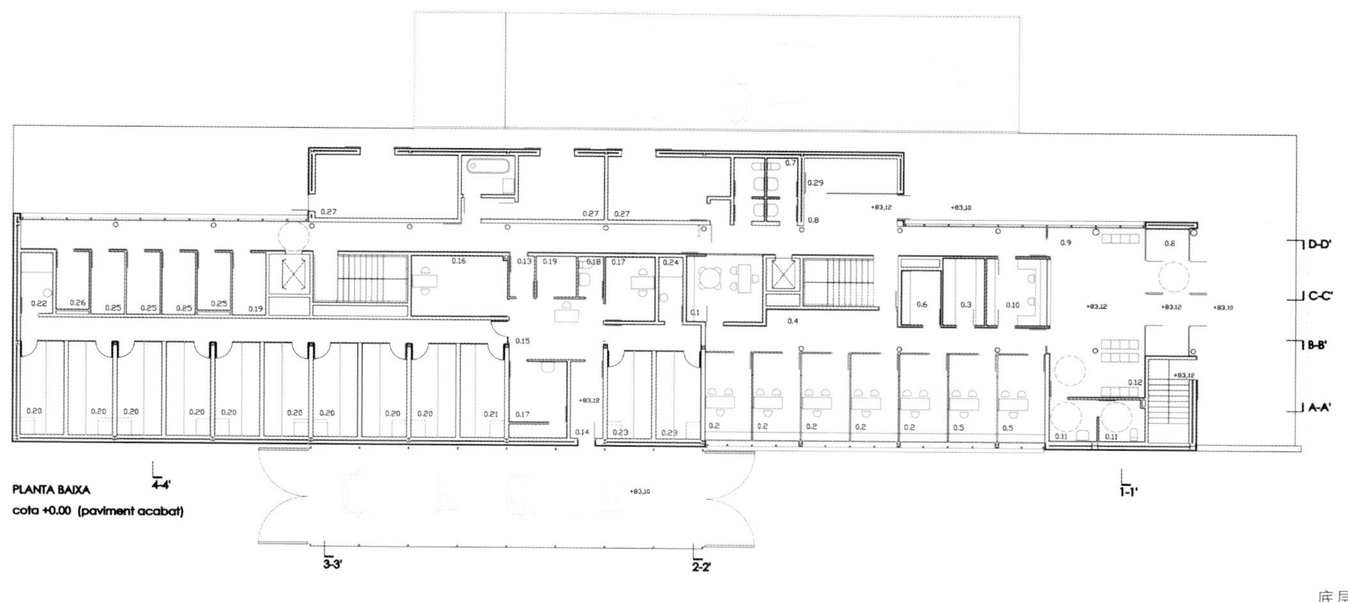

PLANTA BAIXA
cota +0.00 (paviment acabat)

底层

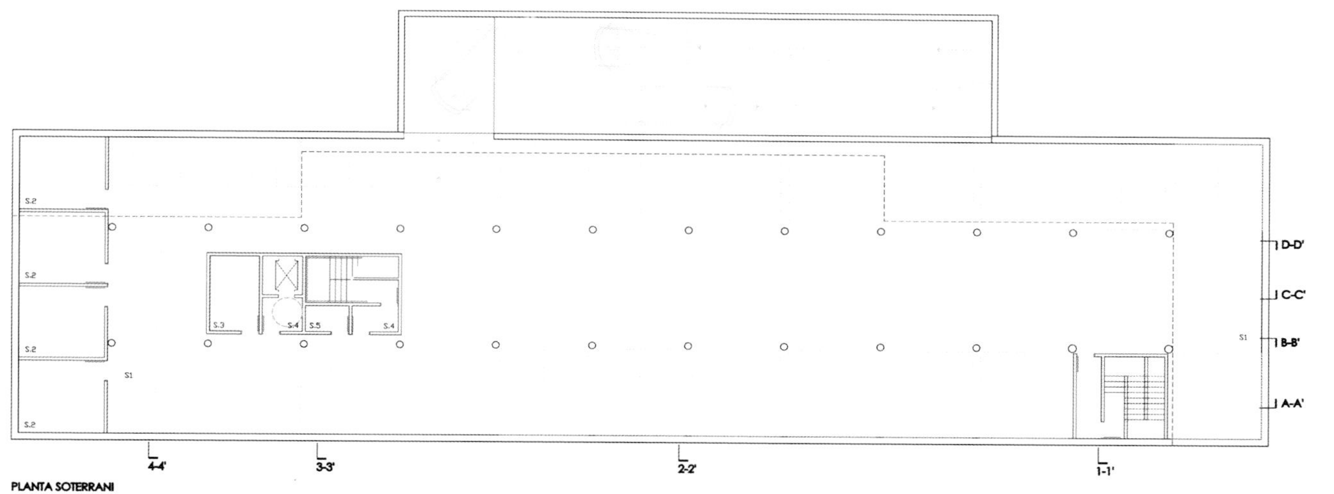

PLANTA SOTERRANI
cota -3.92 (paviment acabat)

地下室

PLANTA PRIMERA
cota +3.60 (paviment acabat)

首层

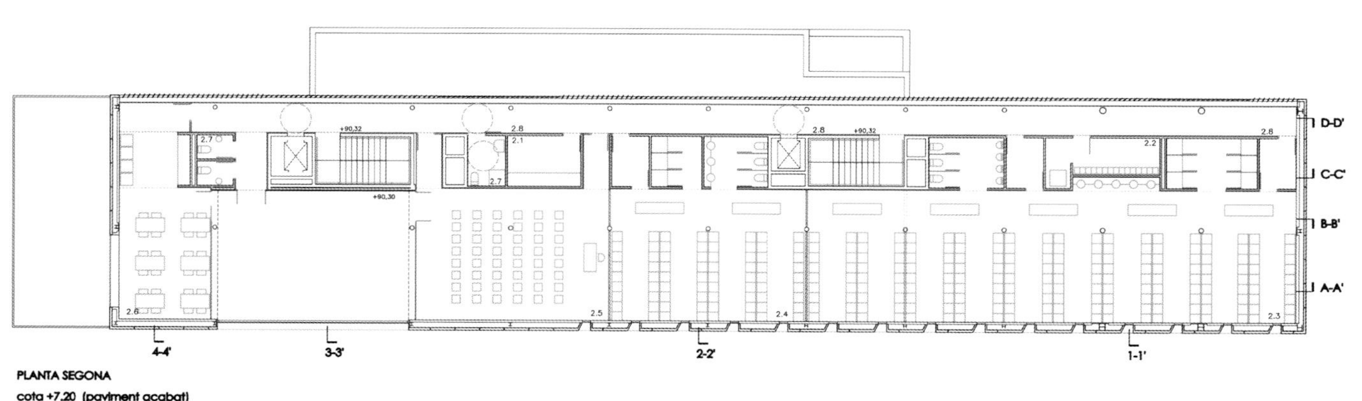

PLANTA SEGONA
cota +7.20 (paviment acabat)

二层

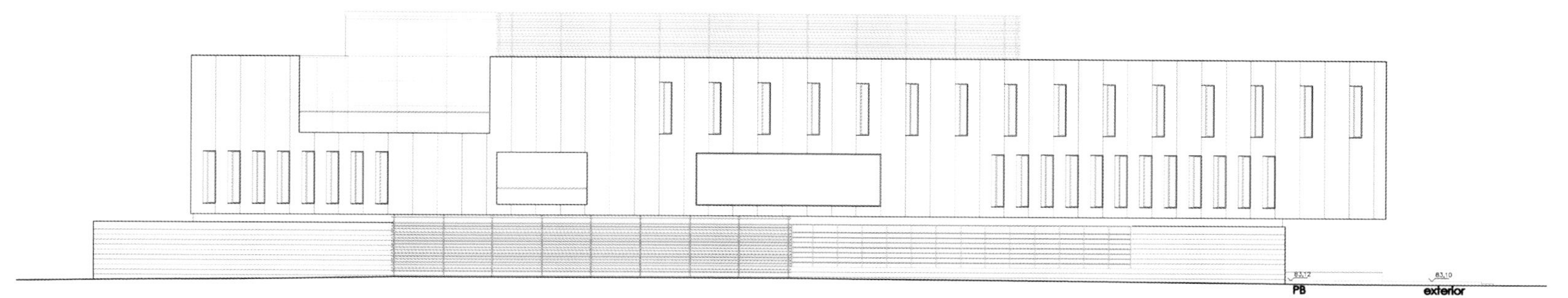
83,12
PB
83,10
exterior

东立面图

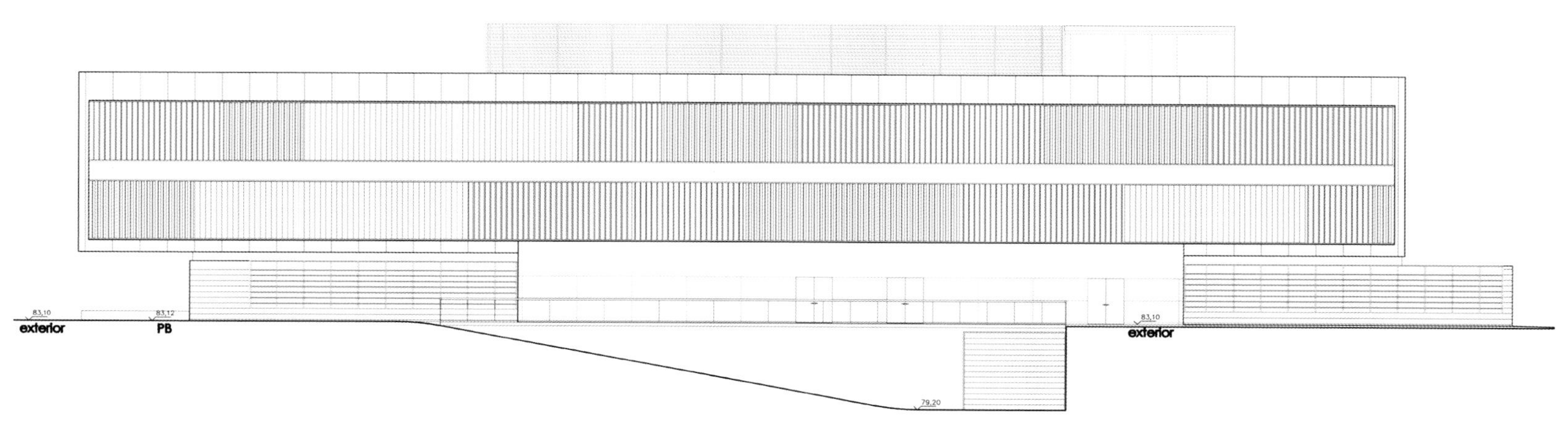
83,10
exterior
83,12
PB
83,10
exterior
79,20

北立面图

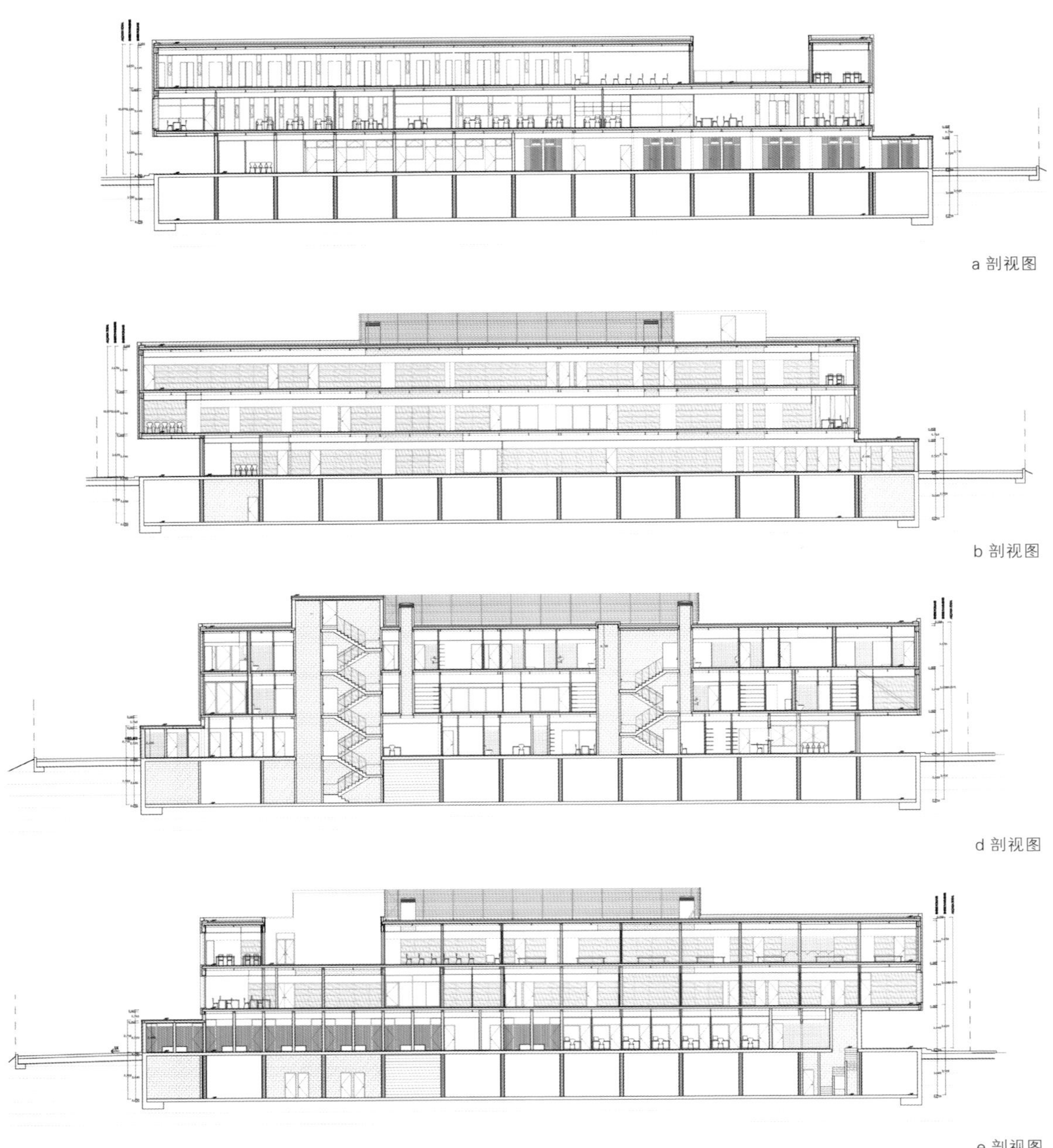

a 剖视图

b 剖视图

d 剖视图

e 剖视图

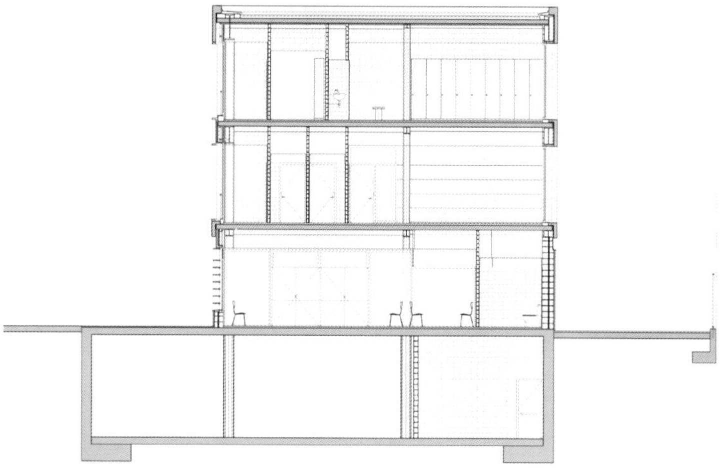

截面图 c

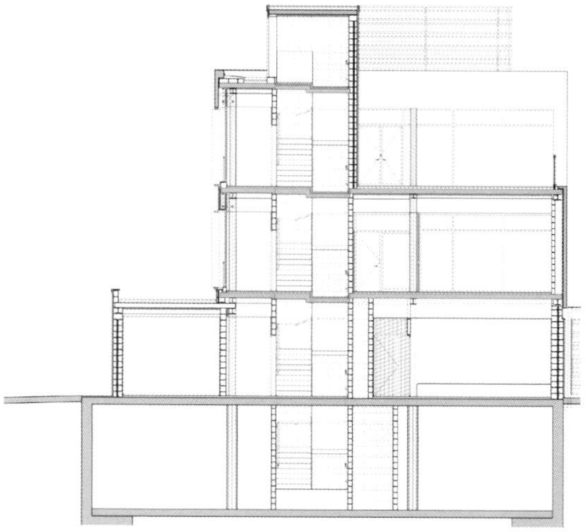

截面图 3

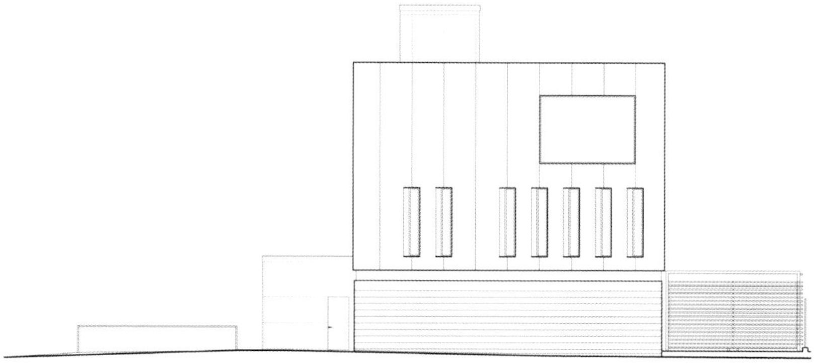

南立面图

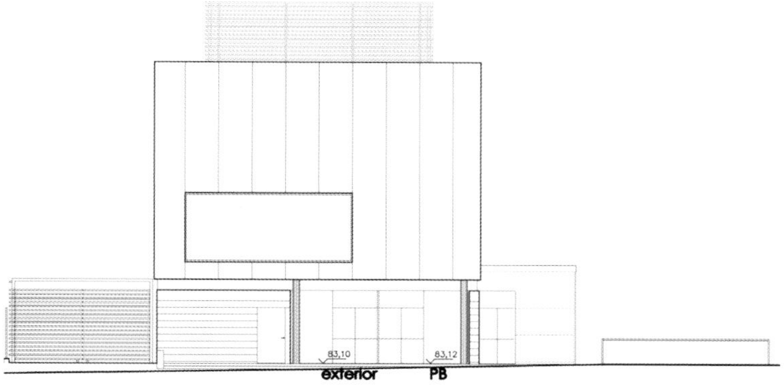

83,10
exterior

83,12
PB

西立面图

新加坡启汇城

项目地点：新加坡
建筑设计：凯达国际

启汇城主要为娱乐行业的公司总部以及各行各业公司的办公楼。作为新加坡纬壹科技城总体规划的一部分，项目设计既含多样性的特点，又寻求解决多样性的方案。

楼层平面均控制在 19m，以便阳光深入到双重格局的办公空间。楼板保持开放的状态，如此便形成 U 形方案，这样就使场地使用率达 82% 以上。开放空间被自然景观映衬着。

建筑外观呈现出不同的建筑语汇。玻璃合金的表皮使太阳能的作用发挥到极致，公共空间的隐私度也呈现出空气动力学的特征。低层建筑边缘省去表皮并使用低透明度玻璃，高透明度的玻璃用于翼墙的末端、庭院立面以及建筑下端北面。除此以外，楼板远离翼墙及庭院，慢慢从低层过渡到高层。这样能使可感知的景观最大化并降低孔径上升，从而减少办公空间辐射程度。

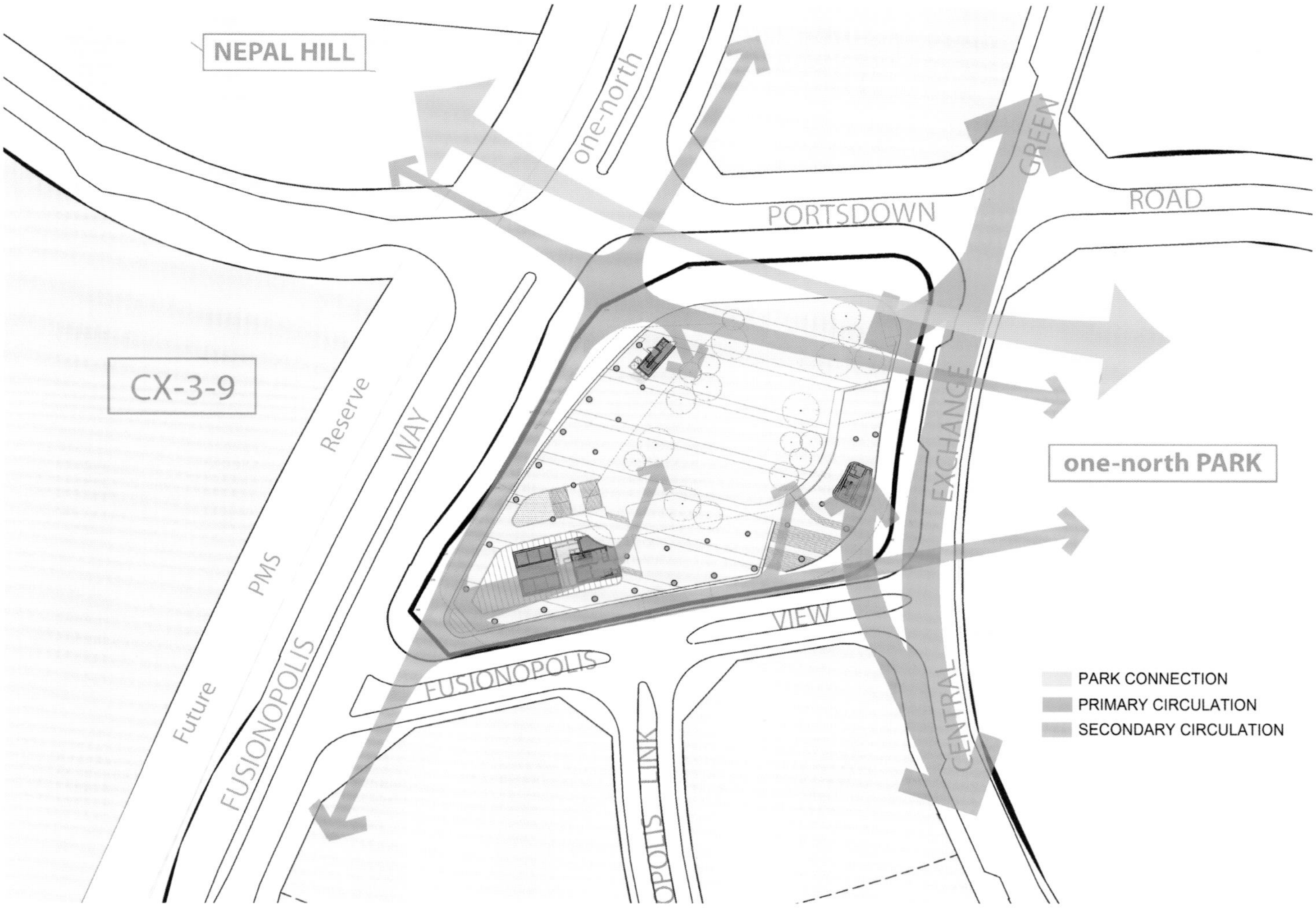

NEPAL HILL
one-north
PORTSDOWN
ROAD
GREEN
CX-3-9
Reserve
WAY
EXCHANGE
one-north PARK
PMS
Future
FUSIONOPOLIS
FUSIONOPOLIS
VIEW
LINK
CENTRAL

PARK CONNECTION
PRIMARY CIRCULATION
SECONDARY CIRCULATION

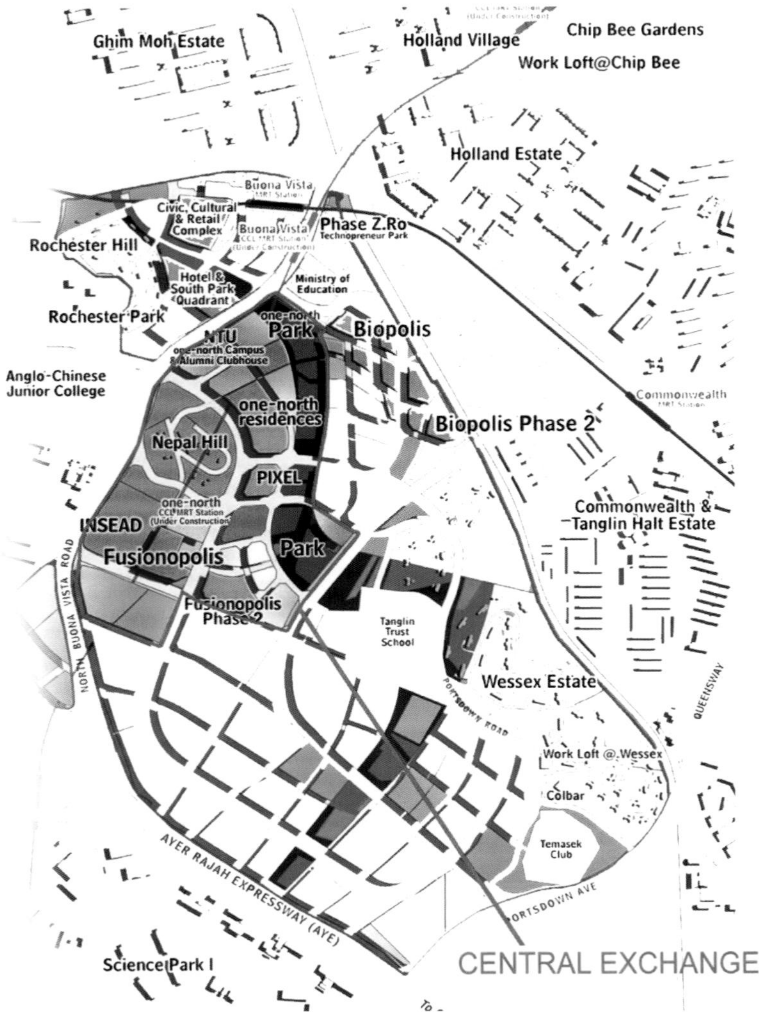

Ghim Moh Estate
Holland Village
Chip Bee Gardens
Work Loft@Chip Bee
Holland Estate
Buona Vista
Civic, Cultural & Retail Complex
Phase Z.Ro
Technopreneur Park
Rochester Hill
Hotel & South Park Quadrant
Ministry of Education
Rochester Park
one-north Park
Biopolis
NTU one-north Campus & Alumni Clubhouse
Anglo-Chinese Junior College
Commonwealth
one-north residences
Biopolis Phase 2
Nepal Hill
PIXEL
one-north
INSEAD
Commonwealth & Tanglin Halt Estate
Park
Fusionopolis
Fusionopolis Phase 2
Tanglin Trust School
North Buona Vista Road
Portsdown Road
Wessex Estate
Queensway
Work Loft @ Wessex
Colbar
Temasek Club
Ayer Rajah Expressway (AYE)
Portsdown Ave
Science Park I
CENTRAL EXCHANGE

ONE NORTH LINK
PORTSDOWN RD
NORTH BUONA VISTA RD
FUSIONOLPOLIS WAY
AYER RAJAH AVE
CRESCENT
PARCEL CX-2-1

NEPAL HILL
ONE-NORTH PARK

OFFICE
CIVIC COURTYARD SPACE
LOBBY
RETAIL

OFFICE
Height 6m
CIVIC COURTYARD SPACE
Height 11m
LOBBY
RETAIL

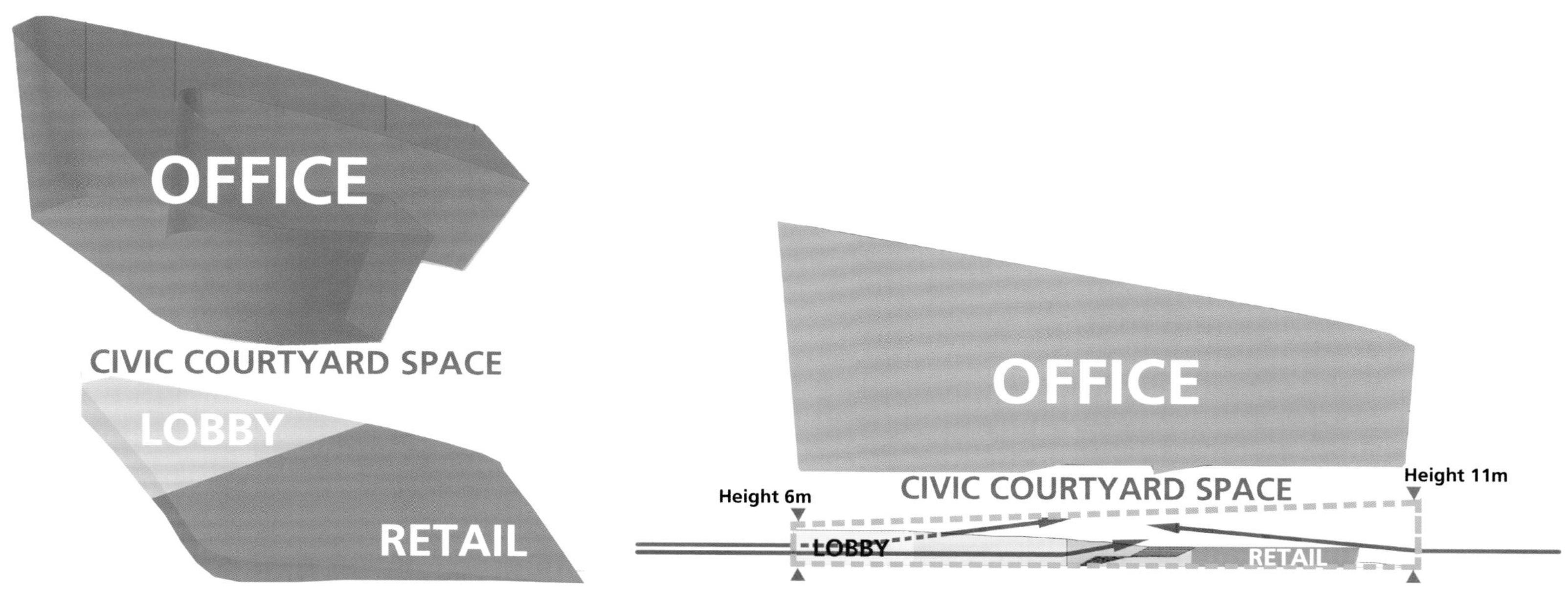

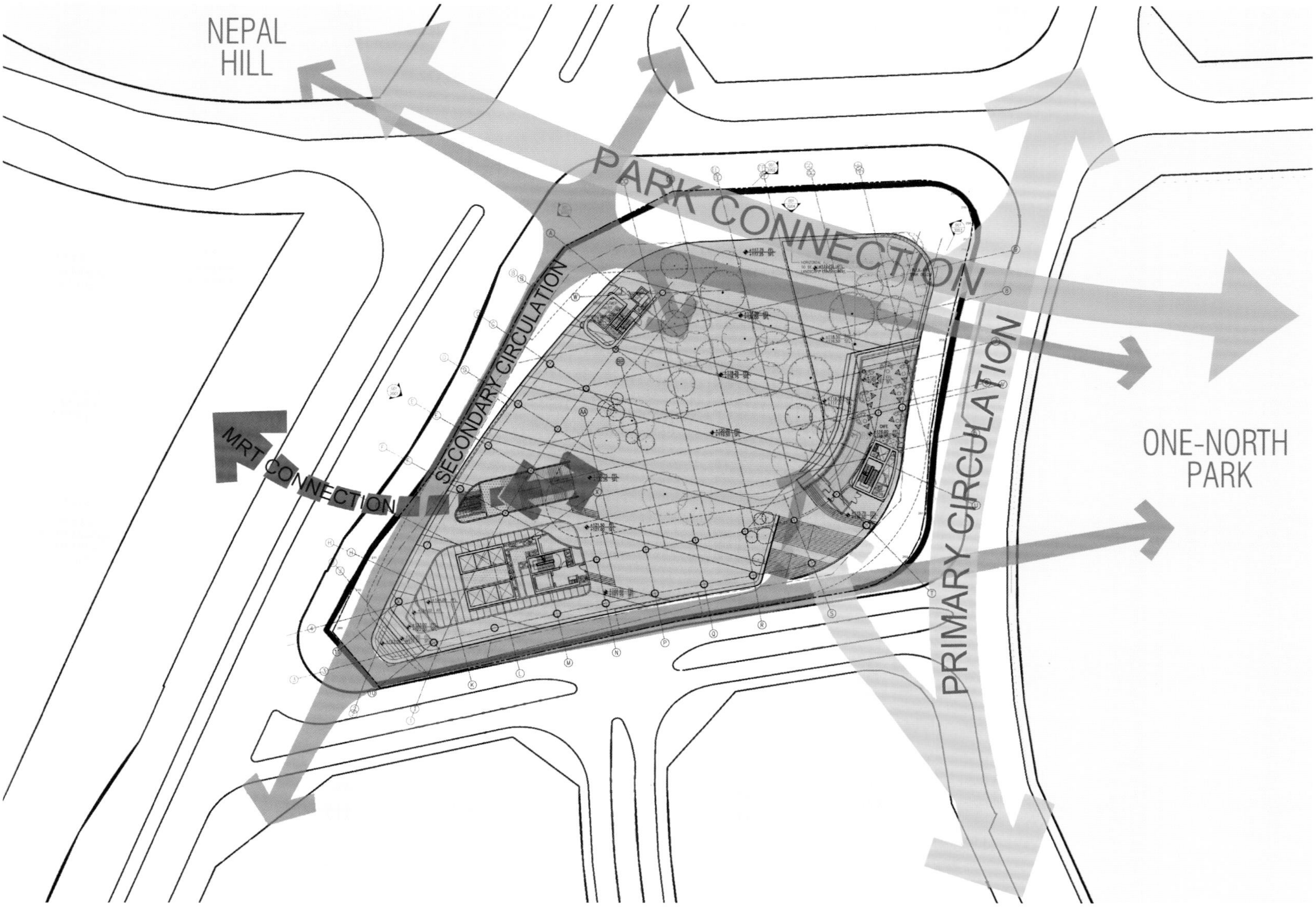

NEPAL
HILL
PARK CONNECTION
SECONDARY CIRCULATION
MRT CONNECTION
PRIMARY CIRCULATION
ONE-NORTH
PARK

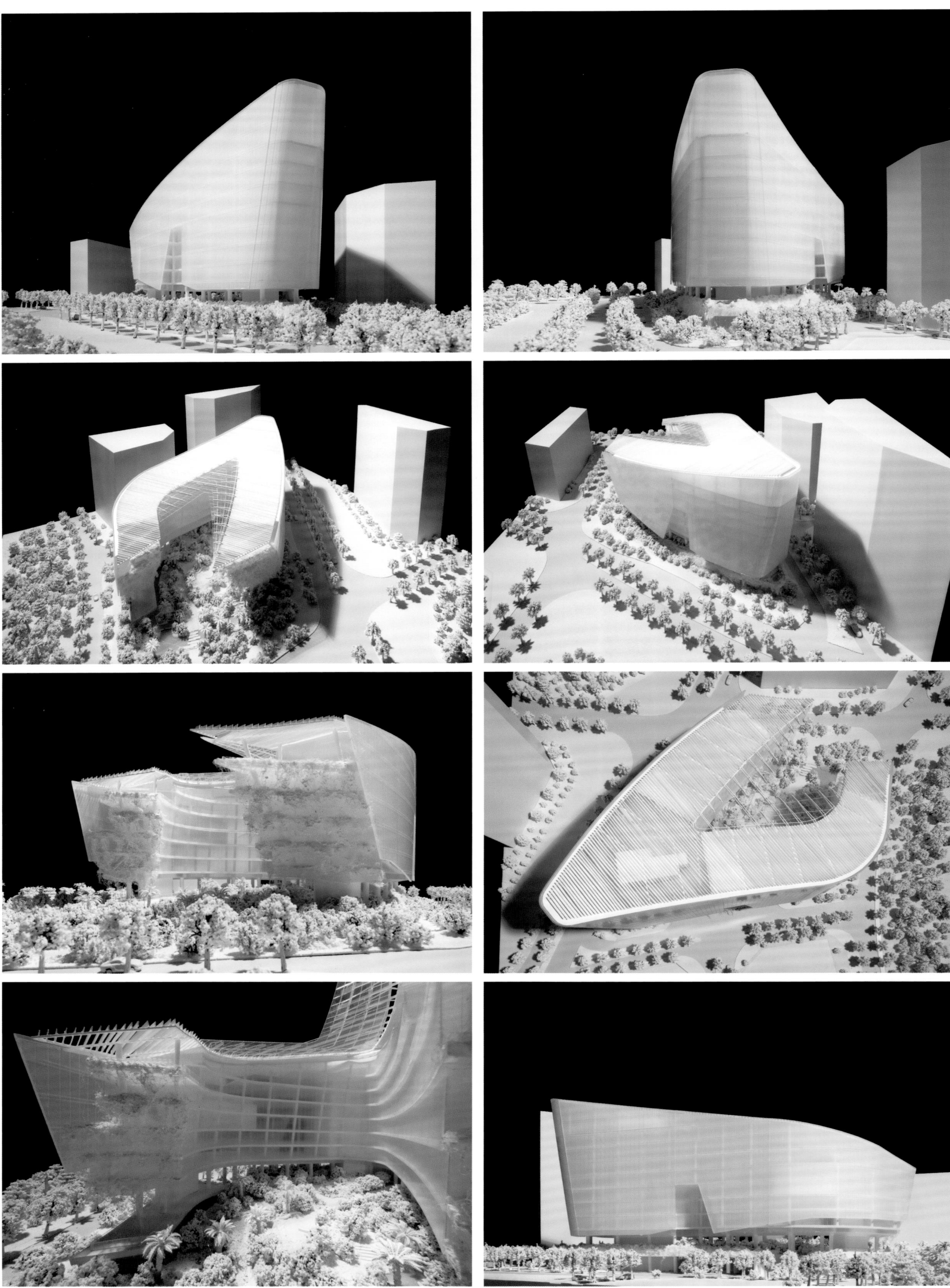

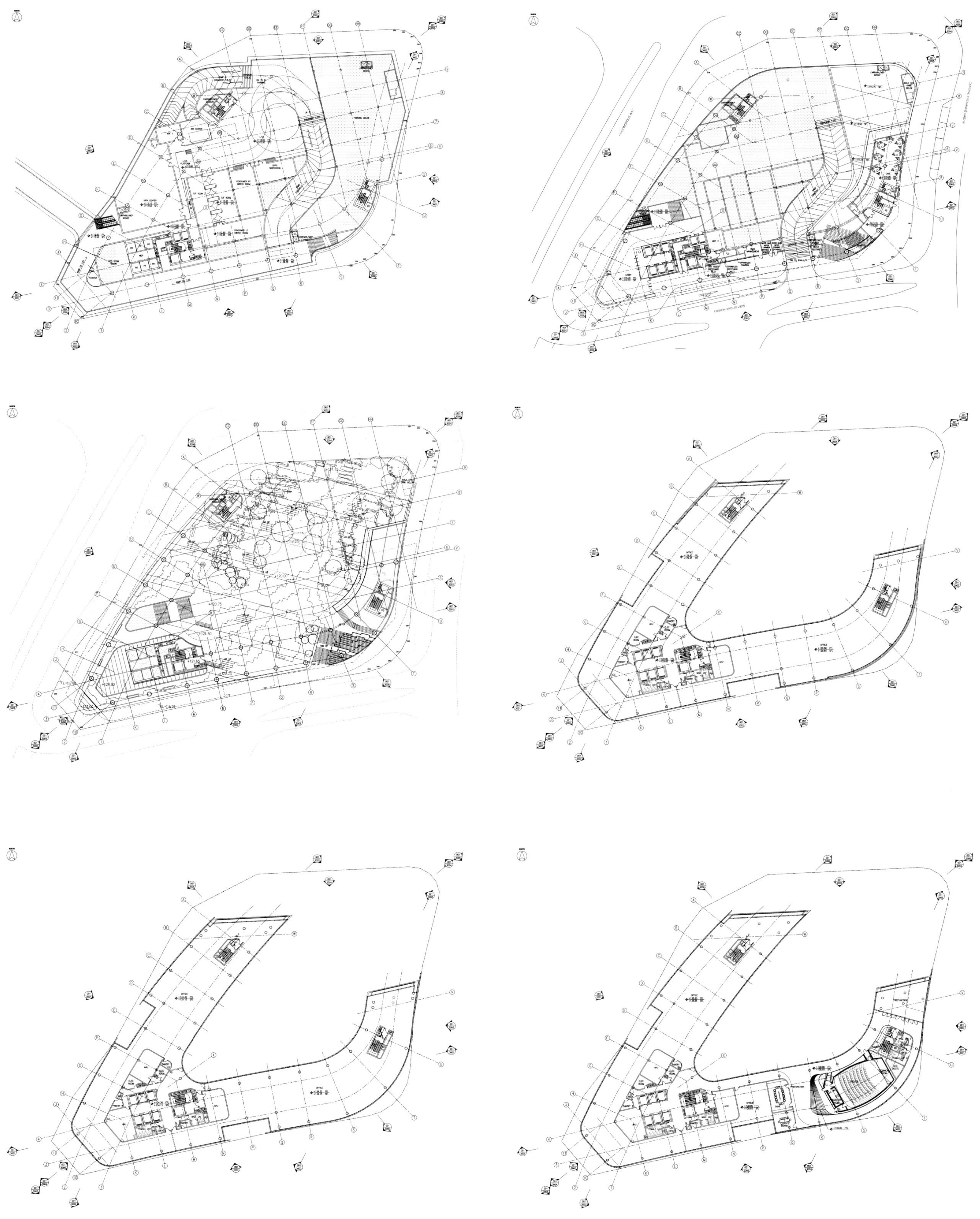

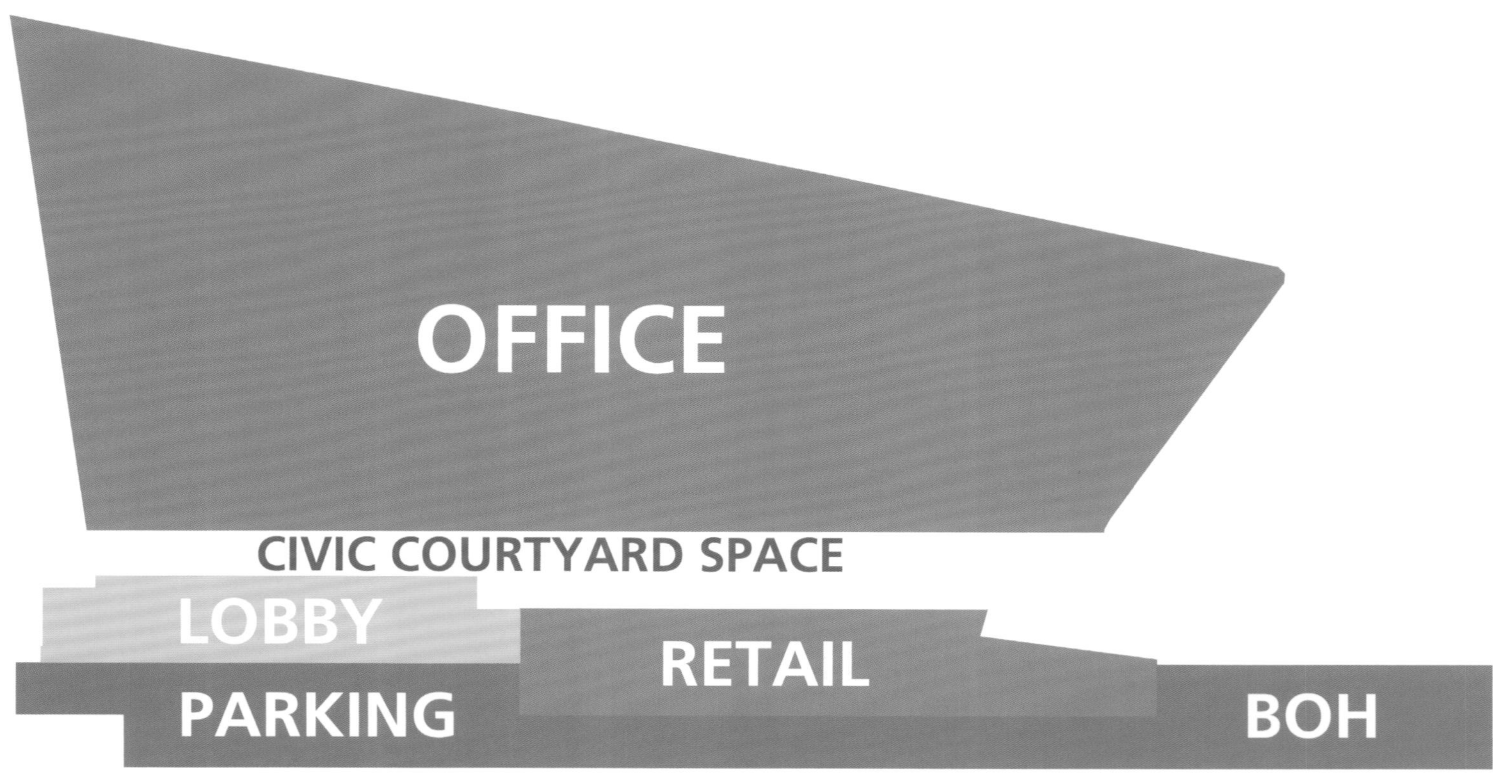
OFFICE
CIVIC COURTYARD SPACE
LOBBY
RETAIL
PARKING
BOH

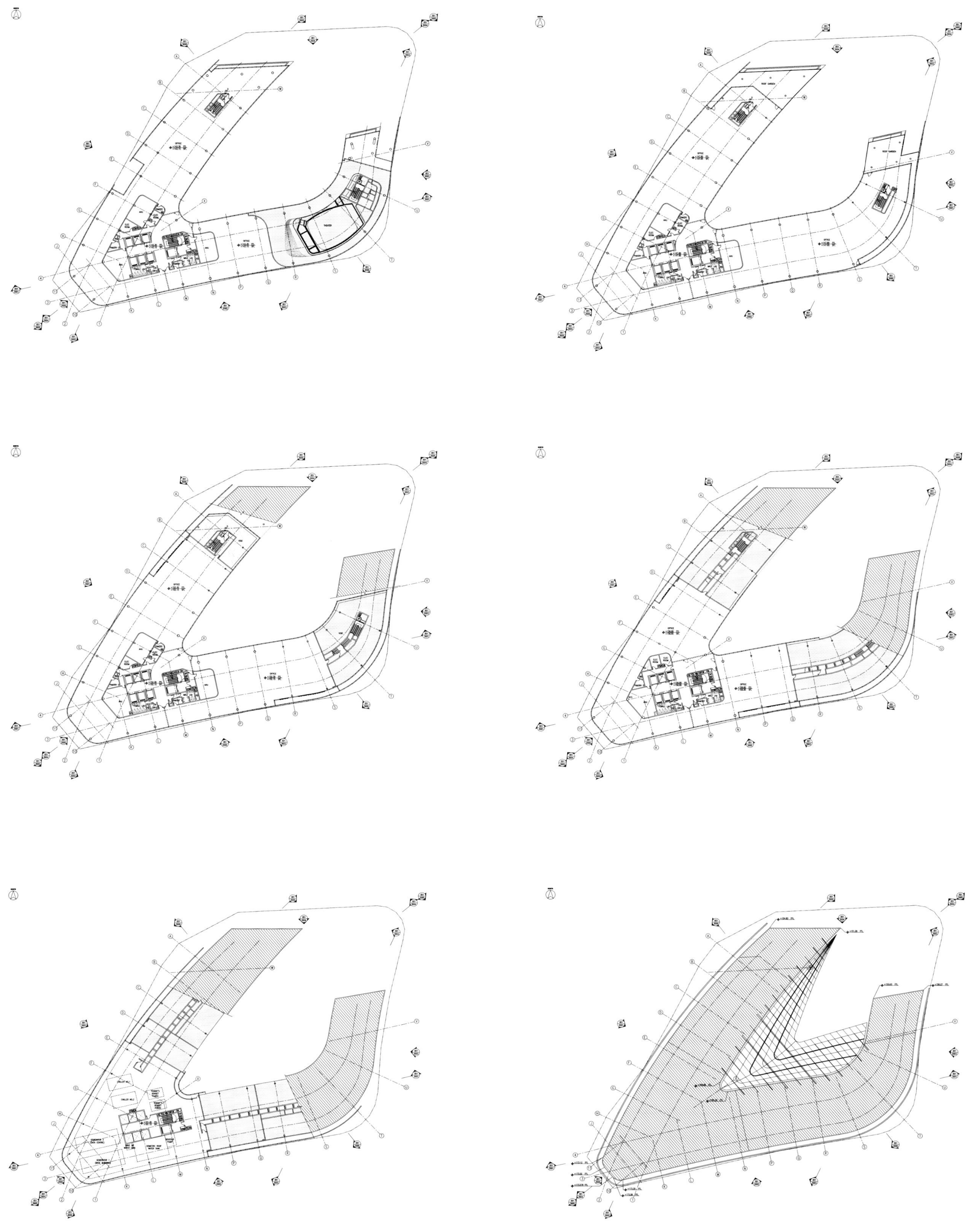

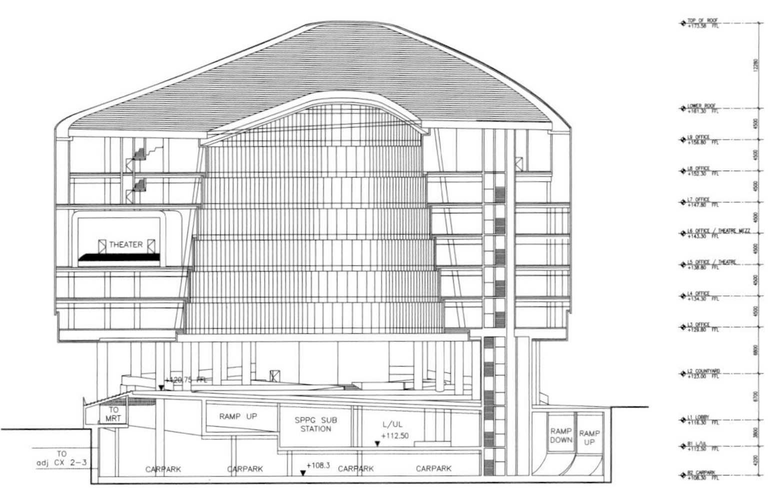

Section A–A

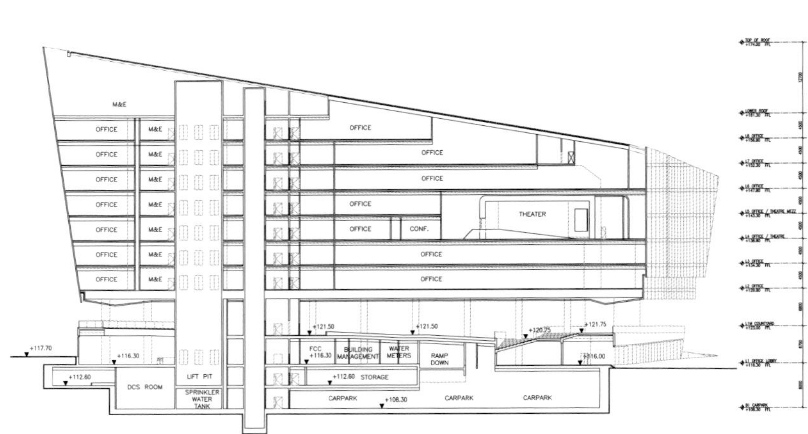

Section B–B

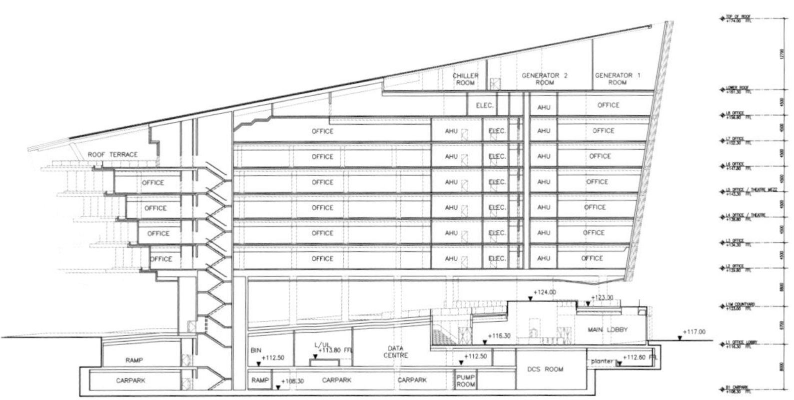

Section C–C

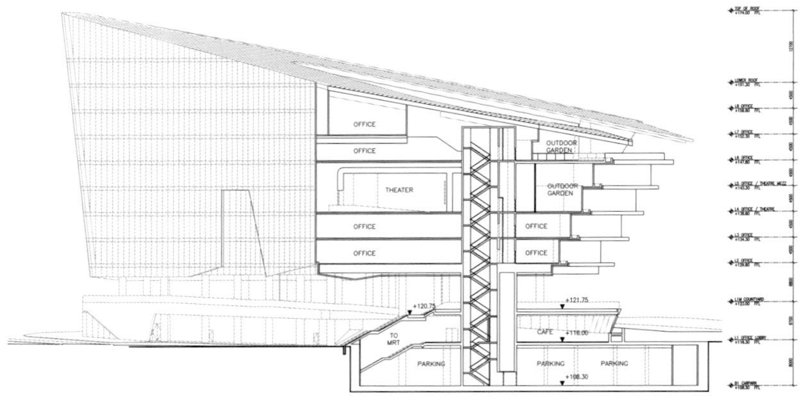

Section D–D

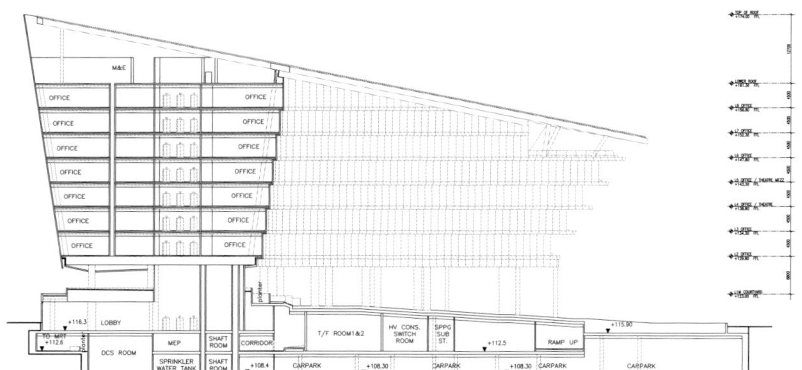

Section E–E

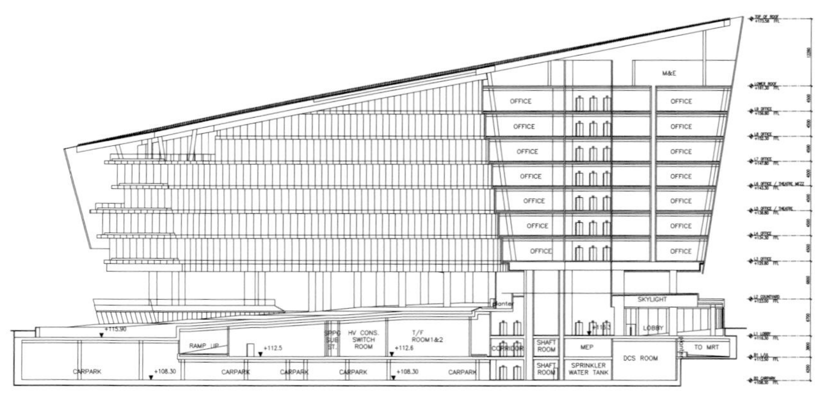

Section F–F

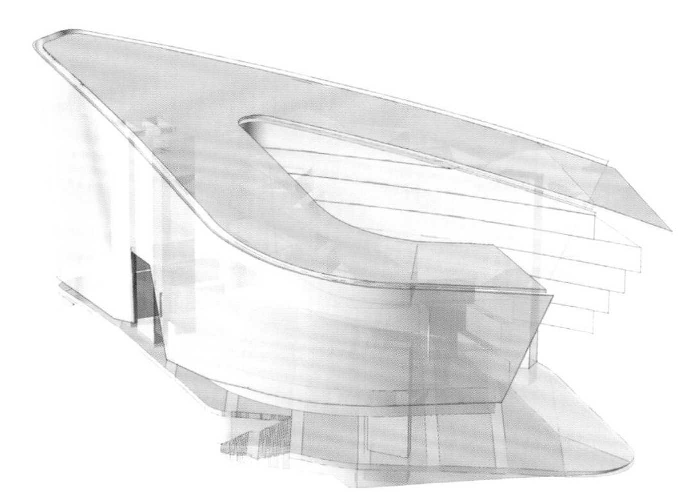

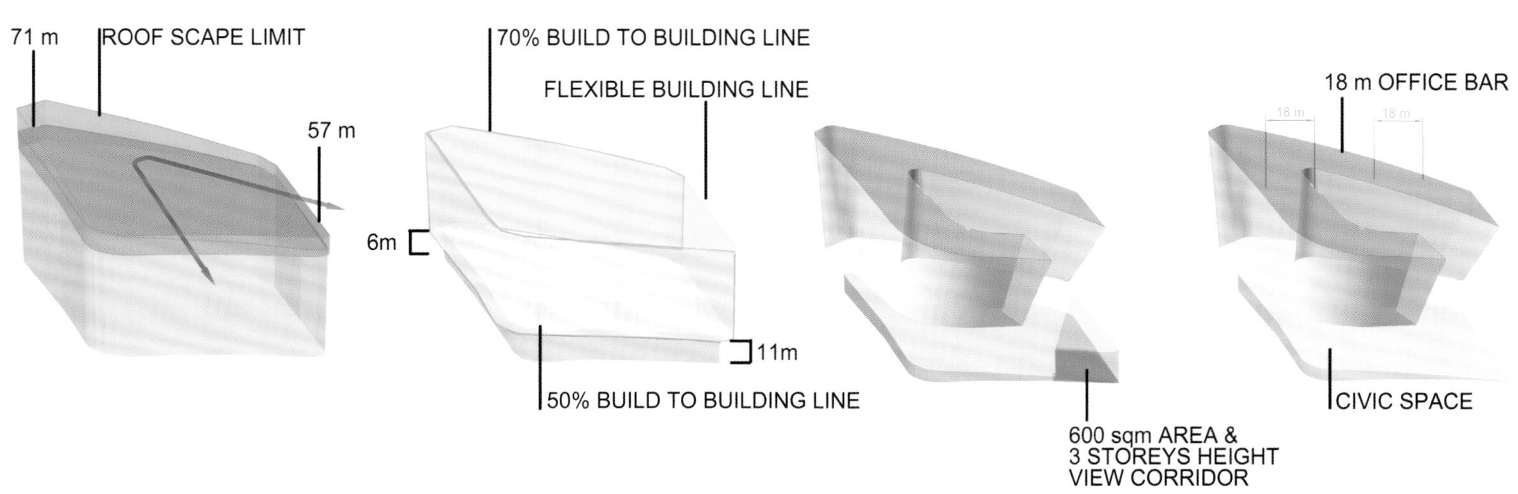
71 m
ROOF SCAPE LIMIT
57 m
70% BUILD TO BUILDING LINE
FLEXIBLE BUILDING LINE
6m
11m
50% BUILD TO BUILDING LINE
600 sqm AREA &
3 STOREYS HEIGHT
VIEW CORRIDOR
18 m OFFICE BAR
18 m
18 m
CIVIC SPACE

云南白药总部大楼

项目地点：中国云南省昆明市
客　　户：云南白药集团
建筑设计：荷兰 Bear-iD 可持续发展建筑规划公司
设 计 师：哲克 Tjerk Reijenga
合作设计：DHV 中国
总建筑面积：28 000 m^2

该项目是根据 2007 年胜出的竞标方案而建造的。该项目的宗旨是设计可持续发展的新办公楼和工厂，并为其未来的扩展提供可能性。在公众效应的角度看，该设计必须同时具有视觉吸引力和教育前瞻性。新开发的建筑也须反映出云南白药集团的公司理念。设计的主题因此成为云南白药集团基地上云南省花都的体现。

这也就意味着该项目区别于传统的工厂建筑设计。基地将被设计成带有草药花园、景观和湿地的城市绿洲。基地由山坡和平地共同组成，建筑屋顶上的绿色植被将被建筑融入到整个景观设计中。除了建筑的绿色外观外，整个设计从内到外都是绿色（节能和可持续发展）的。屋顶上的植被将起到收集雨水的功能，基地上产生的废水将在湿地中进行过滤。整个设计不浪费空间，而是通过集中布置建筑以及在建筑上叠加建筑的“双层利用土地”的手法将土地利用最大化。高效、灵活的设计手法为未来的规模扩大留有足够的余地。

主楼作为整个项目的形象展示，建在坡地上。设计还融入了中国传统“风水”理念。总部大楼中两个中庭的设计在划分功能区域的同时，为整座建筑提供充足的采光与通风。作为展览与交通功能的坡道设计，既是室外地形在室内空间的反应，同时又将门厅、中庭等公共空间与室外开放空间予以整合。

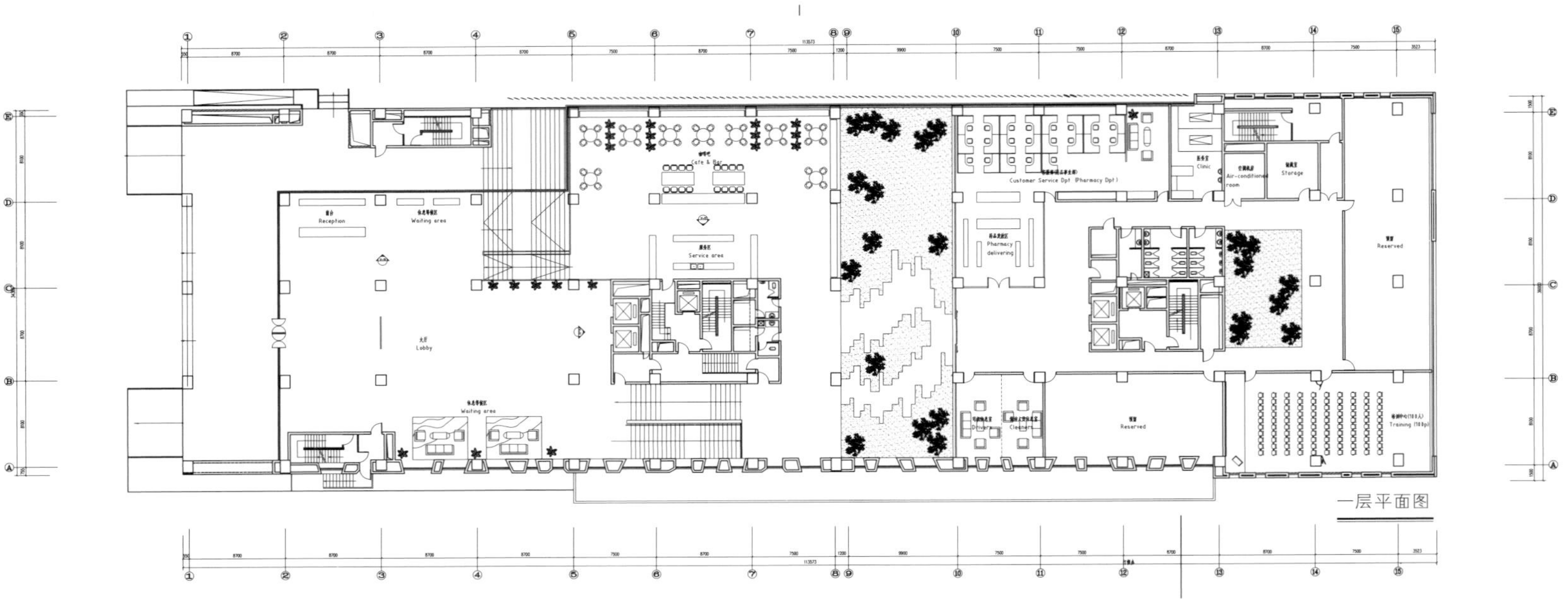

一层平面图

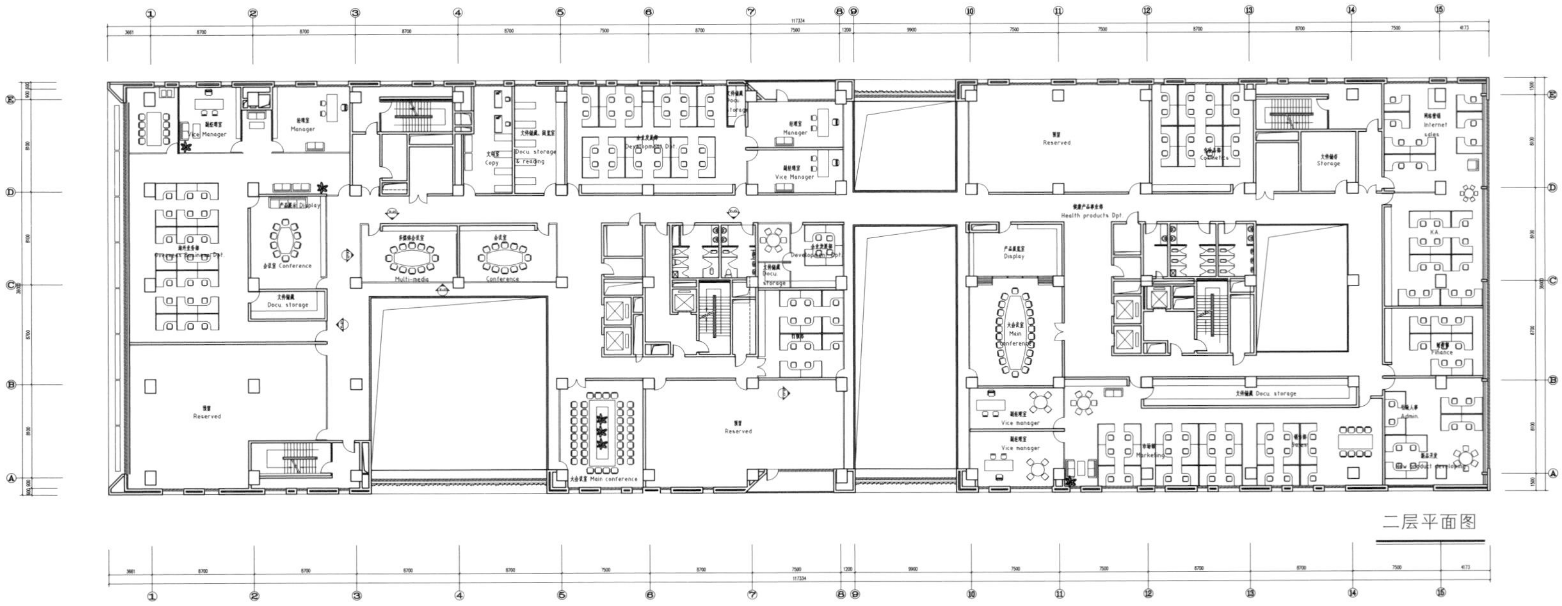

二层平面图

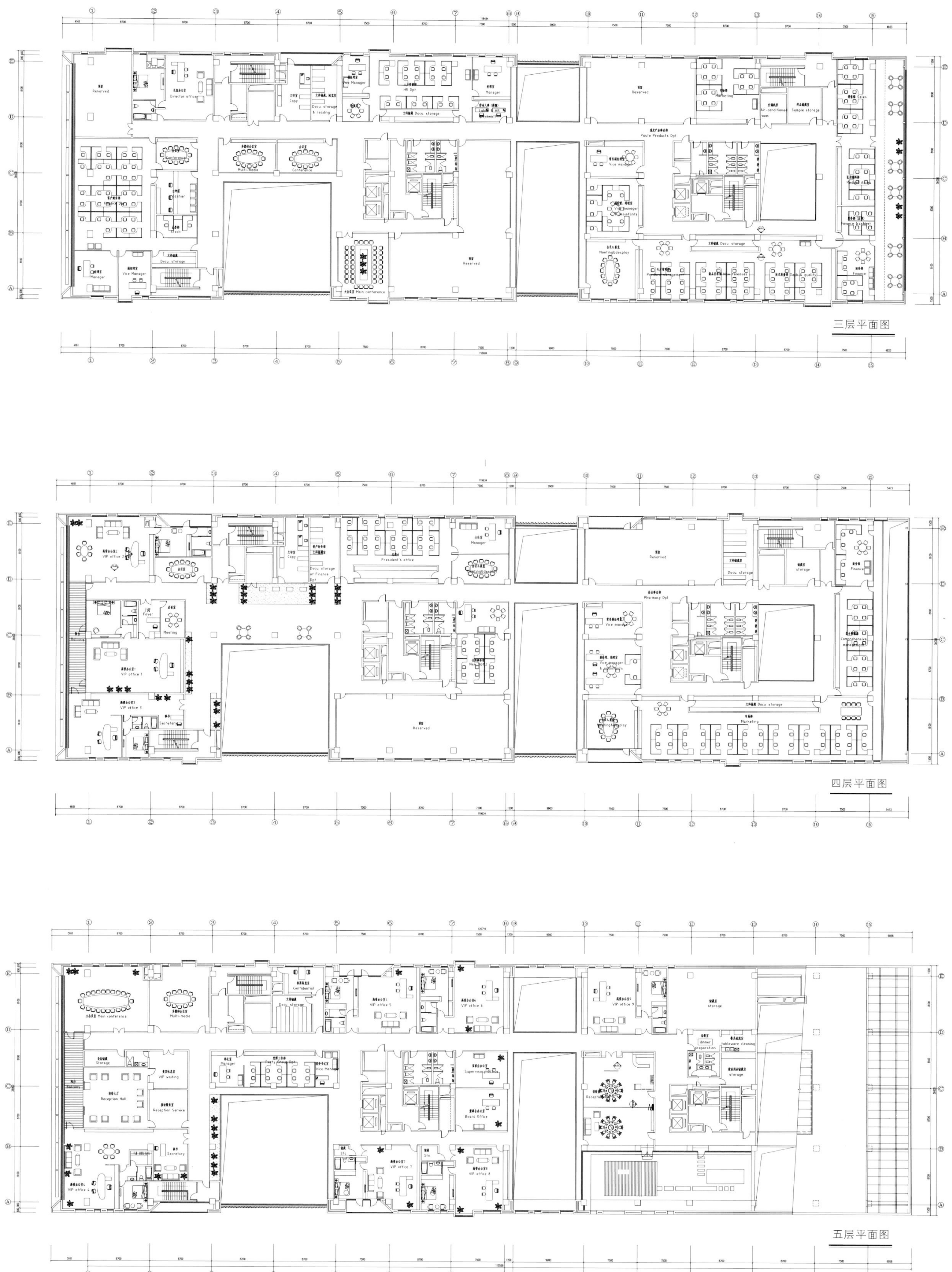

三层平面图

四层平面图

五层平面图

马德里 IDOM 办公楼

项目地点： 西班牙马德里
建筑设计： ACXT 建筑事务所
建筑面积： 15 300 m^2
摄　　影： Fernando Guerra

项目设计不是单纯地建设一个公司的形象办公大厦，它更重要的是一个企业的品牌形象工程。客户本身既是开发商、建筑师，又是承包商与用户，这就要求建筑可以容纳 IDOM 活动，又必须成为用户的一种企业名片，通过建筑可以看到企业文化、工作方式。

设计的关键点在于找到一把钥匙来诠释 IDOM 的企业文化。考虑到企业的特殊文化背景以及行业发展，不得不舍弃能够短期吸引眼球的东西。当然这些极具视觉吸引力的建筑被现在很多企业所痴迷。设计最终把眼光放得长远些，力求创造一个真实的、通过空间结构就可以体验到的舒适的工作环境。其目标是设计并创造一个多孔、通风、自然、惬意的，不同于以往 20 世纪的典型的办公室。

项目的整体空间像一个大家庭——裸露的实墙、宽大的活动空间。空气在这里自由地缓慢地流动，由封闭的导管组成空气系统，能够有效地避免噪声污染。

建筑同时还设计了独特的热力系统，新的热力系统能够给大厦提供符合西班牙地中海气候的室内平衡温度，配合设计师着意设计的自然通风的空间构造，使建筑完全符合欧盟的绿色建筑能源指标。

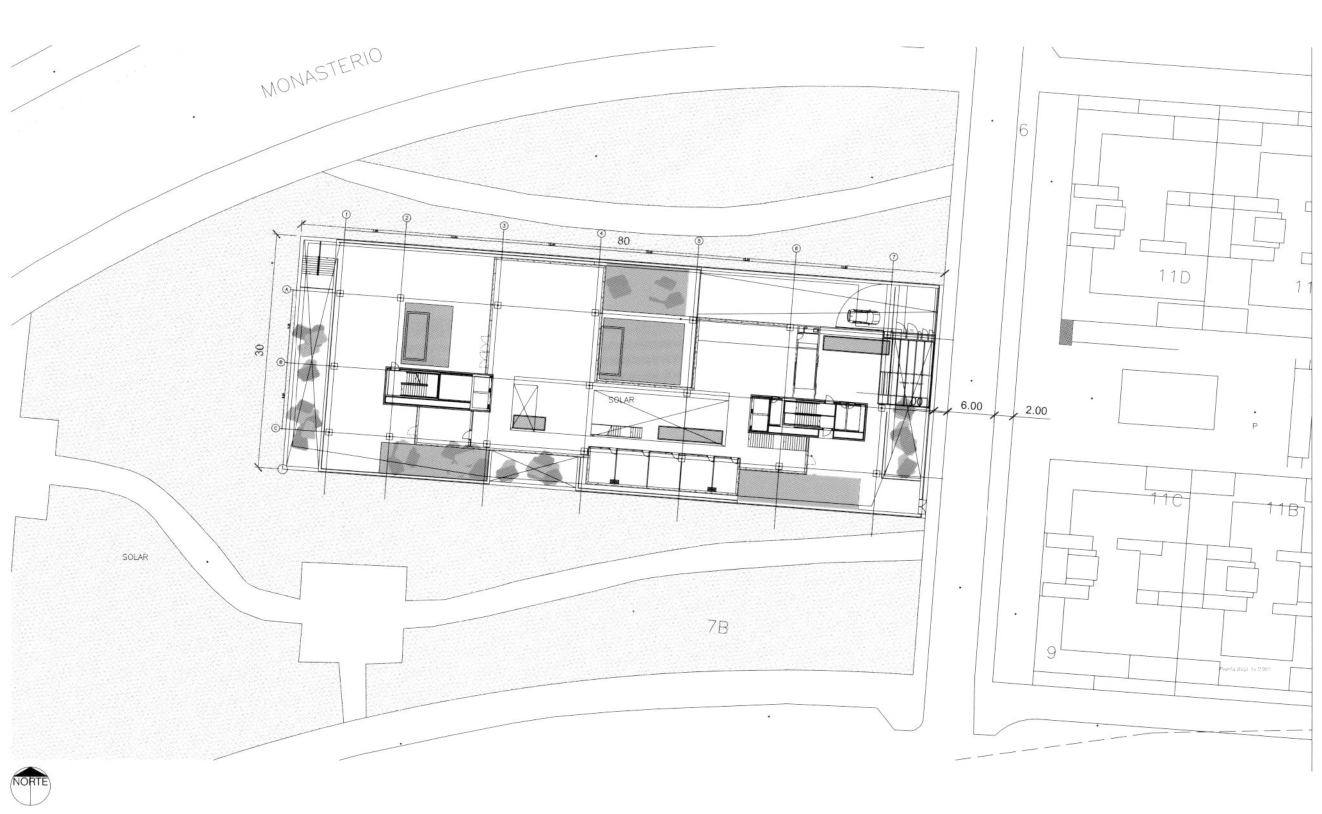
MONASTERIO
6
80
11D
30
SOLAR
6.00
2.00
P
11C
11B
SOLAR
7B
9
NORTE

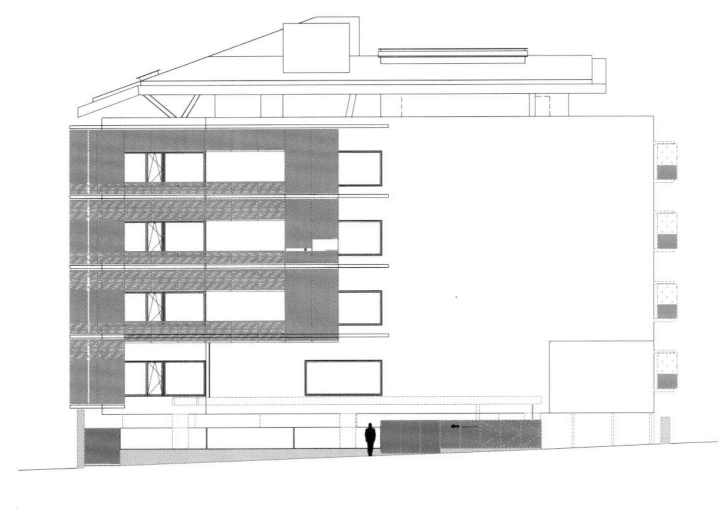

ALZADO ESTE

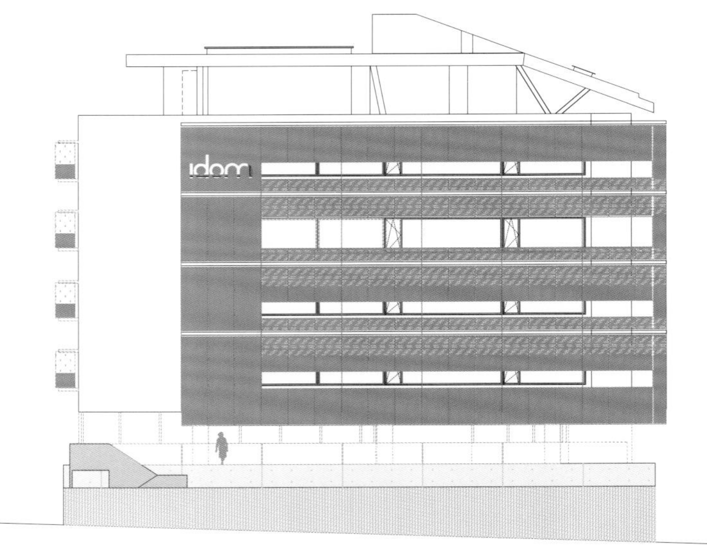

ALZADO OESTE

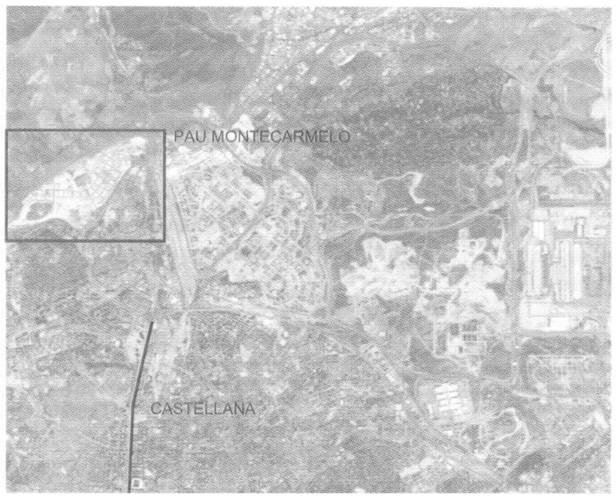

SITUACIÓN

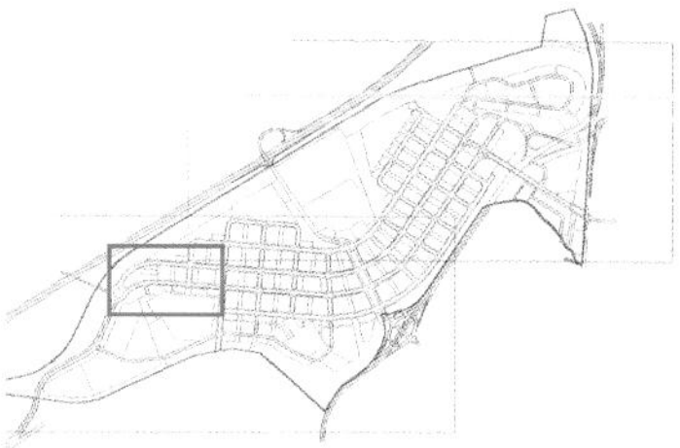

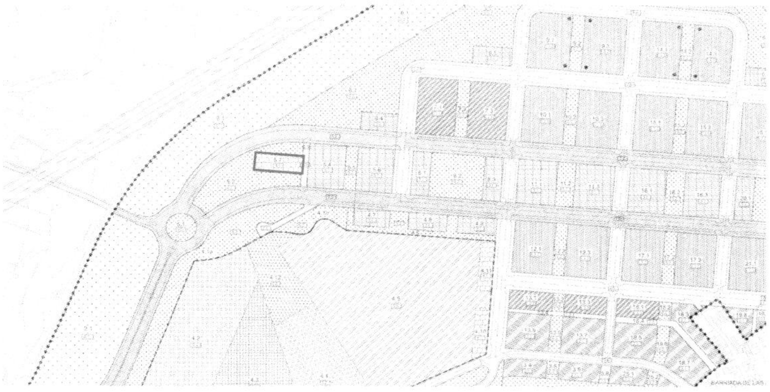

PAU MONTECARMELO. UZI 007. PARCELA 5.7

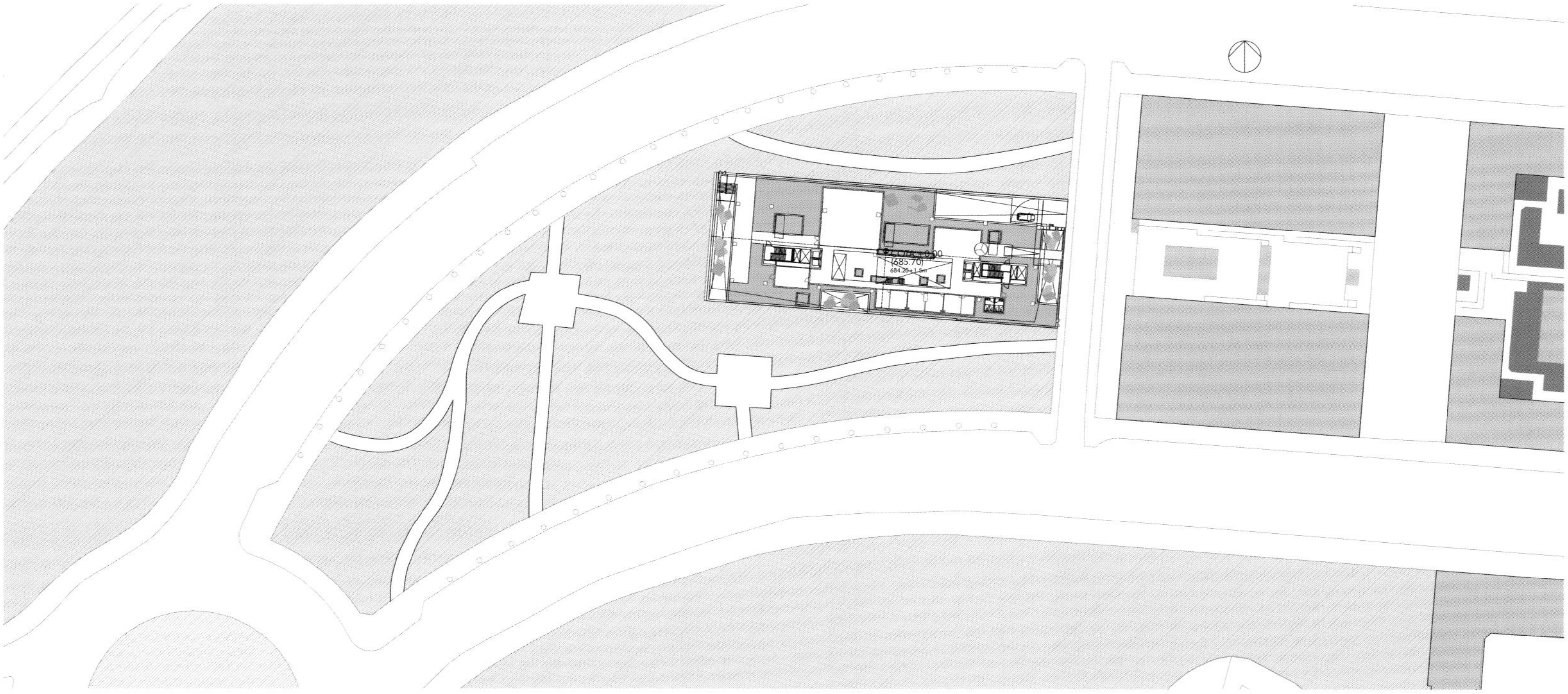

EMPLAZAMIENTO
Esc. 1/500

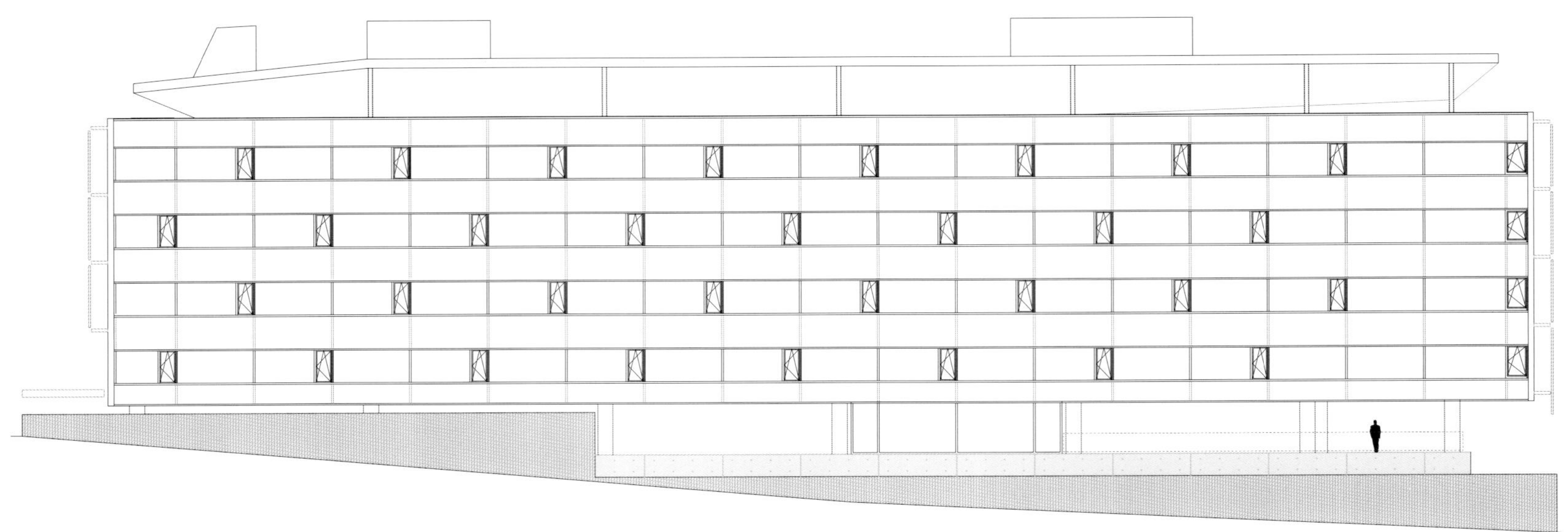

ALZADO NORTE

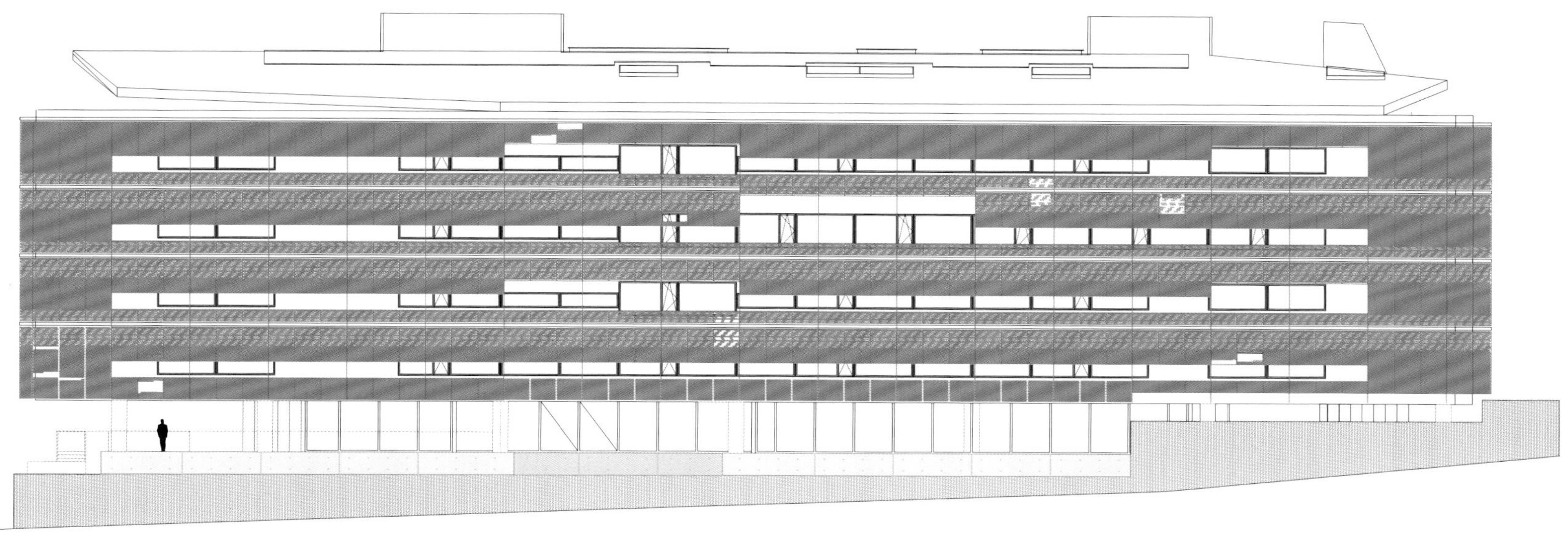

ALZADO SUR

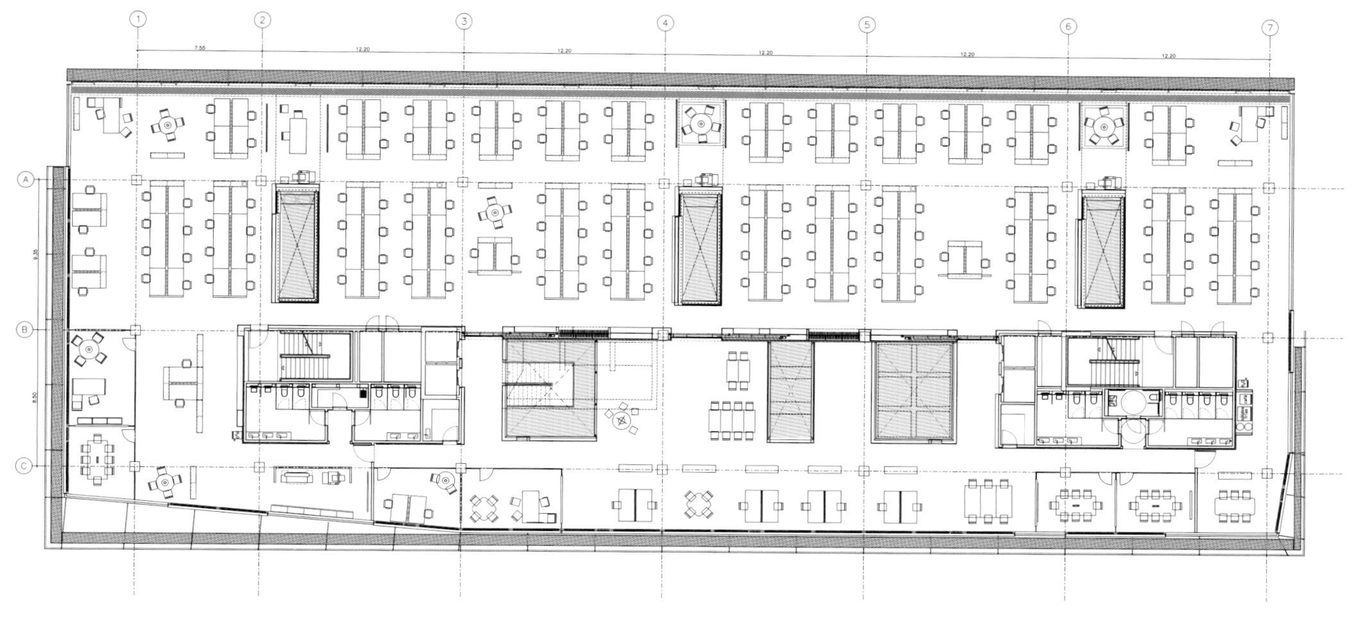

基座平面图

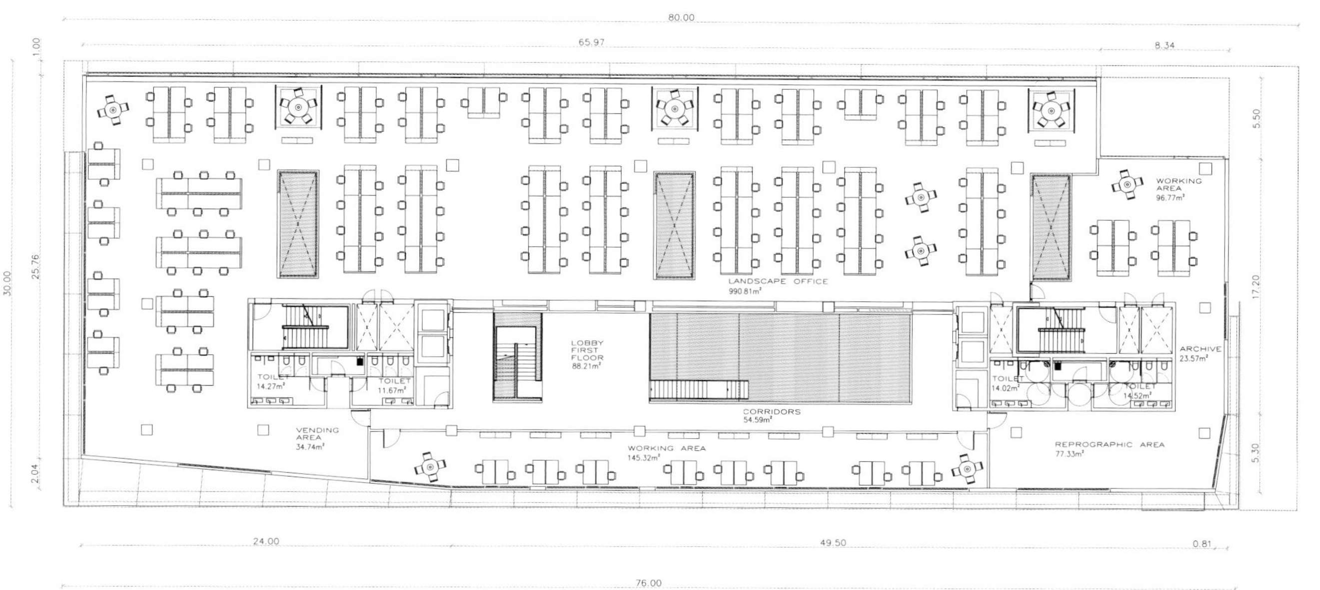

二层建筑面积：1.760,56 m²

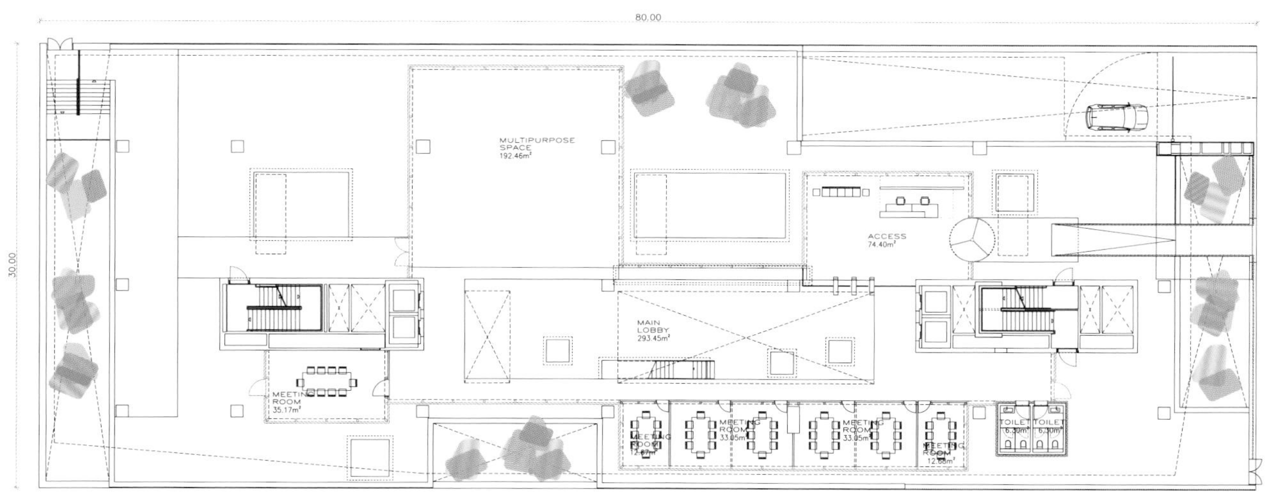

首层建筑面积：849,63 m²

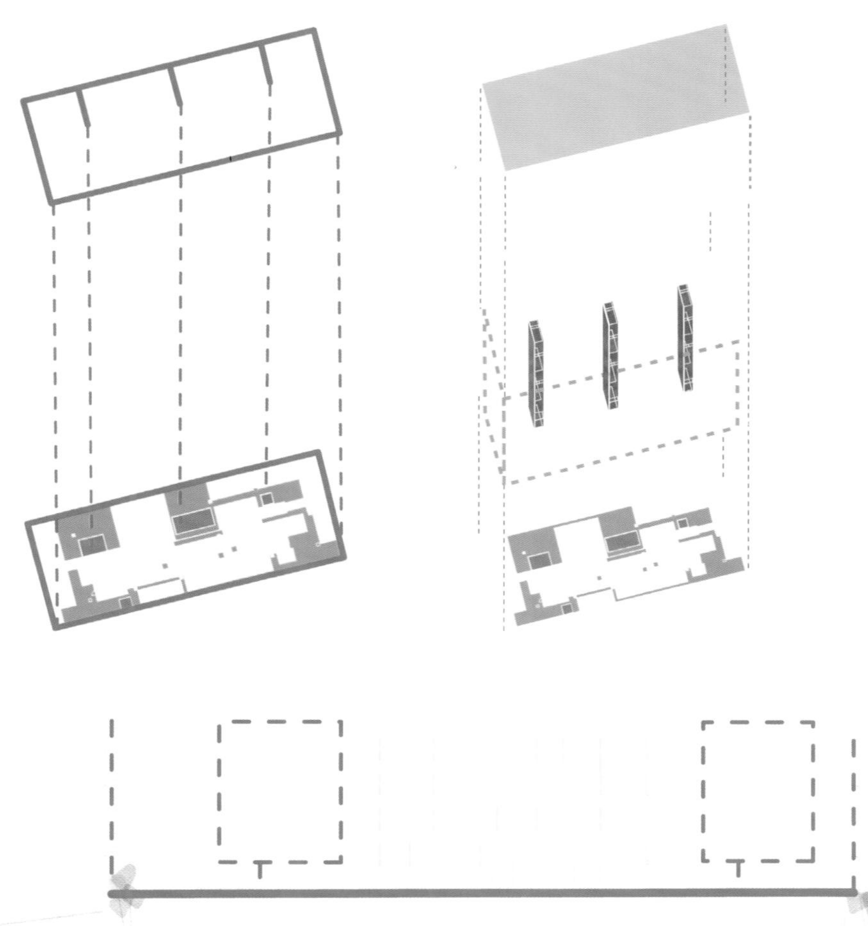

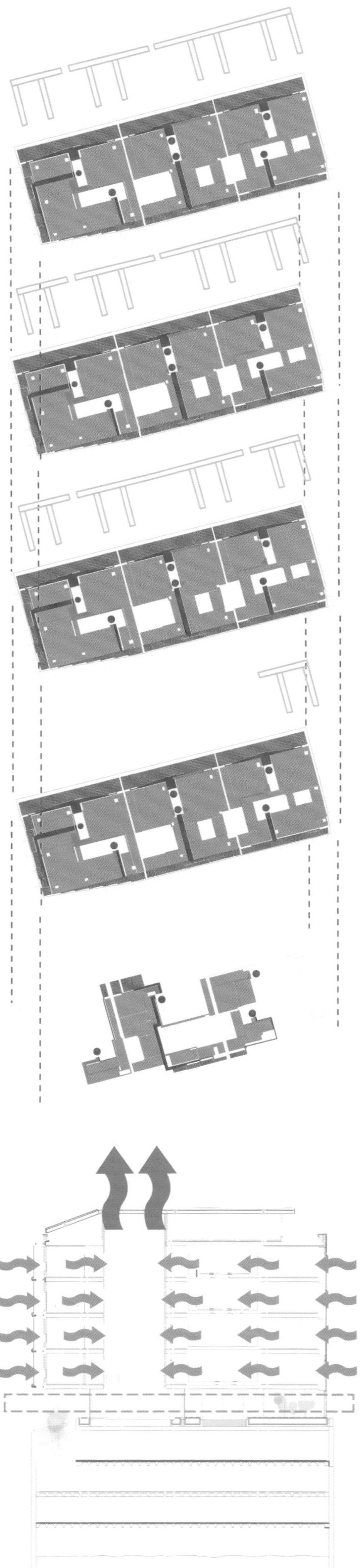

德国复兴信贷银行 KFW 总部大楼

项 目 地 点：德国法兰克福
建 筑 设 计：德国 KSP 建筑设计事务所

这座新的六层高的节能办公建筑位于森肯堡自然博物馆对面，设有 440 个办公单元，是依照 KSP 建筑设计事务所的方案建造的。

KFW 一直以来都肩负着保护环境和气候的特殊使命，所以在其办公楼的设计中即践行了高效节能的高标准，使之成为环保节能建筑技术领域的先锋。该大楼的能耗为 125kW · h/m^2，远低于老式办公楼平均 400 ~ 600kW · h/m^2 的能耗。

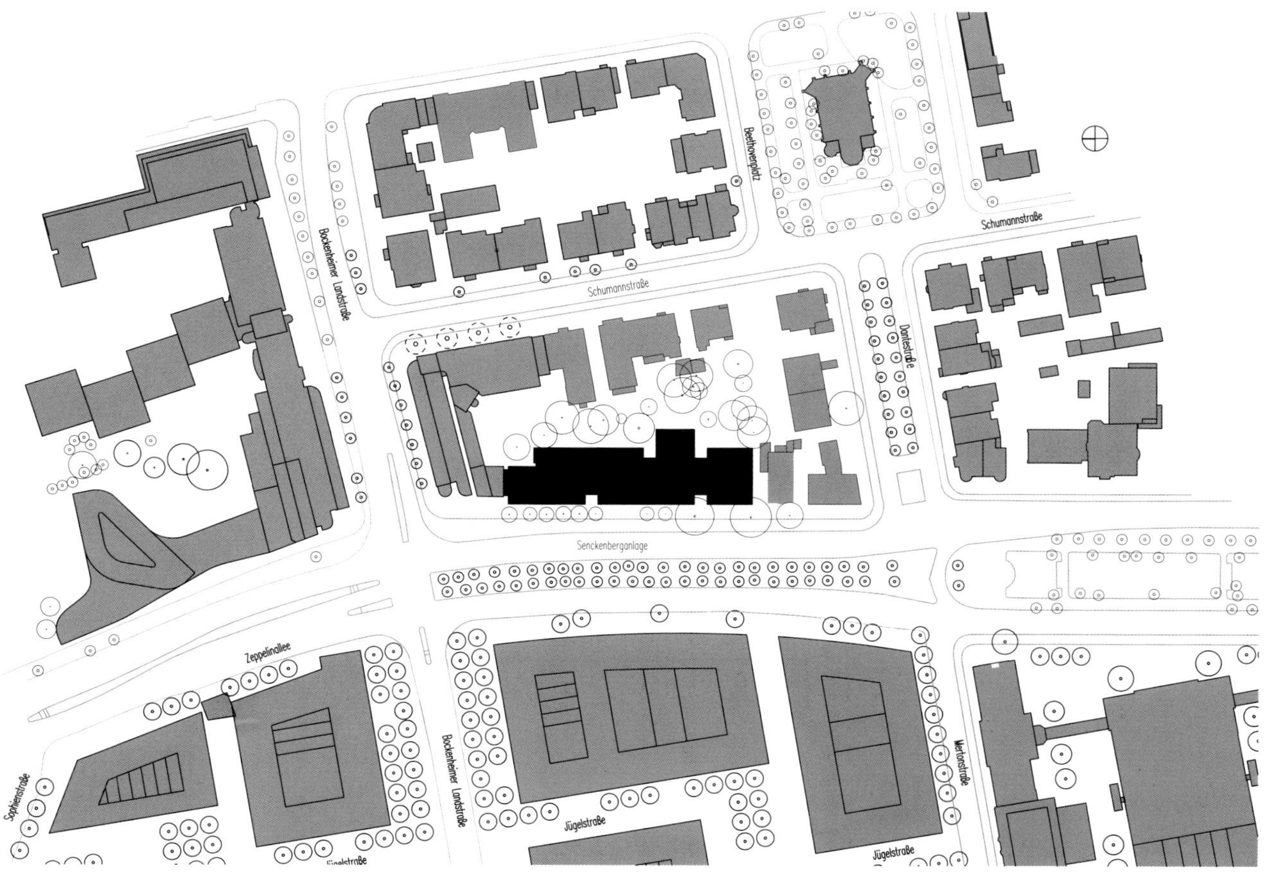
Beethovenplatz
Schumannstraße
Bockenheimer Landstraße
Schumannstraße
Dantestraße
Senckenberganlage
Zeppelinallee
Sophienstraße
Bockenheimer Landstraße
Jügelstraße
Mertonstraße
Jügelstraße

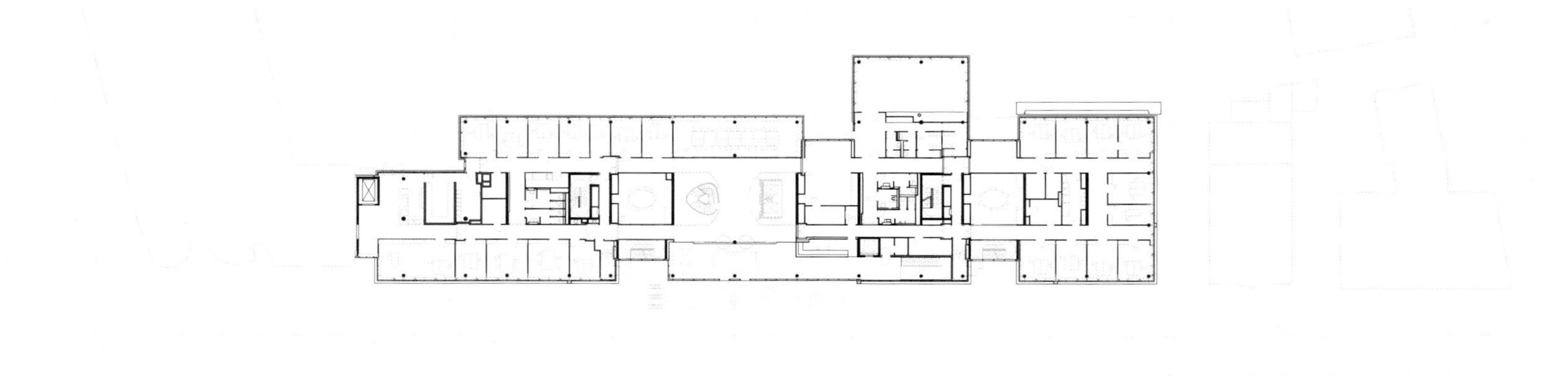

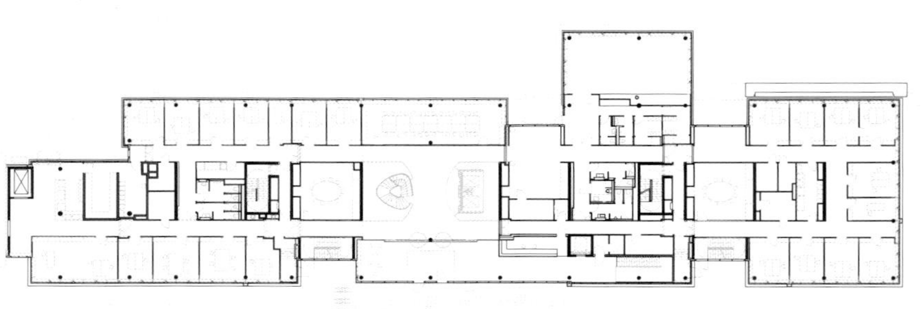

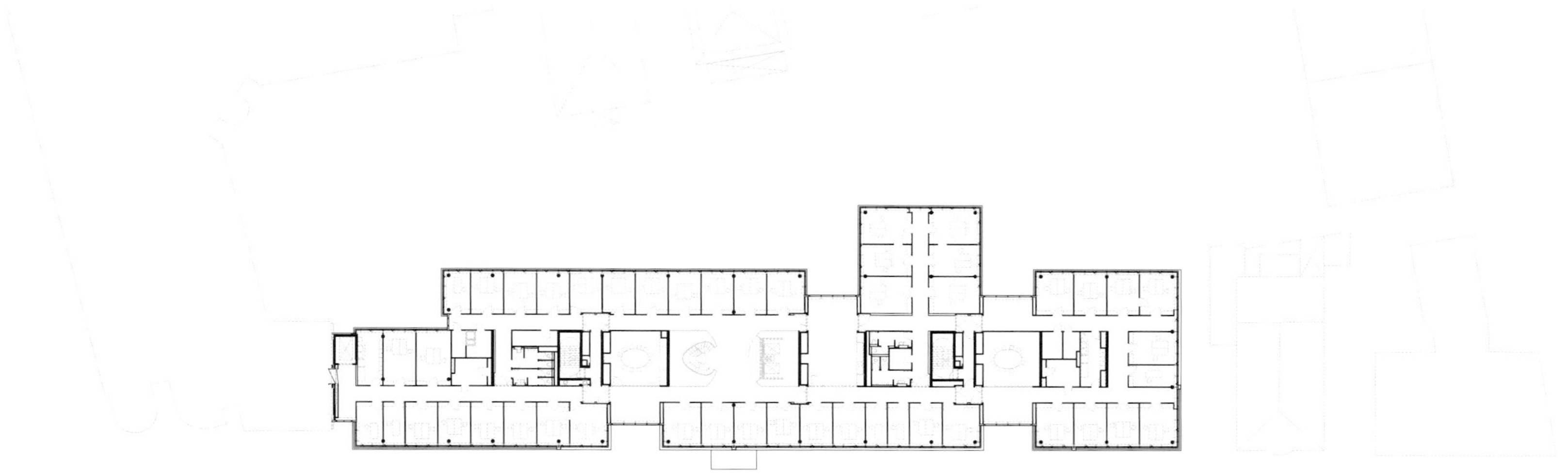

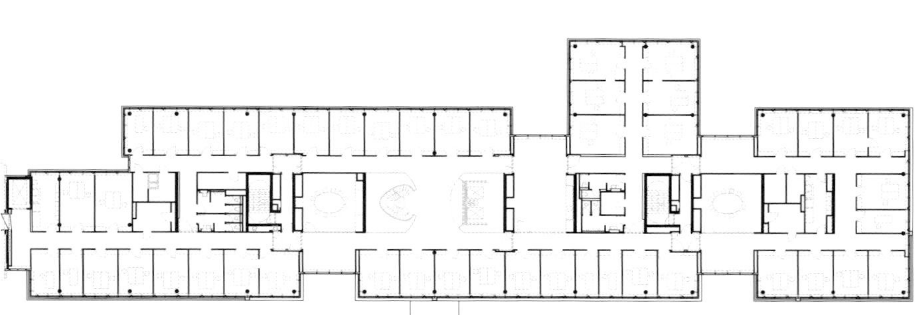

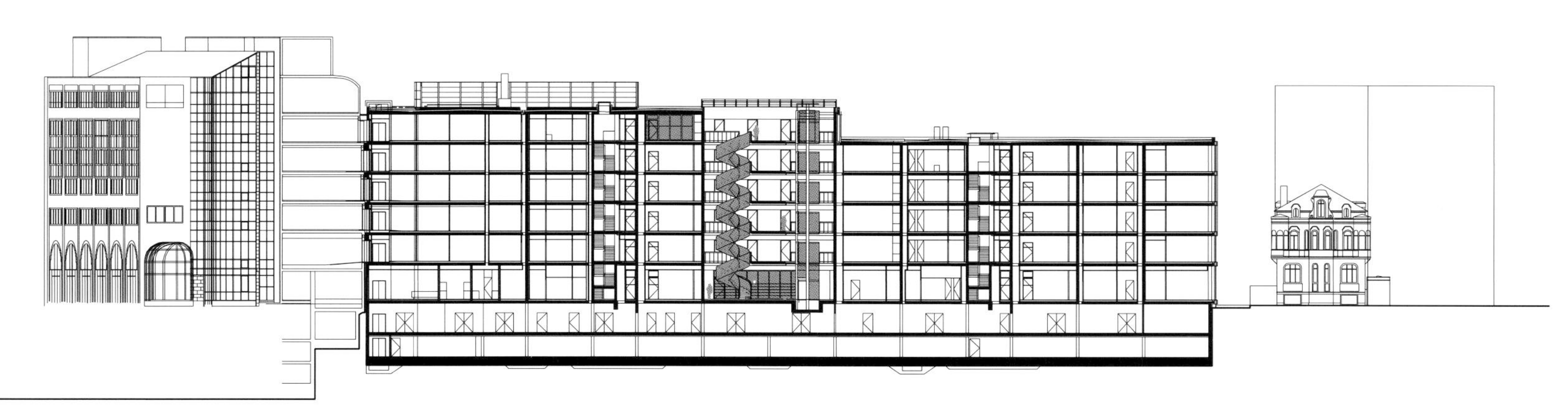

s.Oliver 公司德国总部

项目地点：德国巴伐利亚维尔茨堡
客　　户：s.Oliver 公司
建筑设计：德国 KSP 建筑设计事务所
建筑面积：13 800 m²
摄　　影：Jean-Luc Valentin

这座建筑是为其使用者量身定制的，高度反映了公司的活力与时代精神。这座简约、功能齐全的大厦最多可供 350 名员工日常工作并发挥其创造力。拘谨的形式语言映射出 s.Oliver 时尚国度的独特魅力，同时利用巨大的橱窗将这种独特性展示给外部的观众。

这座建筑内部切分为两个庭院，可为办公空间提供良好的光照条件。第一个庭院接近主入口处，带有宽敞、开放的大厅，时刻欢迎参观者的到访，而第二个庭院与场地上原有的建筑相连。在这里还建有一座花园，为员工提供放松身心的场所。

壮观的椭圆形楼梯是建筑的垂直通道。还配有开放的美术馆，成为整栋大楼的焦点。此外，每层楼都设有休息室，可供员工进行交流，同时也可以发挥其他作用。如此的安排使得建筑整体成为一个弹性的公寓式建筑。大部分的工作区域都是开放规划的办公室，但同时还为未来特殊类型的办公室形式作出了空间准备。水平的条形窗户和电镀铝元素成为建筑外立面的主要特征。这些特殊的材料不仅反映出 s.Oliver 高端的品味，同时还在整体建筑中使个别部分得到了体现。

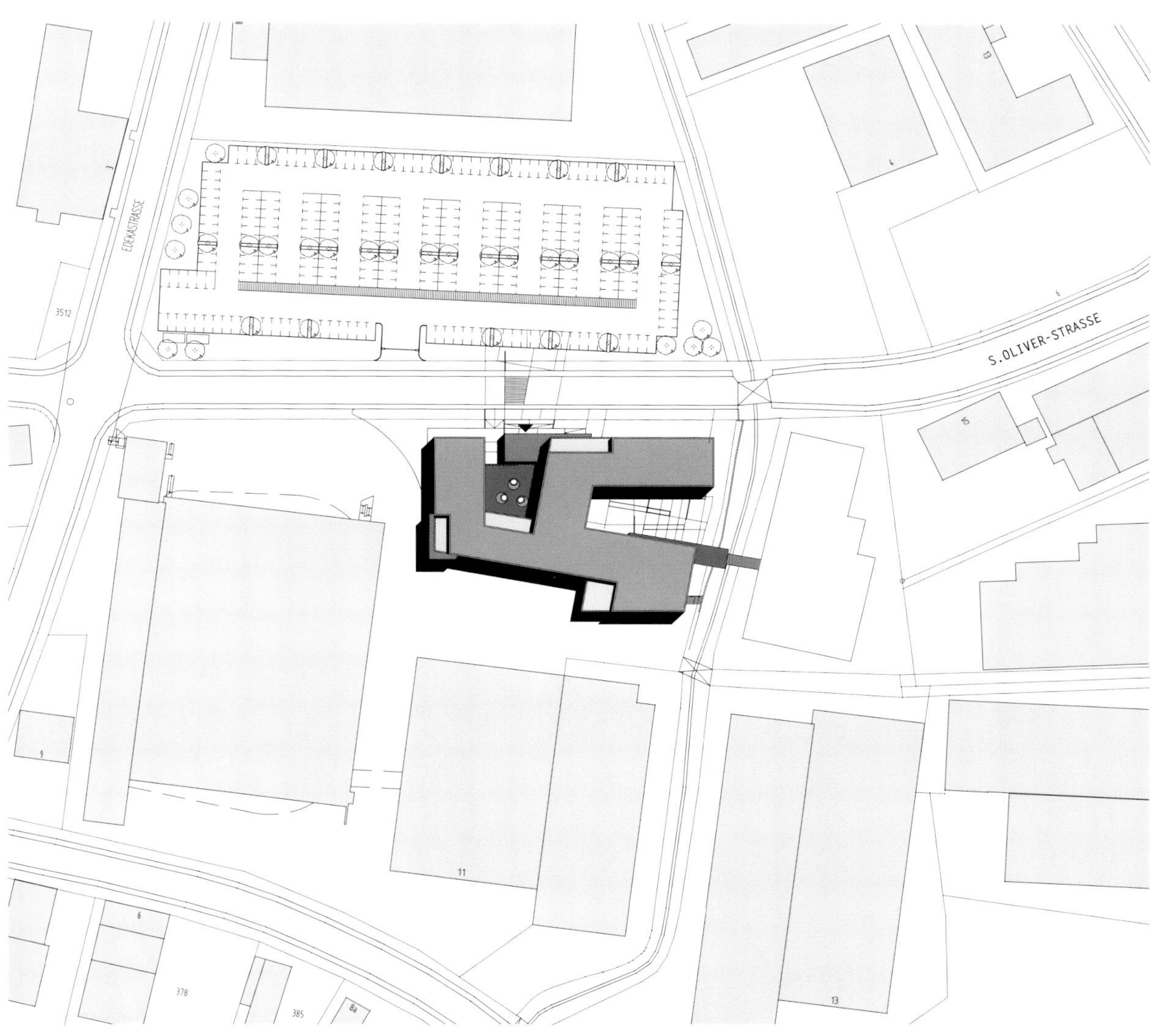

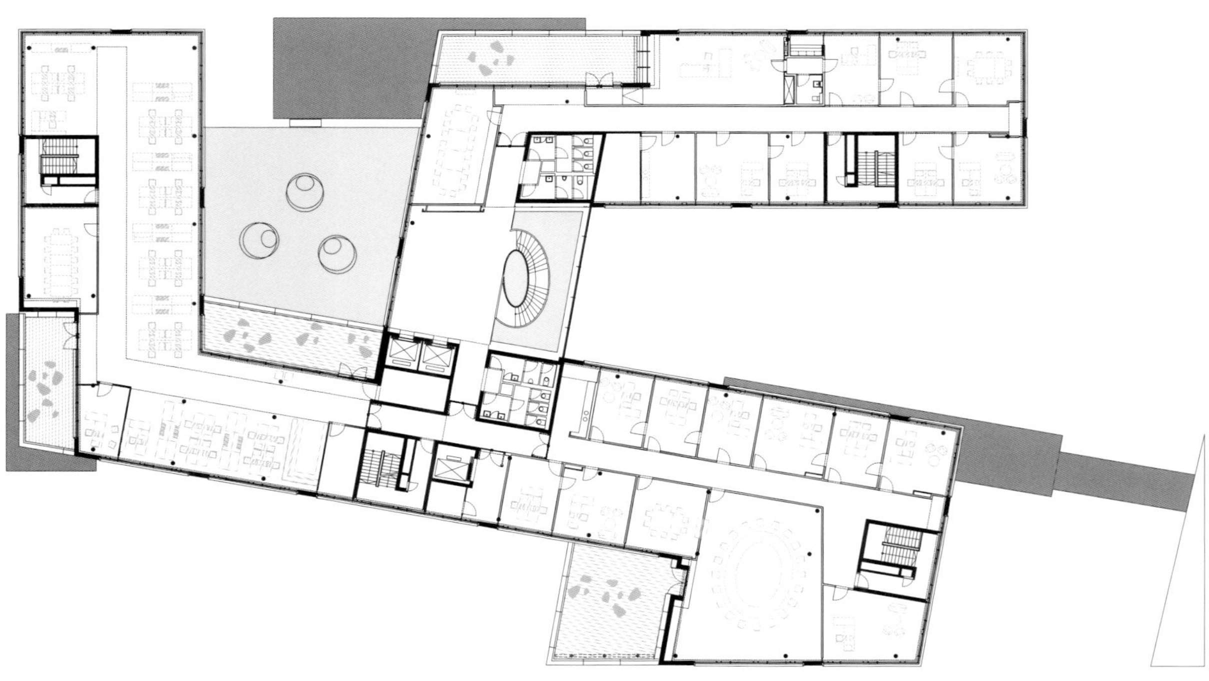

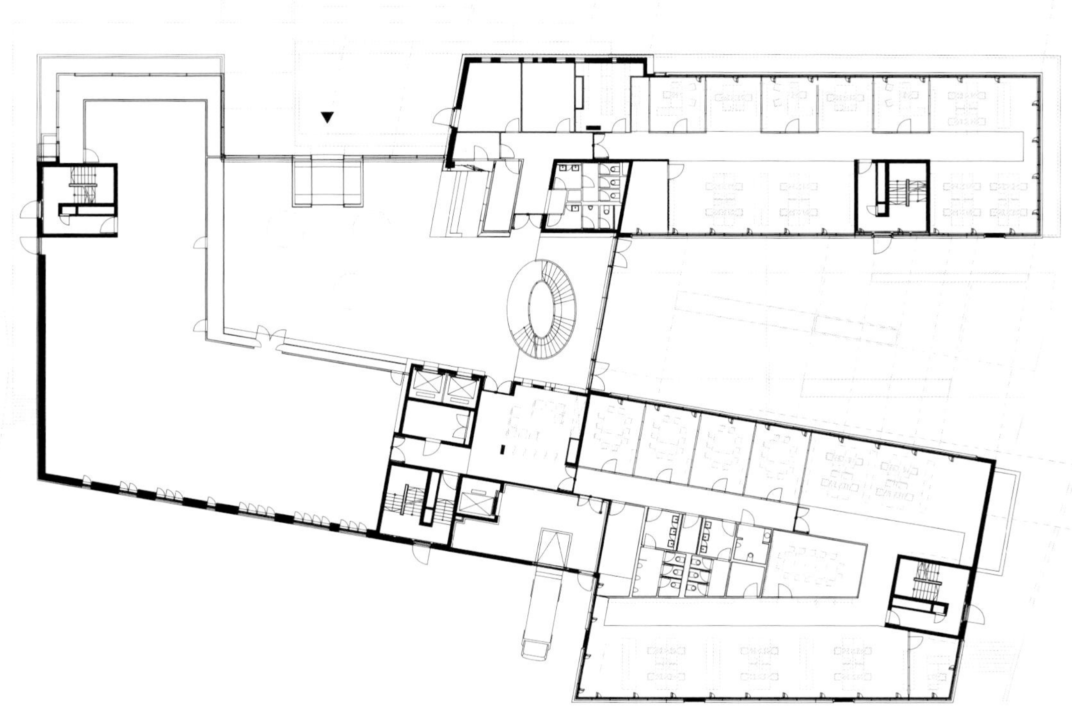

s.Oliver

CASUAL WOMEN ▶

农业生物科学国际中心（CABI）总部

项　目　地　点： 英国牛津郡
建筑 / 景观设计： RTKL
项　目　团　队： Paul Dunn, Jos Borthwick, Mohamed Abdelghafar, Stewart Kidson, Chris Kivotos

项目坐落于牛津郡中部的市郊绿区，RTKL 受客户要求，将设计一个无碳总部大楼。设计理念以可持续发展为中心，所有的设计都将围绕大楼的可持续性展开。

CABI 是一个为农业和环境发展提供科学解决方案的国际组织，作为其总部的大楼应该与周边的农村环境联系在一起，并为日后的扩展留下足够的空间。设计团队决定创建独立的建筑，包括世界级会议建筑，内设会堂和餐厅。设计成果是一个尊重周边设置的机构建筑群，是 CABI 工作使命的一个实例。

项目选址受四个主要因素影响：一是受限于场地，避开了最狭窄的地方；二是大楼南北朝向，使其采光最大化，减少低层在冬季月份受到的太阳强光直射；三是要实现项目用地功能最大化，保留适当的空间留待日后的拓展；四是项目地点带有景观。

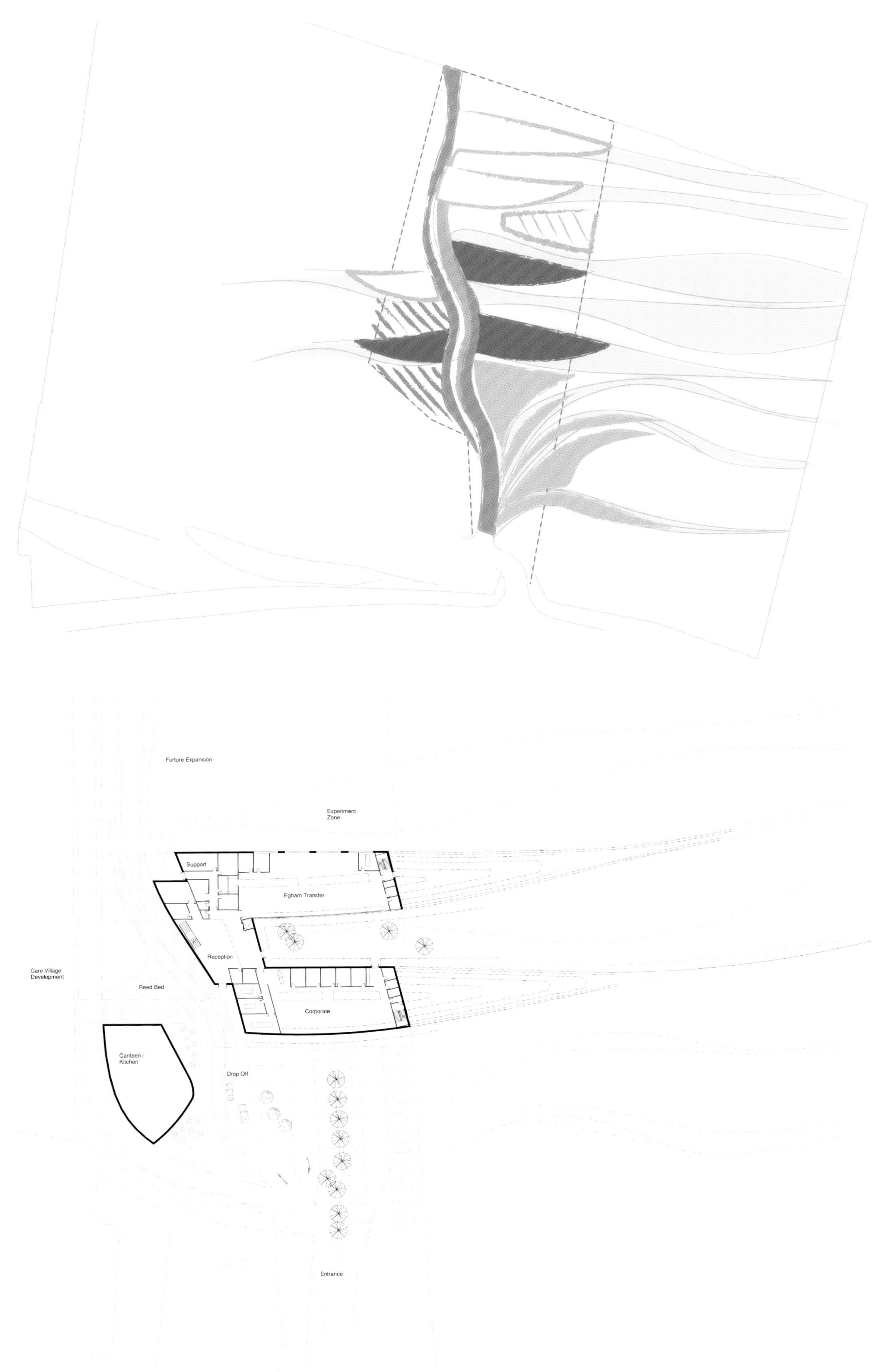

Furture Expansion
Experiment Zone
Support
Egham Transfer
Reception
Care Village Development
Reed Bed
Corporate
Canteen / Kitchen
Drop Off
Entrance

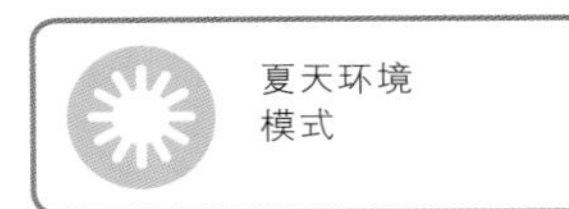

夏天环境模式

南
自然光
太阳辐射
太阳能光电
绿色屋顶
高度绝缘
密封设计
烟囱效应
获取热量
获取热量
可开窗口
热转化阶段
转化材料
空气
进入
自然光
接地导管——冷却空气
被动进气口

Support
Egham Transfer
Reception
Corporate
Canteen / Kitchen
Drop Off

Publishing
Ecological Intelligence
IT development
sales & marketing
Auditorium

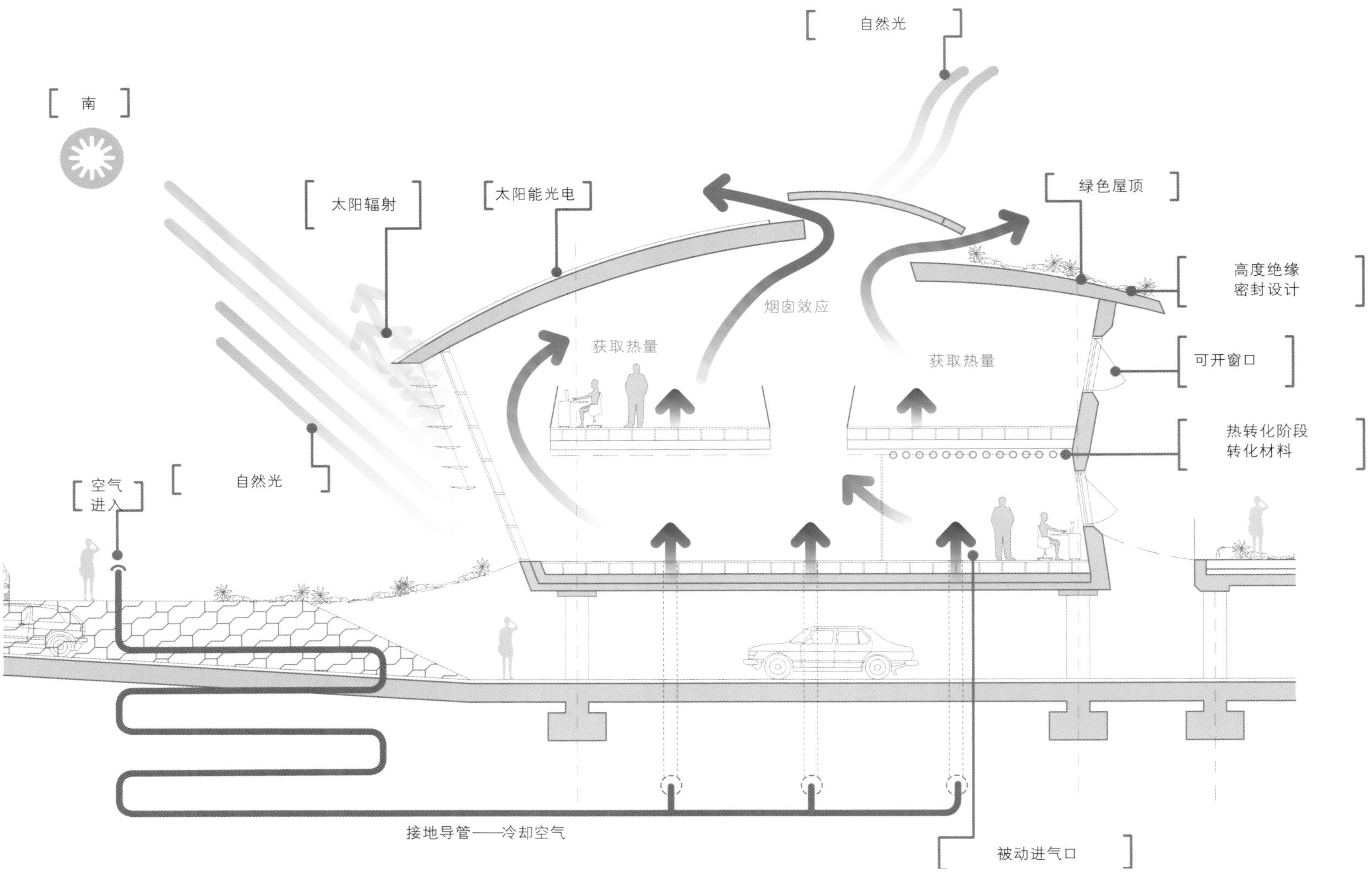

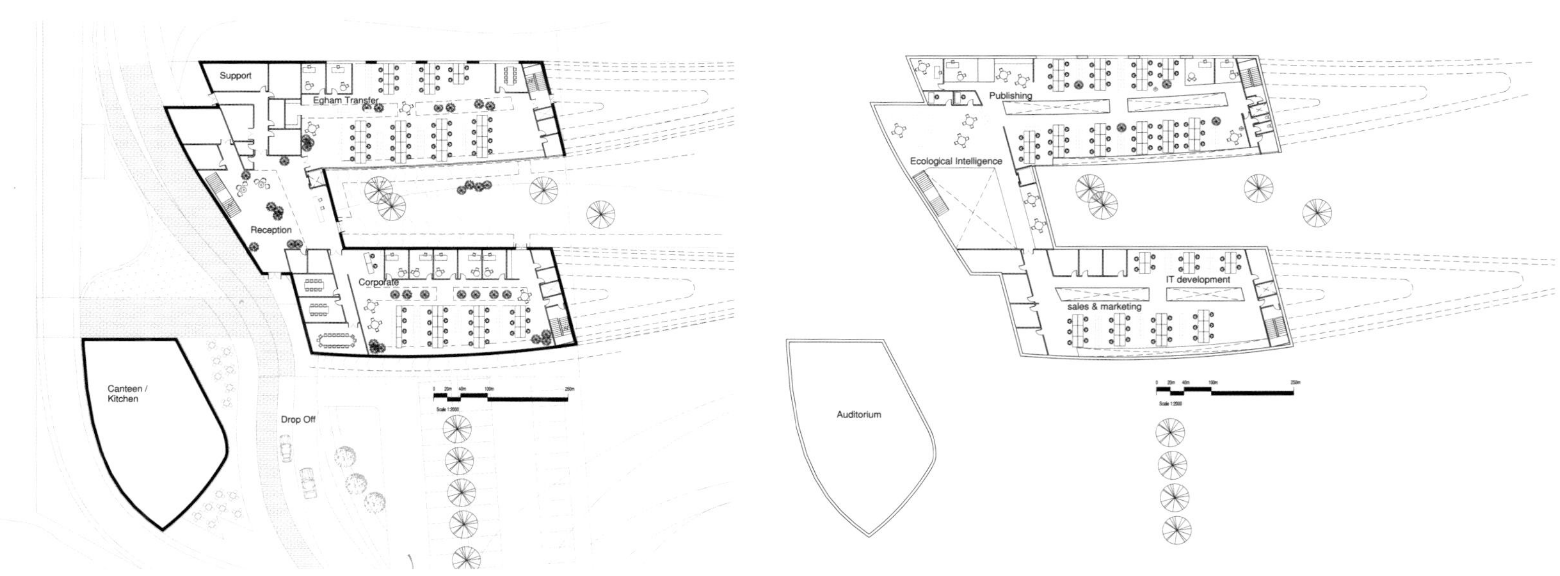

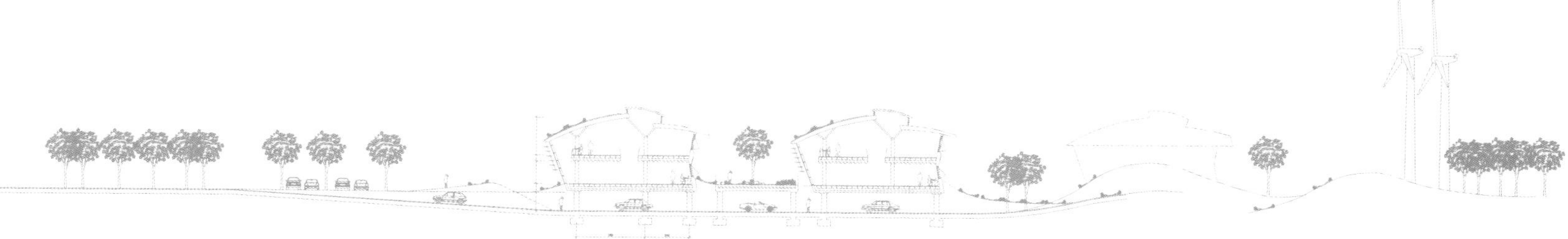

马卡费里工业公司总部

项目地点：意大利博洛尼亚
客　　户：马卡费里工业公司
建筑设计：波捷特（北京）建筑设计顾问有限公司
面　　积：11 200 m^2

新的马卡费里工业公司总部拥有一个办公大楼、三个小型工业建筑（其中包括两个仓库，三分之一改造成自助餐厅）、一个大型生产临时周转仓库，以及在工业建筑和办公楼之间有一片大的绿色区域。与之相对的是管理和生产区域，两片区域由走廊相连。场地的自然环境、在高速公路上的高清晰能见度和本地气候都作为灵感源泉，促成了这个建筑设计方案，它在表达公司形象和身份的同时，也完美地融入了景观之中。

项目设计主题包括：新与旧的对话、建筑与环境之间关系的拿捏、建筑形式与功能的配合以及能源的高效利用。办公楼中心区域为功能区，两侧楼翼为生产区。项目强调了两个主要立面：一个是建筑群的入口，另一个是面对着交通繁忙的大路。新建筑有地下一层和地上三层，约 4 200m^2，分为两个长方体建筑，每个宽 14m、长 30m。一个像围绕两个建筑旋转的大机械轴的中央结构，在结合它们的功能并且允许它们在其中做水平垂直运动的同时，也分隔着这两个建筑。

在设计阶段，为确定建筑准确的曝光和表面的反射情况，在这片地方放置了一个实体模型，它可以检测太阳在不同季节中每天各个时间对这座建筑的确切影响。解决方案是设计一个非常光滑但不是完全透明的建筑。材料特别挑选采用高性能玻璃，使最大透明度不超过 30%，其他部分则用绝缘板填充，结构的里外面分别用涂了不同颜色的玻璃覆盖。玻璃层与绝缘板分开，作为隔离阳光的第一道屏障，并且通风，防止其下面的绝缘板在夏天过热。

该项目设计是由内到外进行设计的。内部空间被可移动墙体分隔，这些墙体部分是透明的，部分为不透明的木材。这样就可以依据不同工作团队和活动的需求，创造开放空间、封闭办公室、公共空间、会议室和卫生间。设计团队注重功能方面的设计，为今后空间布局可能变动提供了解决方法，他们设计了明亮且令人精力充沛的办公室，可容纳 160 人。这种设计方案可以达到最佳空间分隔和布局，具有最高的舒适度，可以最大限度地激发员工高效工作。

在设计过程中，从建筑、结构、系统等方面入手，研制了创新、简单并可复制的新型能源系统。每人可节能约 30%，将投资回报时间缩短至 8 年。为了节能及更有效地利用现有能源，设计通过多功能组件进行冷热水加工，及调节冬夏冷暖温度；此系统还可利用节能装置对内部进行整体温度及冷热水调节。

Officine Maccaferri
Seci Energia

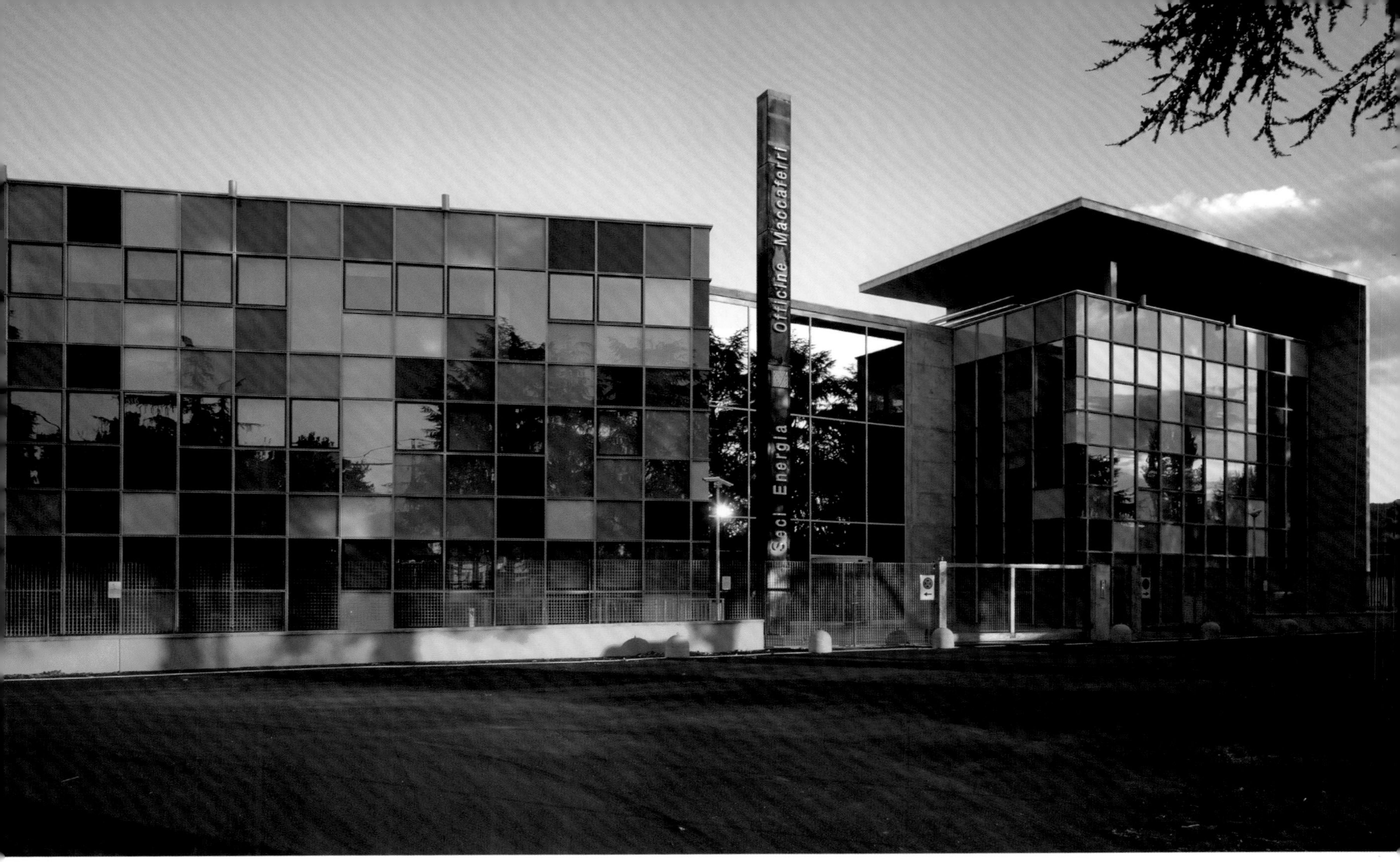

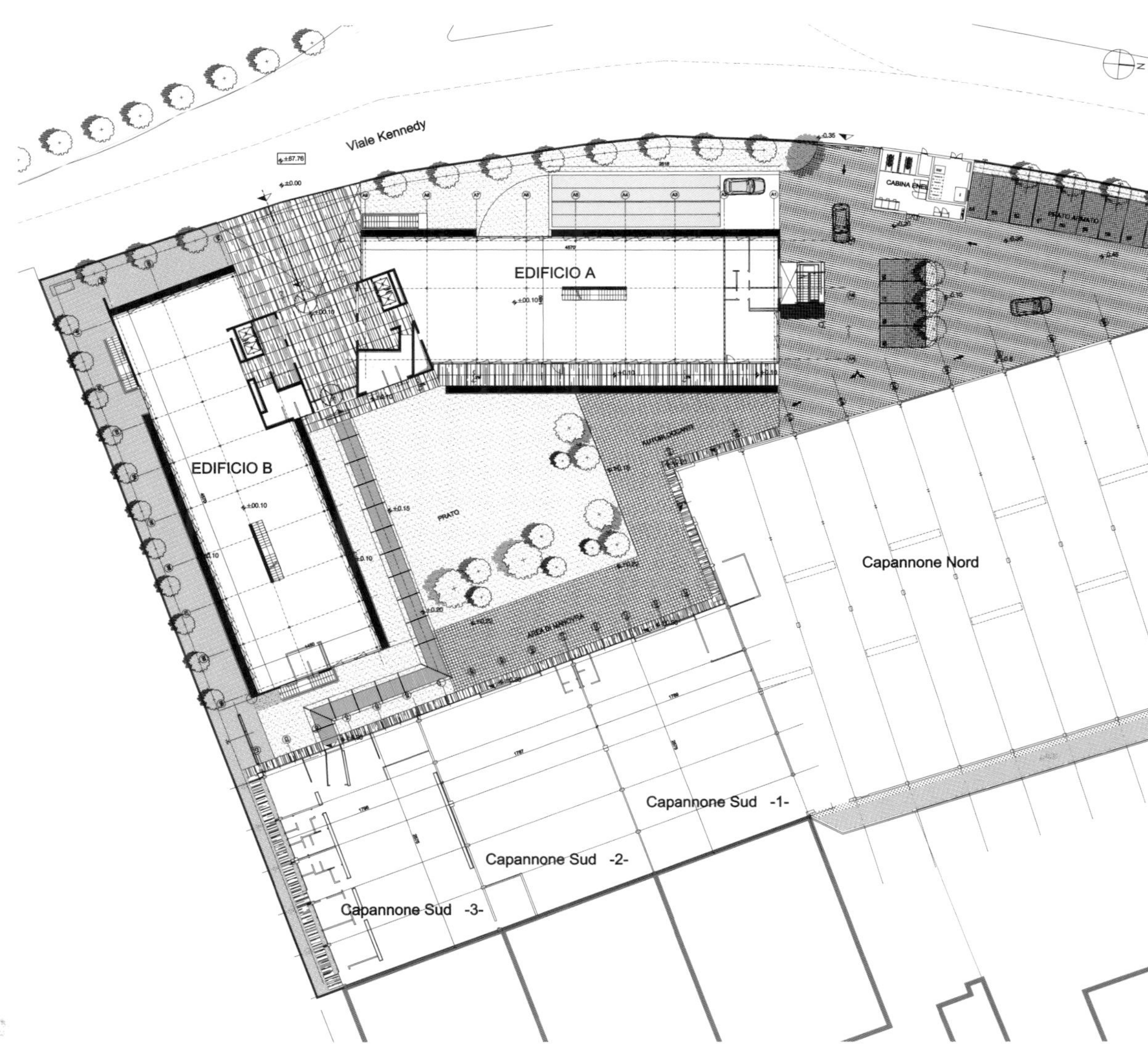

Viale Kennedy
EDIFICIO A
EDIFICIO B
PRATO
Capannone Nord
Capannone Sud -1-
Capannone Sud -2-
Capannone Sud -3-

南区外侧平面图

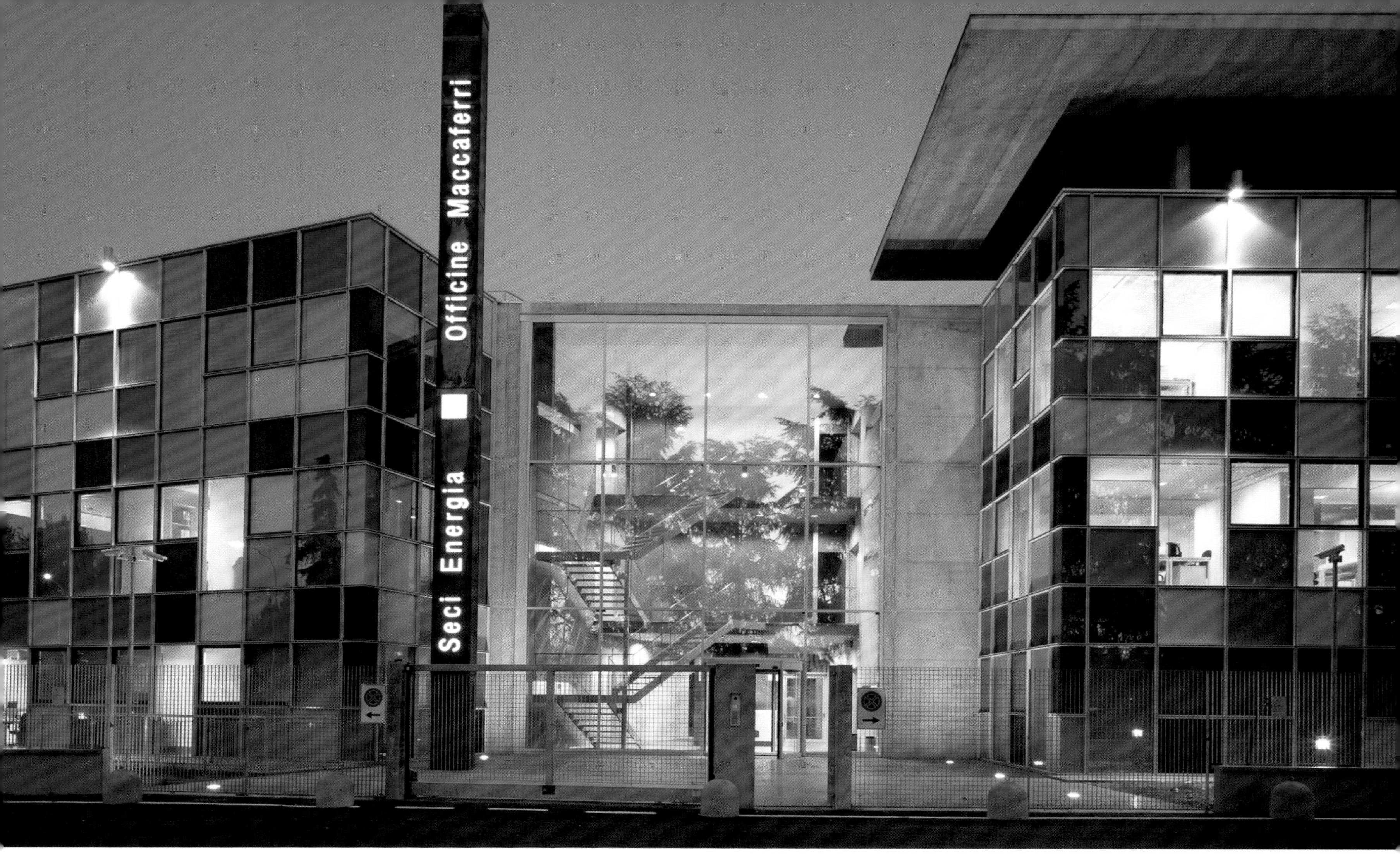

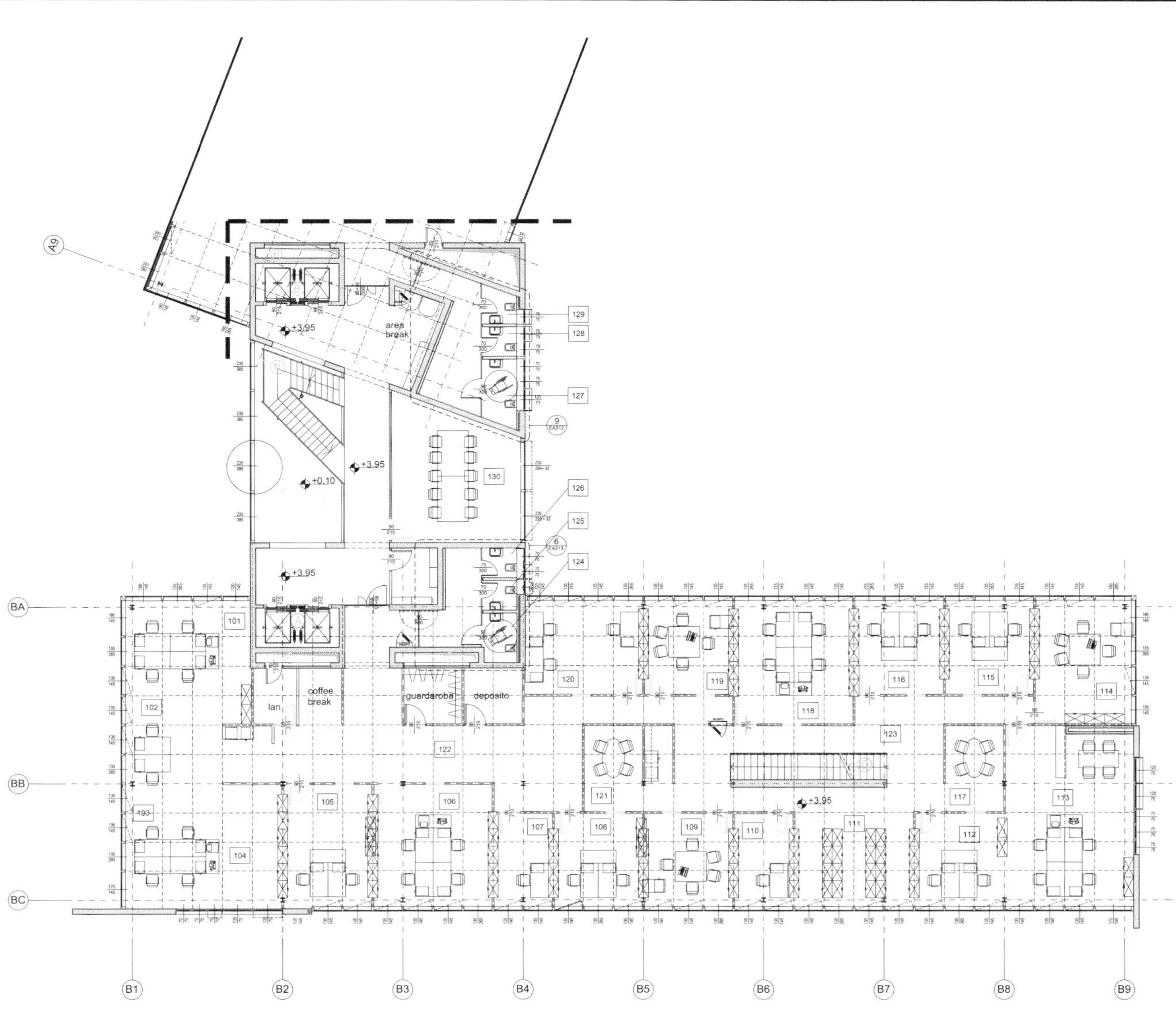
area break
coffee break
lan
guardaroba
deposito
+3.95
+0.10
BA
BB
BC
B1
B2
B3
B4
B5
B6
B7
B8
B9
A9

平面图

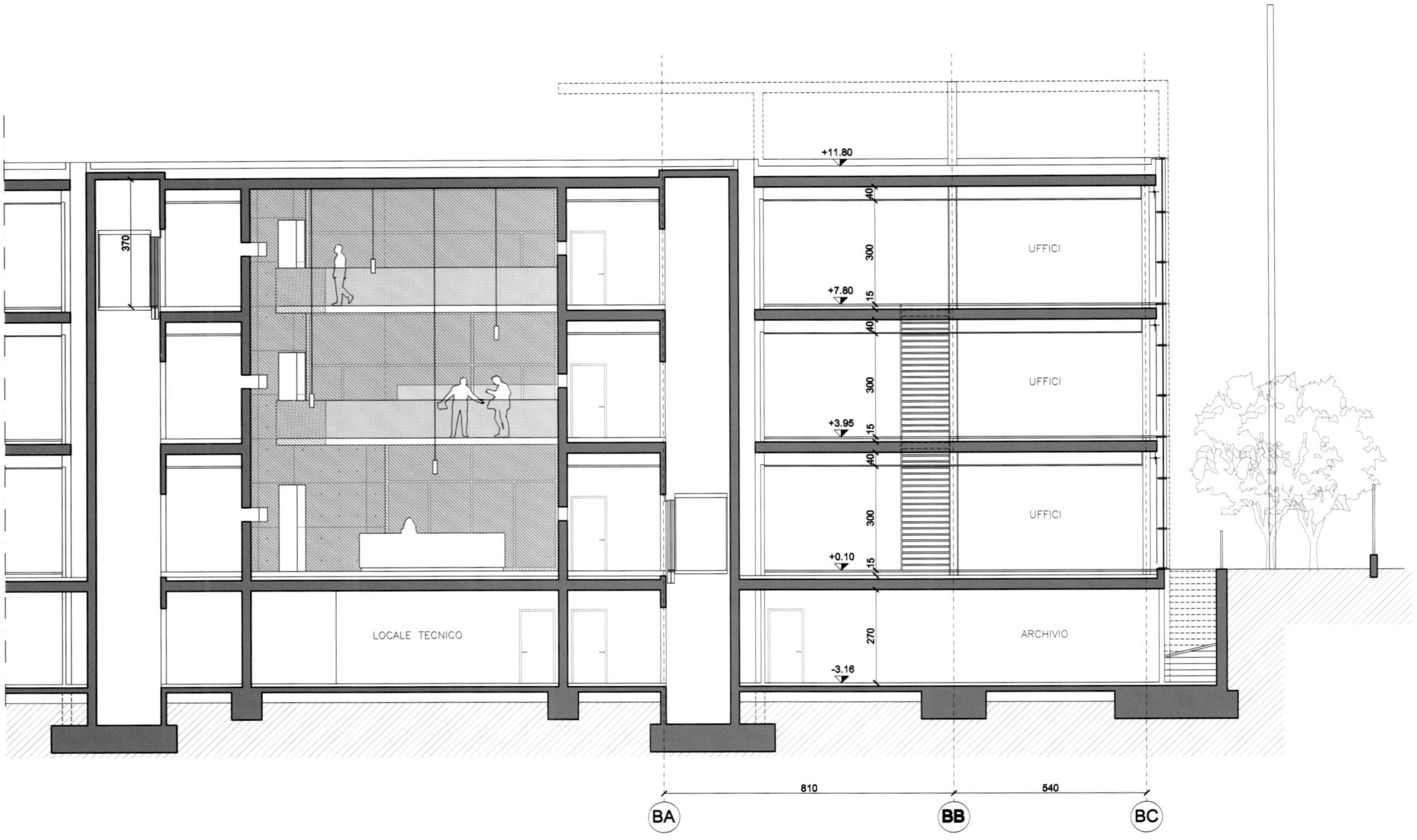

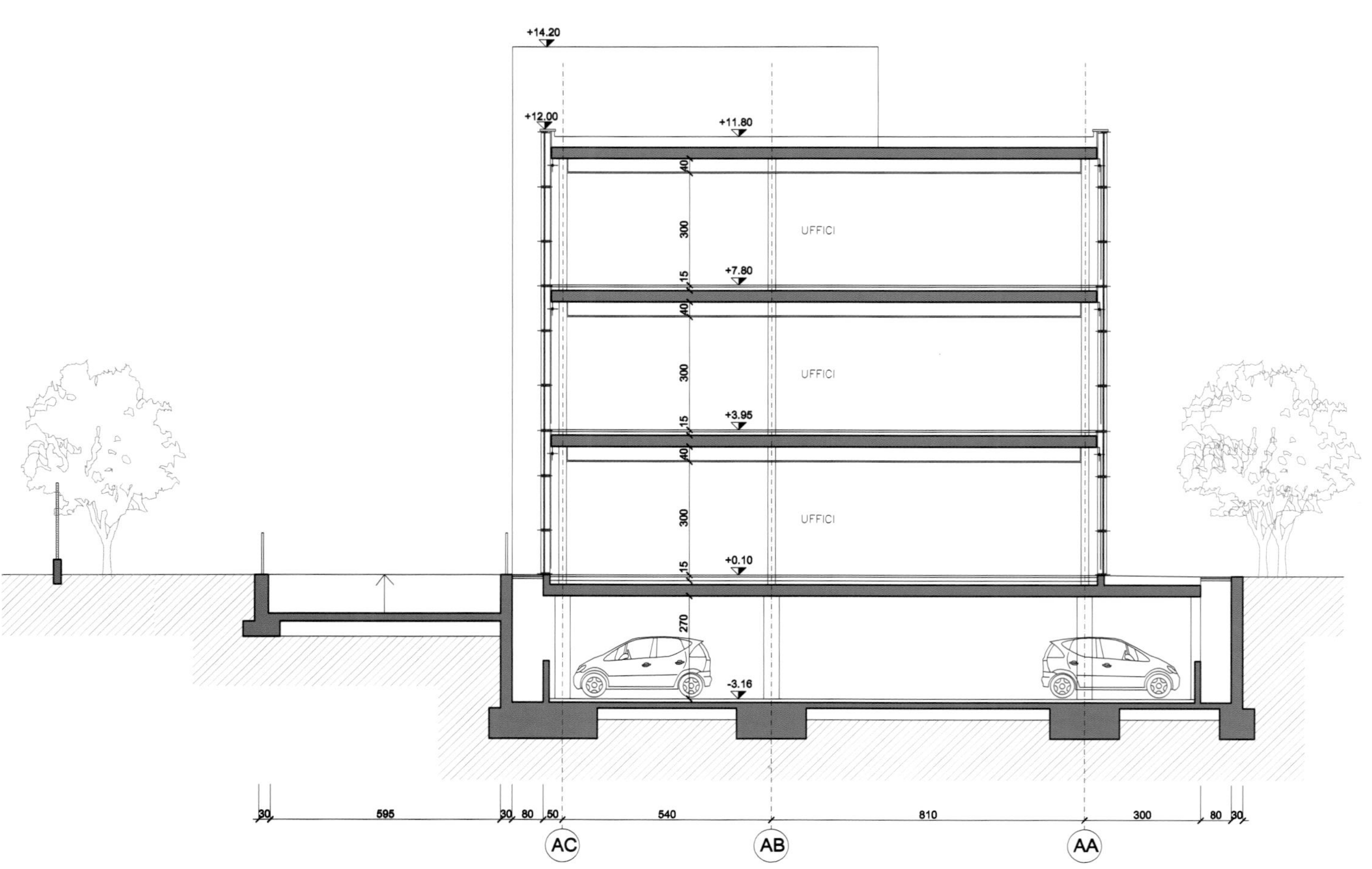

+11.80
+7.80
+3.95
+0.10
-3.16
370
40
300
15
270
UFFICI
UFFICI
UFFICI
LOCALE TECNICO
ARCHIVIO
810
540
BA
BB
BC

+14.20
+12.00
+11.80
+7.80
+3.95
+0.10
-3.16
40
300
15
270
UFFICI
UFFICI
UFFICI
30
595
30
80
50
540
810
300
80
30
AC
AB
AA

剖面图

1410
AC
AB
AA
840
810

1410
B1
B2
B3
B4
B5
B6
B7
B8
B9

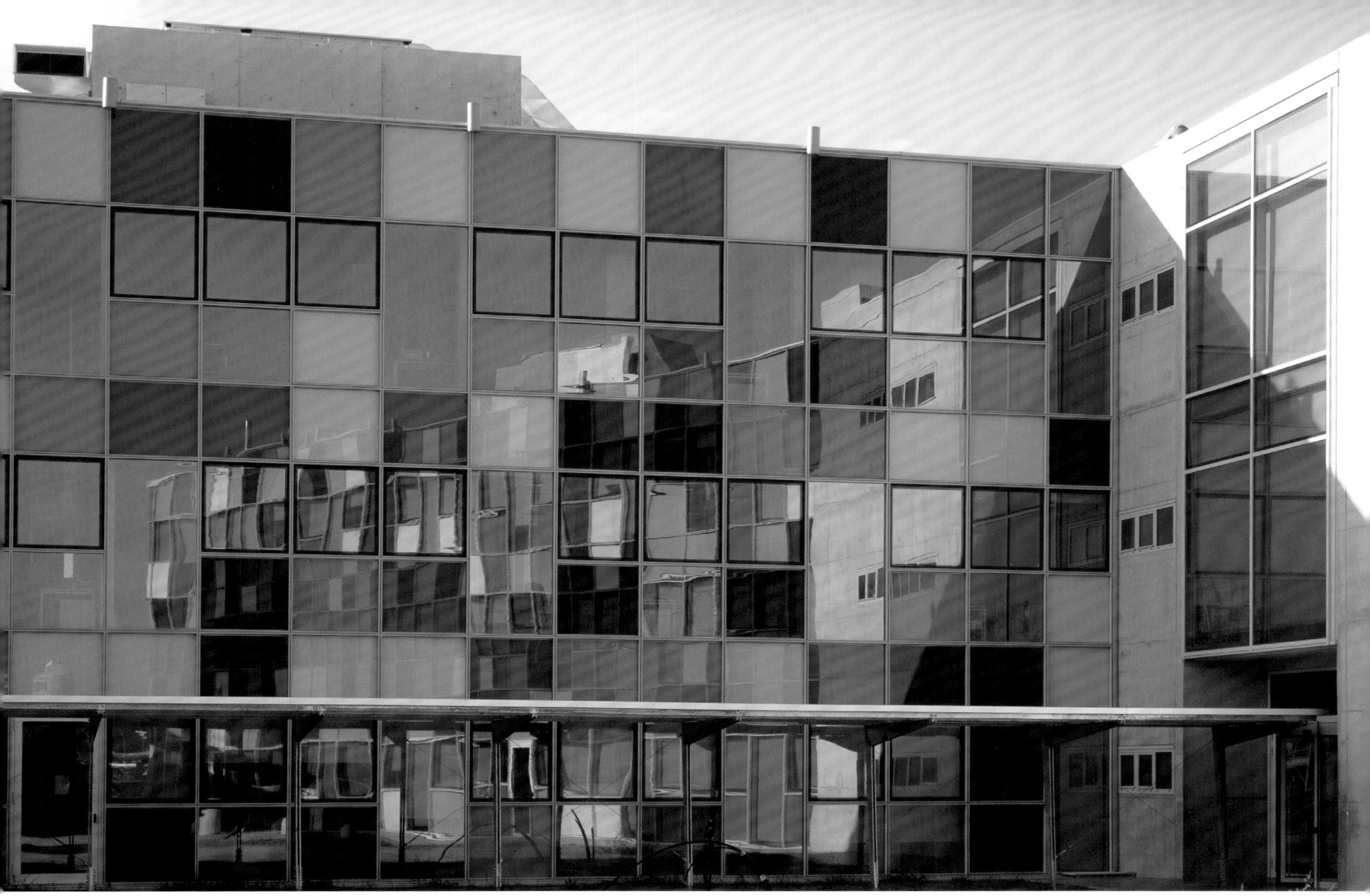

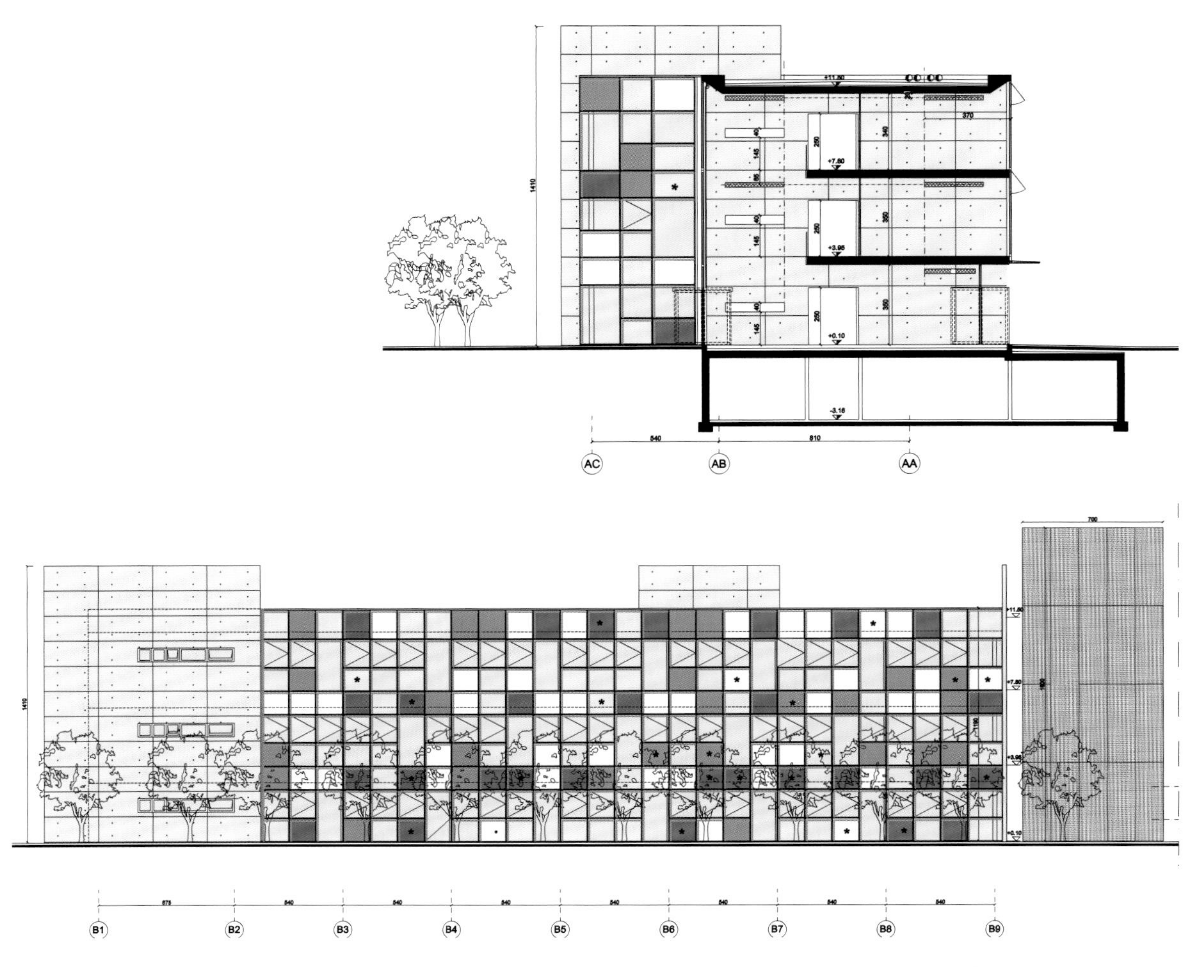

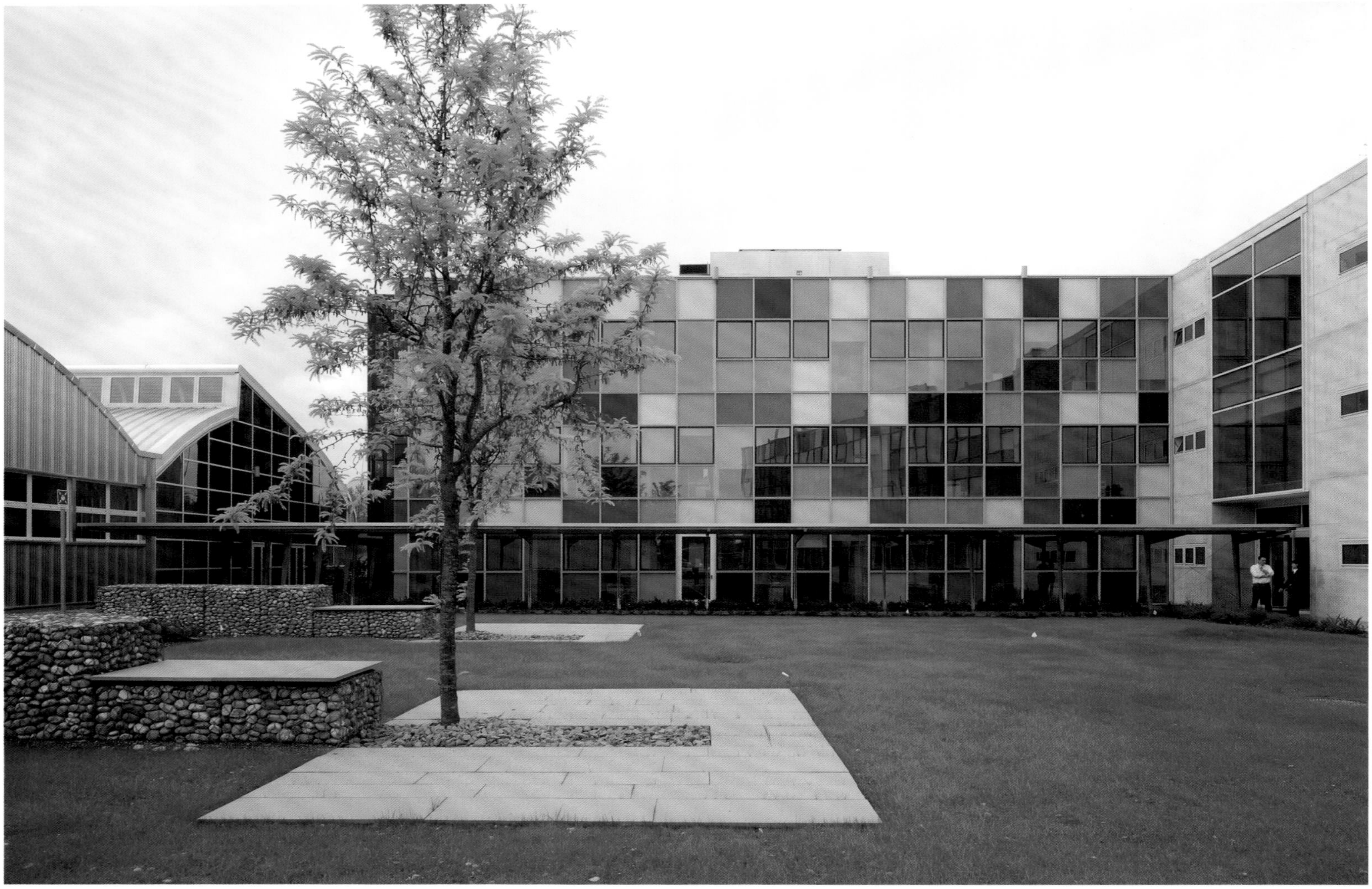

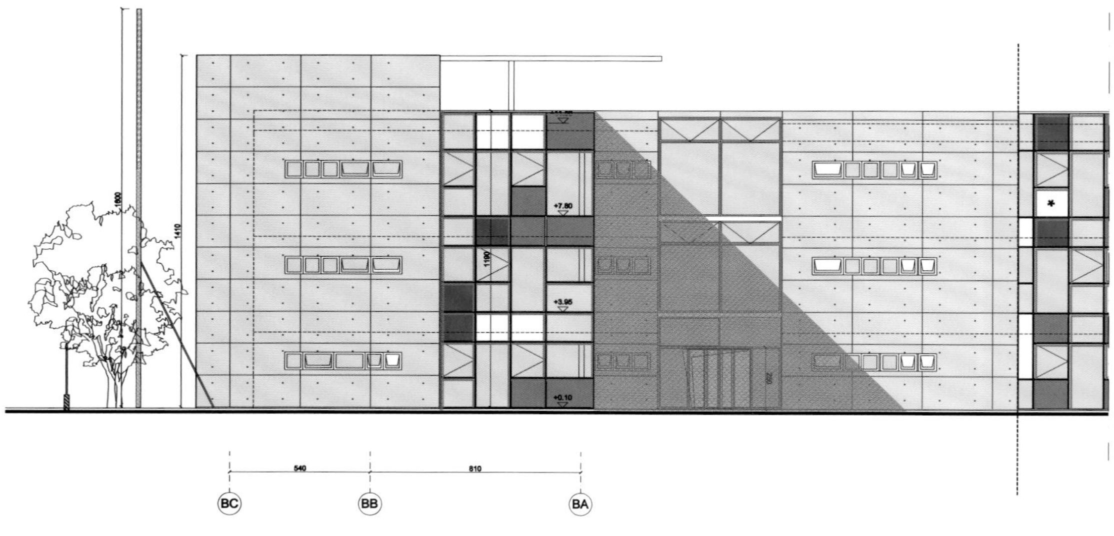

+7.80
+3.95
+0.10
540
810
BC
BB
BA

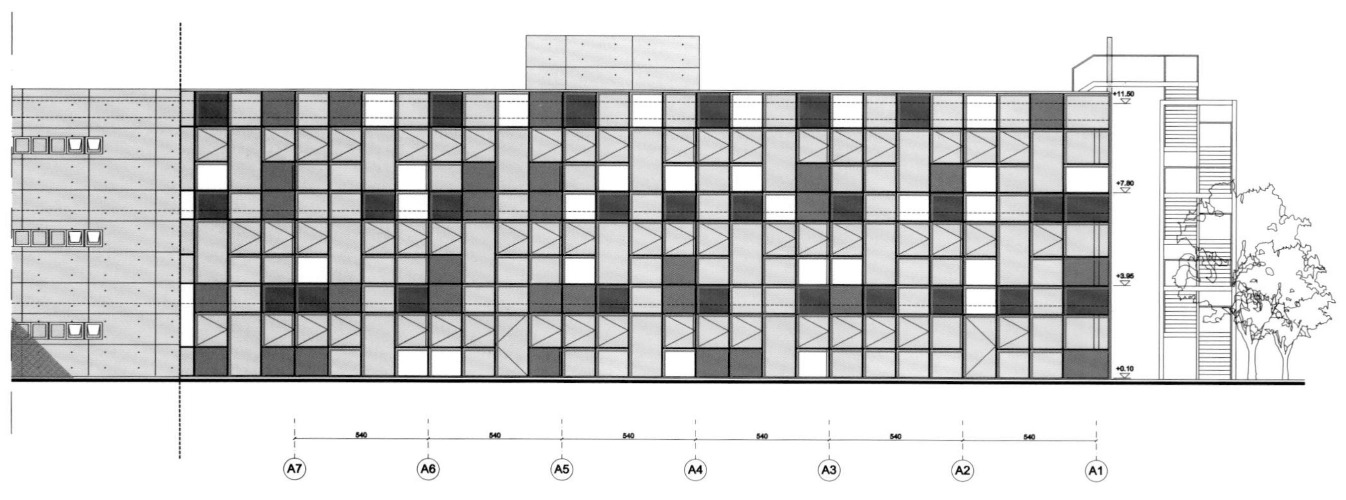

+11.50
+7.80
+3.95
+0.10
540
540
540
540
540
540
A7
A6
A5
A4
A3
A2
A1

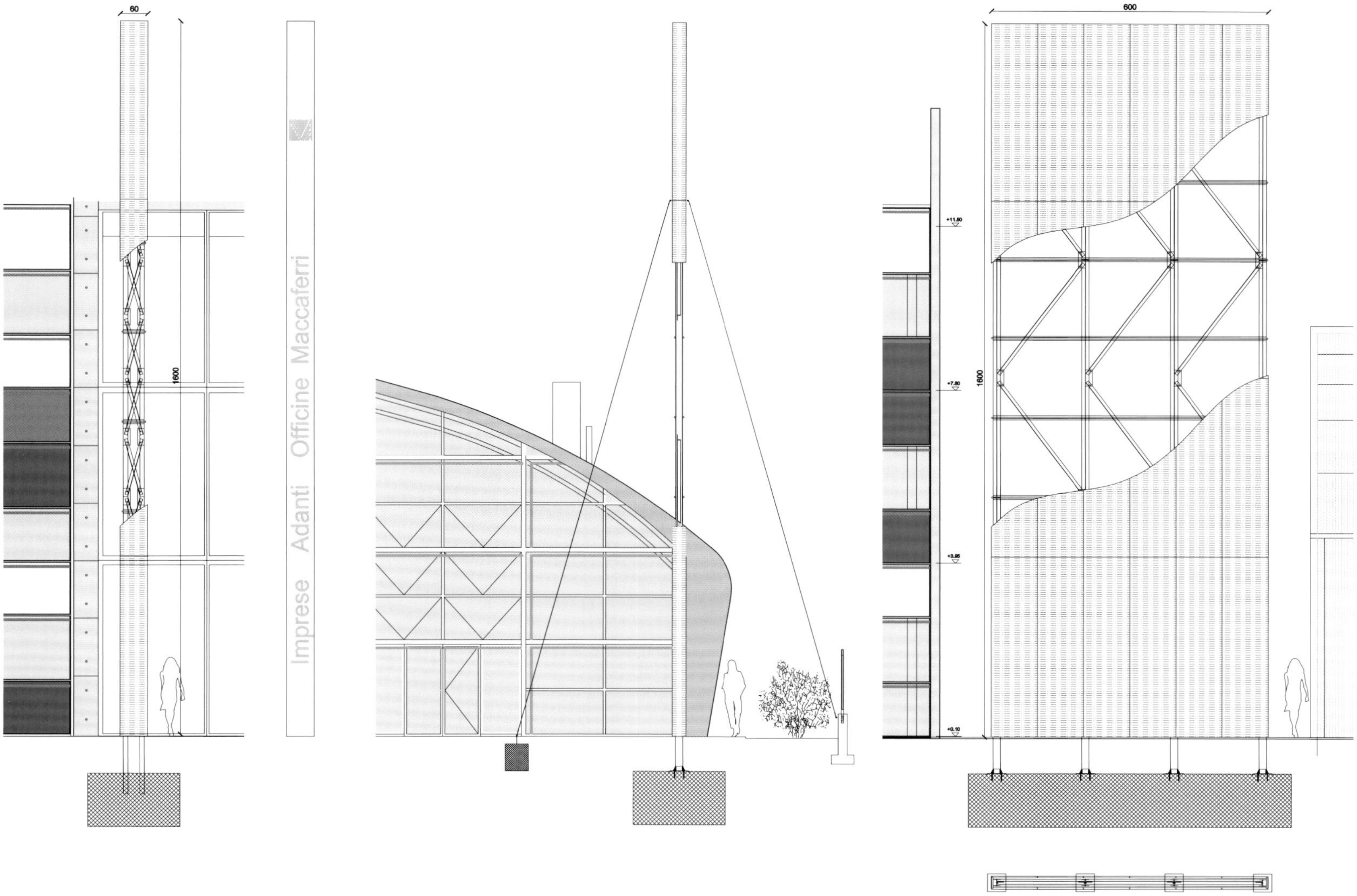

设计图

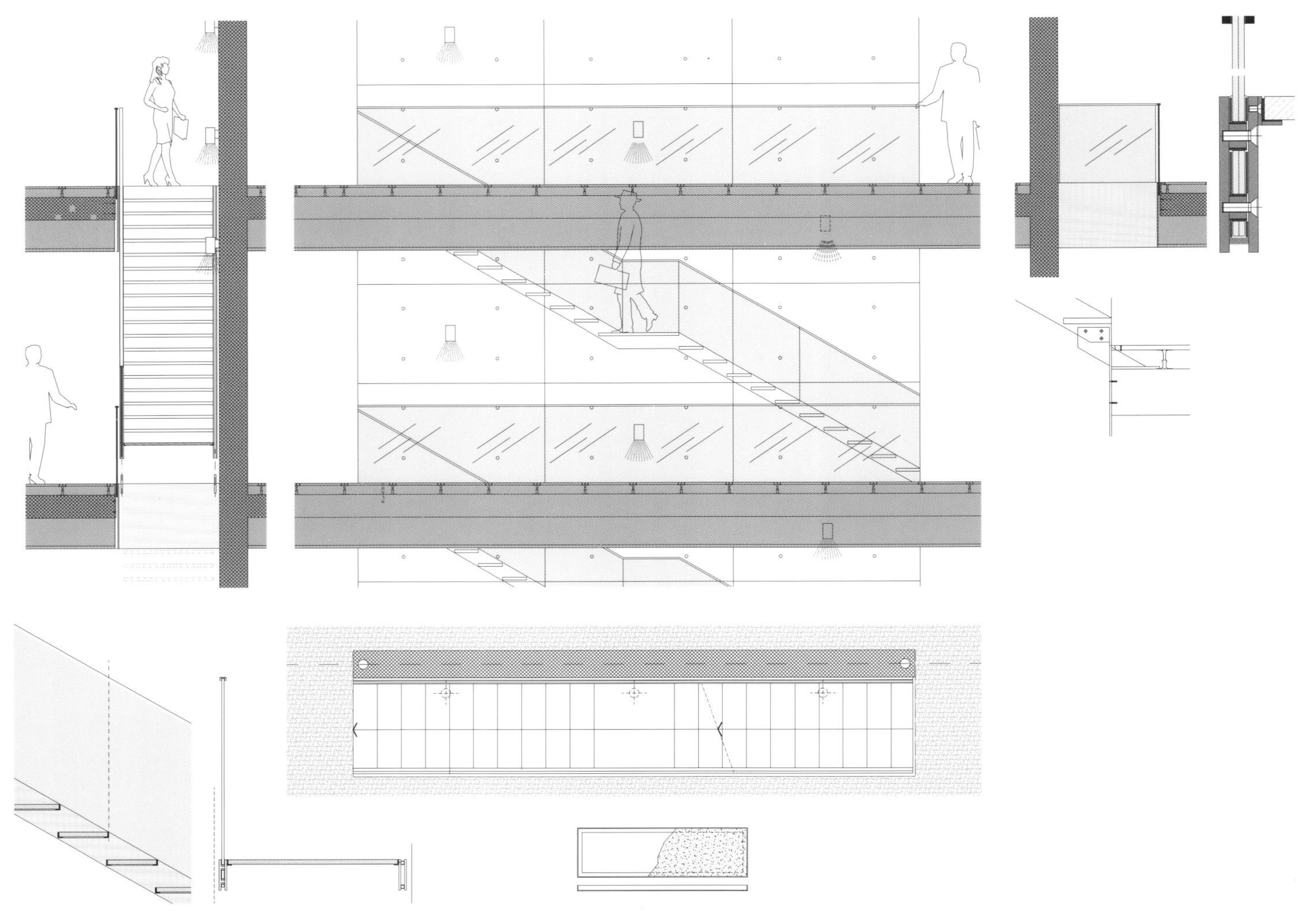

办公室尺度视图

Gruppo
Industriale
Maccaferri

Gruppo
Industriale
Maccaferri

中联重科总部展示中心

项目地点：中国湖南省长沙市
建筑设计：amphibianArc 建筑设计事务所
占地面积：10 074 m^2
建筑面积：3 100 m^2

amphibianArc 事务所设计的中联重科总部展示中心位于中国湖南省长沙市，整个建筑犹如展开双臂的“变形金刚”，建筑形态模仿鹰、蝴蝶和青蛙等动物，连接在一起犹如蜻蜓翅膀的钢铁和玻璃板面位于建筑两端，它们架在液压臂之上，形成张开闭合的效果。建筑建于长沙的科技园内部，用于展览及产品展示。建筑共四层，面积达 3 100m^2，占地面积为 10 074m^2，建筑高度达 26m。

项目设计最突出的特色在于建筑外观可转换，双重表皮系统使“可转化建筑”成为可能。内层表皮支持外围和整个建筑系统。外层表皮包含一个可操作的部分，这一部分可张开也可闭合以模仿不同动物的形态。建筑最初状态为一个矩形的盒子，接着北立面转化成鹰或蝴蝶的形状，南面折叠成游泳的青蛙，这些动物的形态反应设计公司对自然界微妙的平衡的理解，在建筑策略方面采取了表意的形式来表达中国传统文化中的领导力、人生无常以及繁荣昌盛。

错综复杂的立面形式最初灵感来自蝴蝶的翅膀，设计师采用参数模型工具来设计里面以实现系统的模式。建筑表皮的材料为钢铁和玻璃，这一形式使建筑结构明亮而又坚固。在建筑移动以及固定方面运用了水力学原理。白天日光渗入展厅内部，晚上灯光从内部散发出来，使这一错综复杂的建筑产生了美妙绝伦的美感。

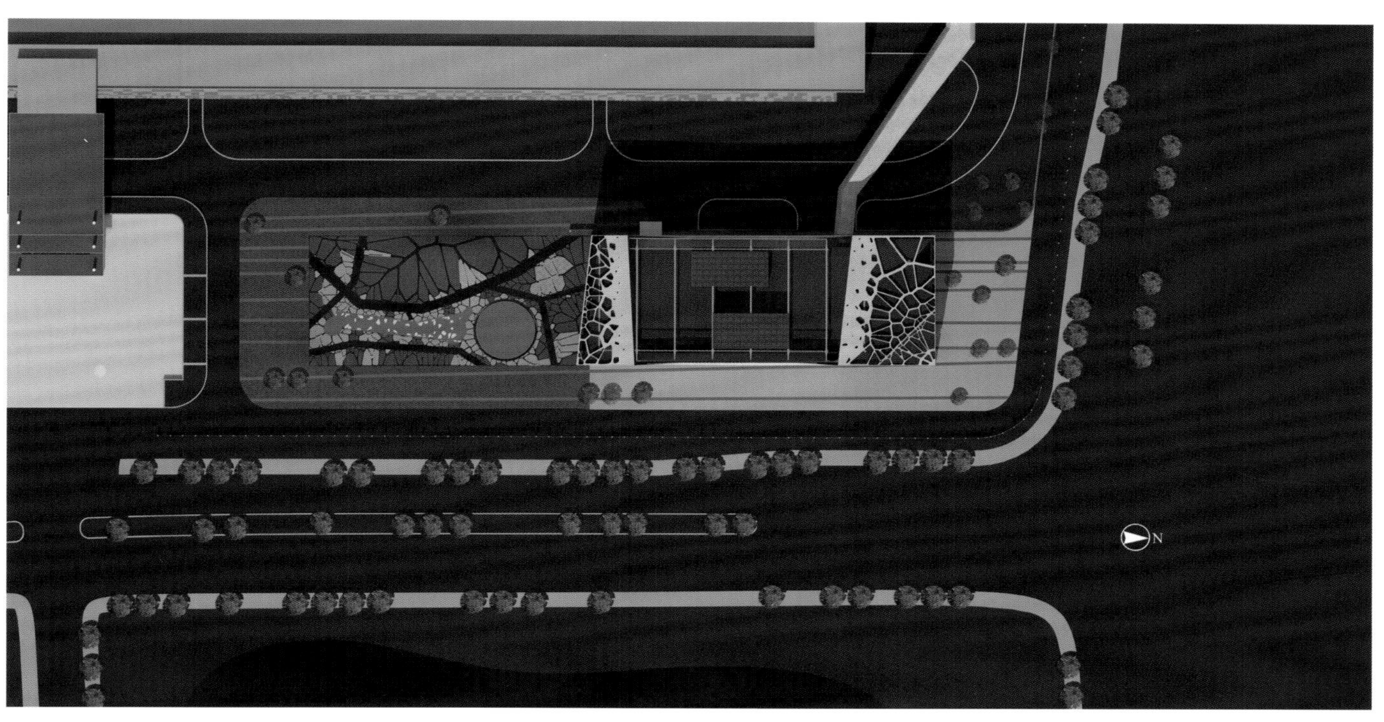
N

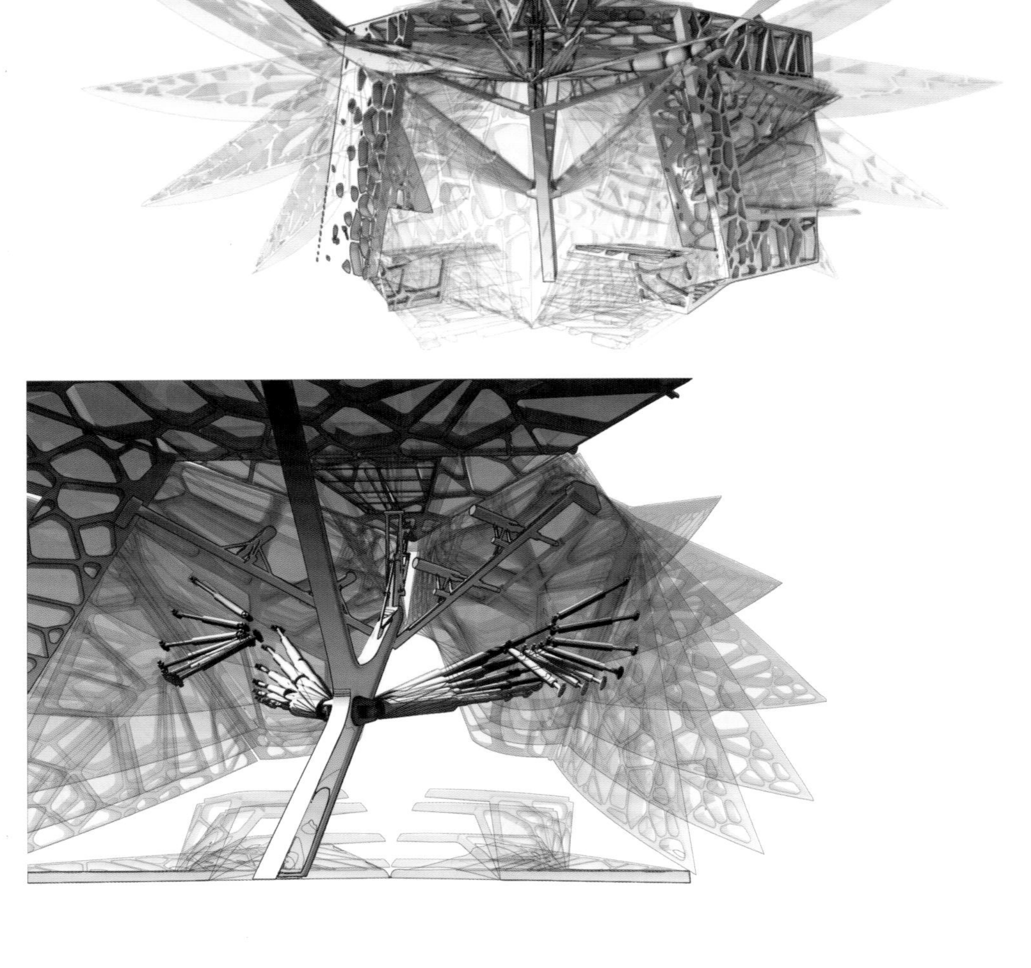

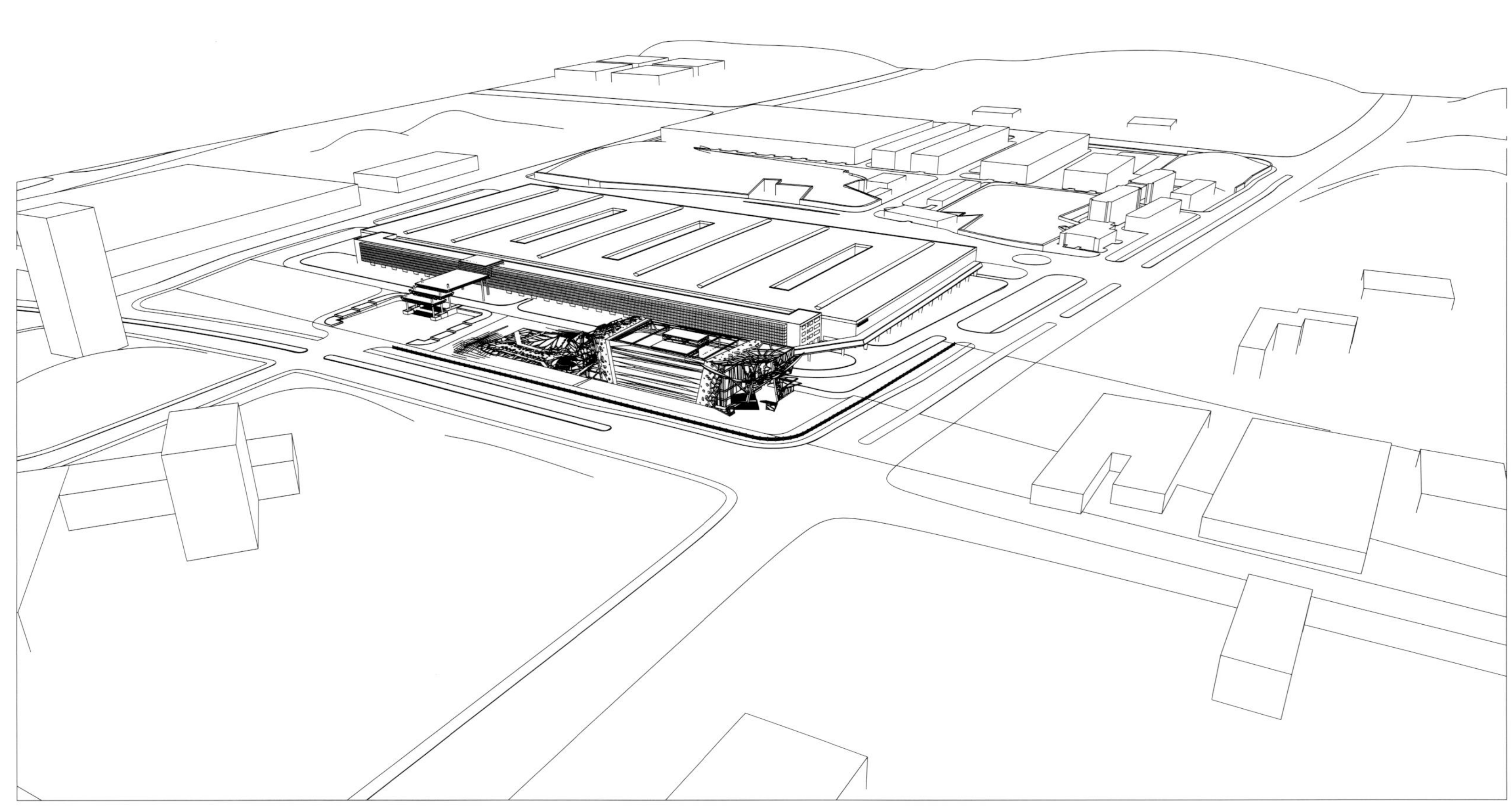

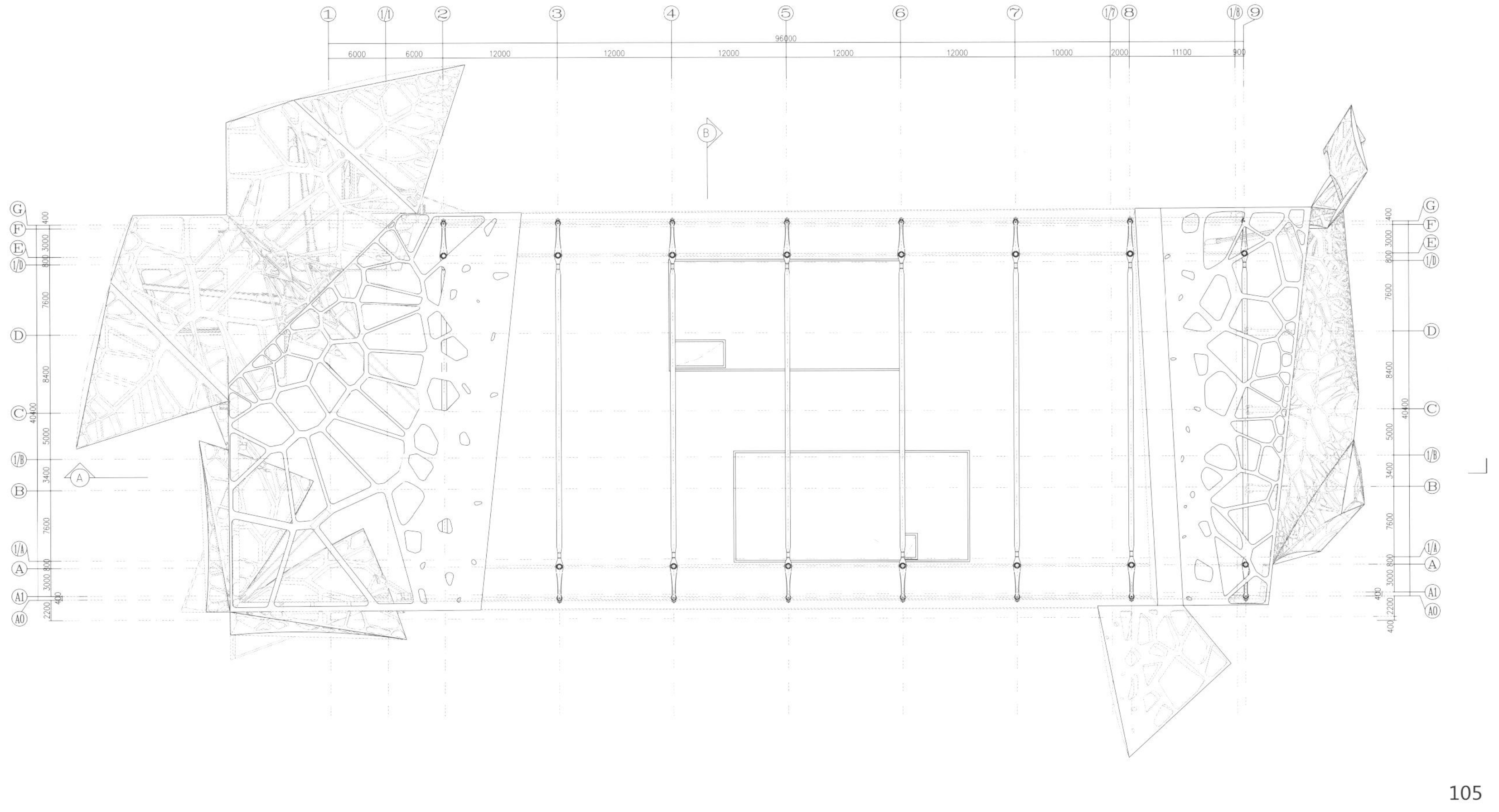

1
1/1
2
3
4
5
6
7
1/7
8
1/8
9
96000
6000
6000
12000
12000
12000
12000
12000
10000
2000
11100
900
B
A
G
F
E
1/D
D
C
1/B
B
1/A
A
A1
A0
400
3000
800
7600
8400
40400
5000
3400
7600
800
3000
400
2200

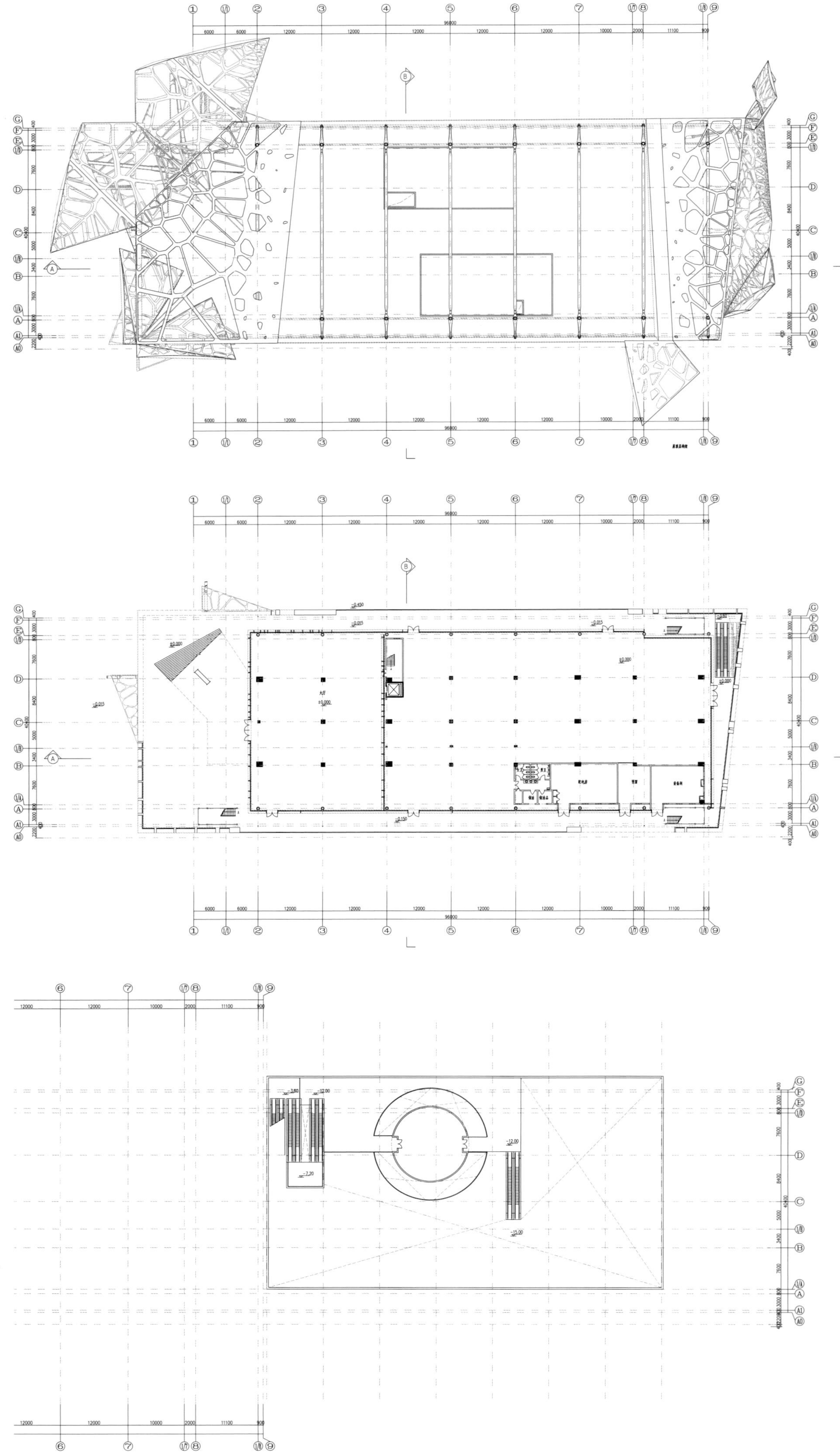

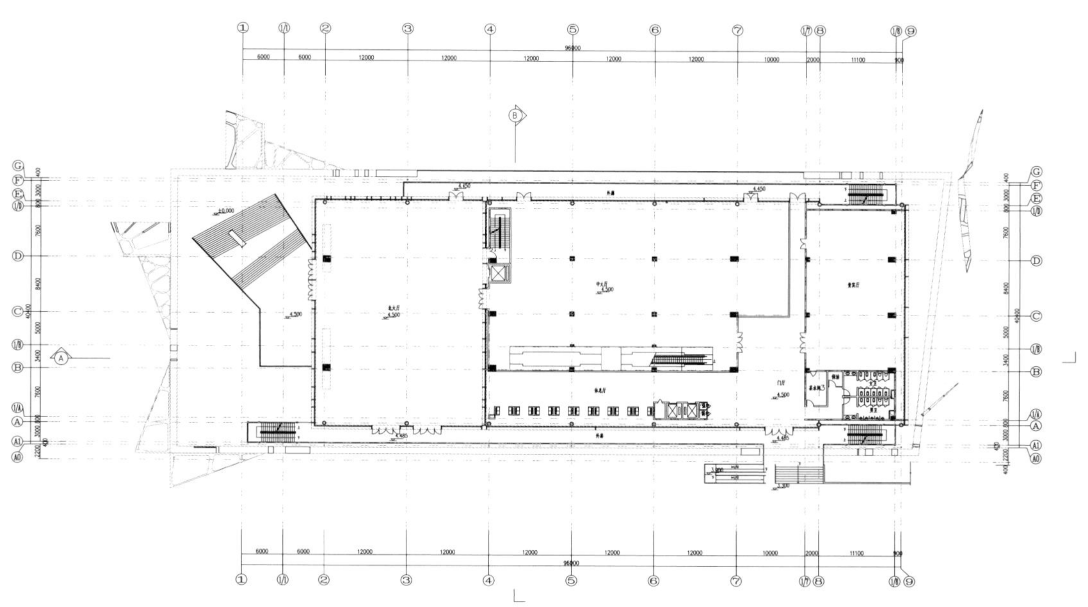

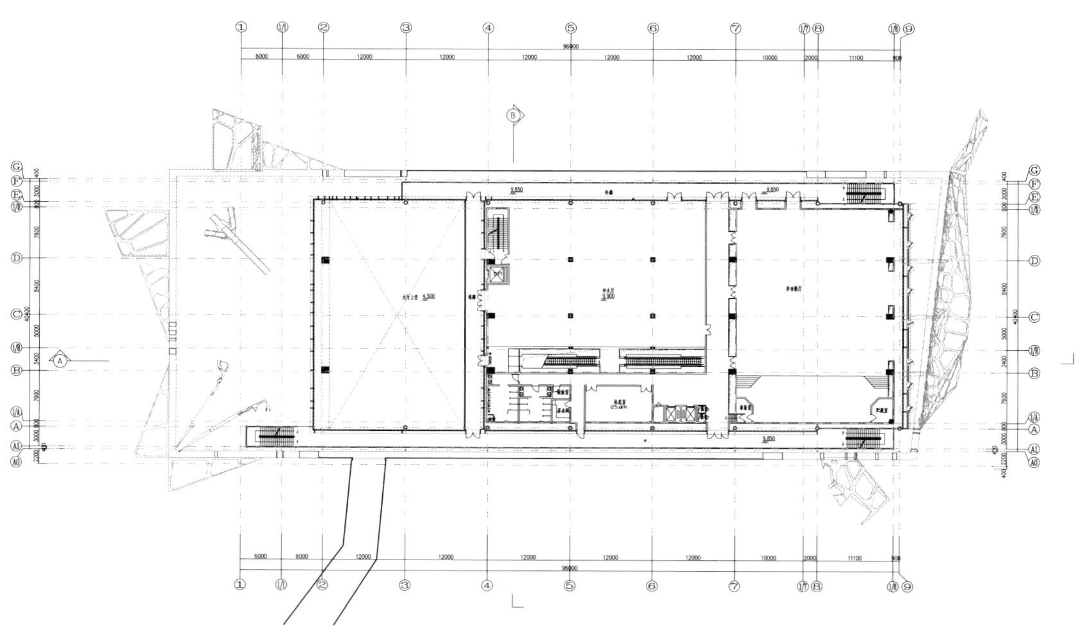

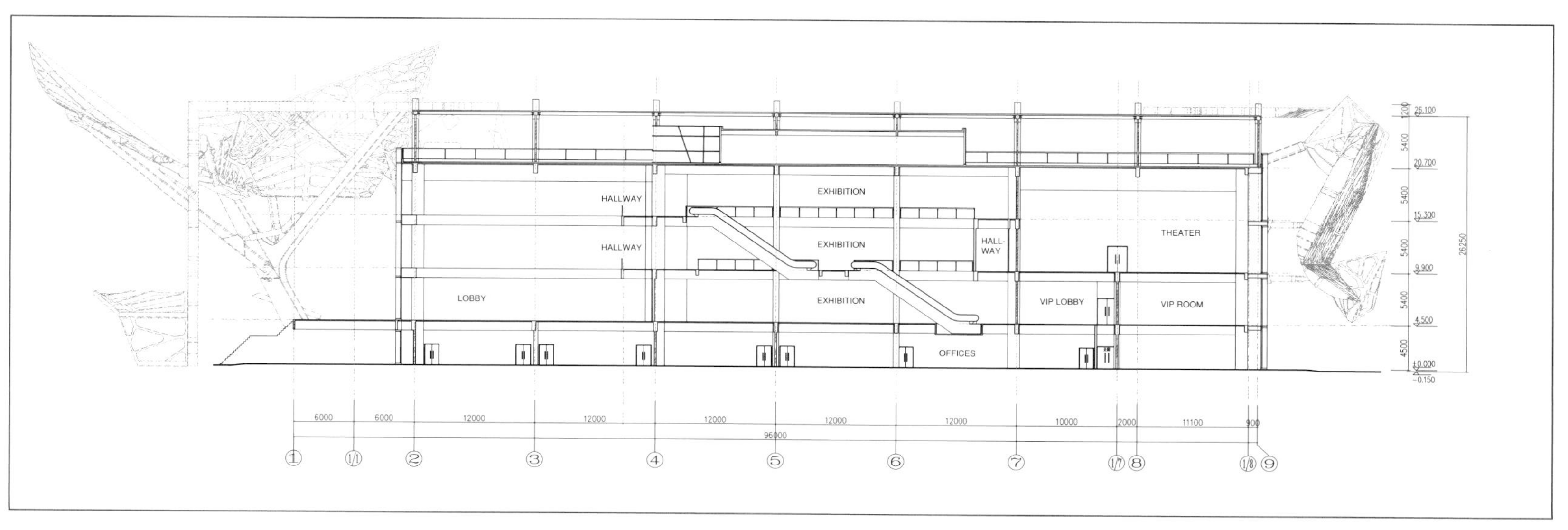

EXHIBITION
HALLWAY
HALLWAY
EXHIBITION
HALL-WAY
THEATER
LOBBY
EXHIBITION
VIP LOBBY
VIP ROOM
OFFICES
6000
6000
12000
12000
12000
12000
12000
10000
2000
11100
900
96000

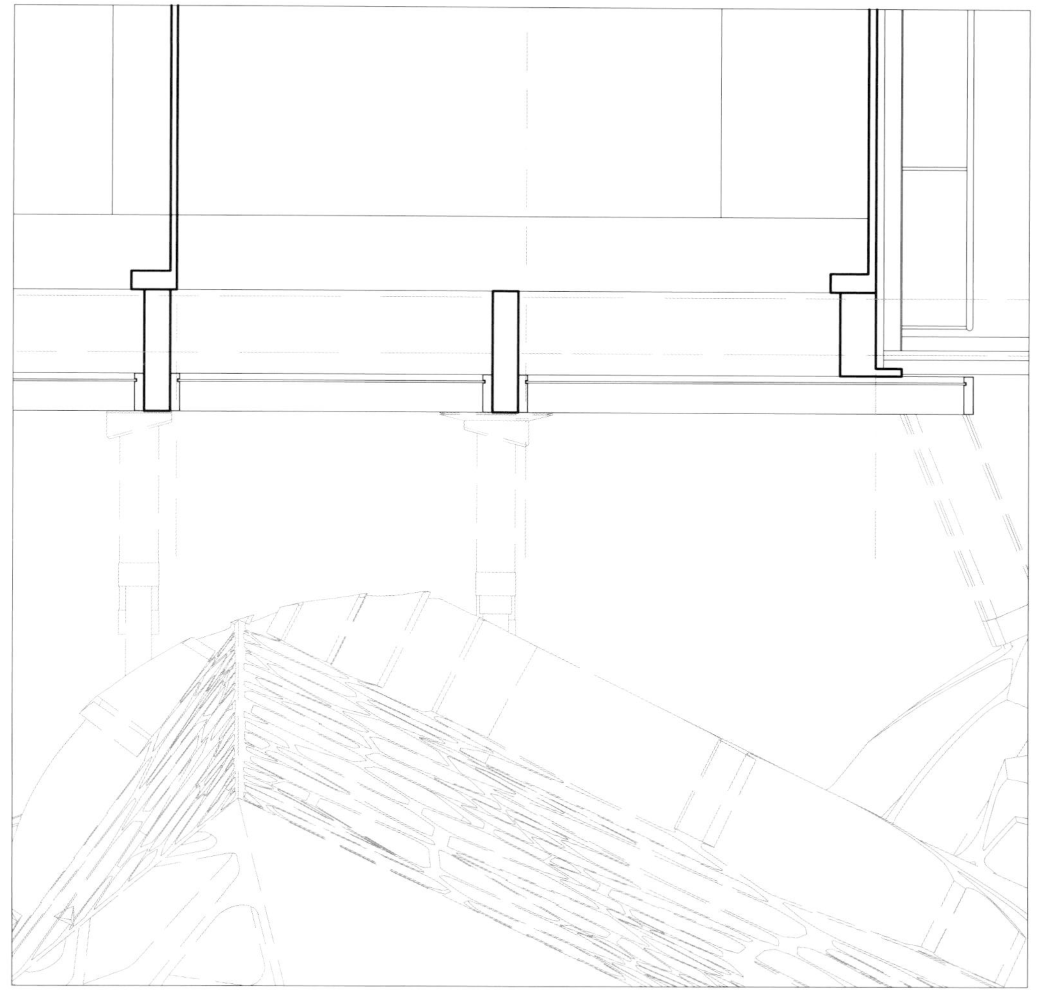

ZOwonen 总部大楼

项 目 地 点：荷兰斯塔德

业　　　主：阿姆斯特丹 LSI 项目投资公司

建 筑 设 计：荷兰 KCAP 建筑与规划事务所

建 筑 面 积：3 200 m^2

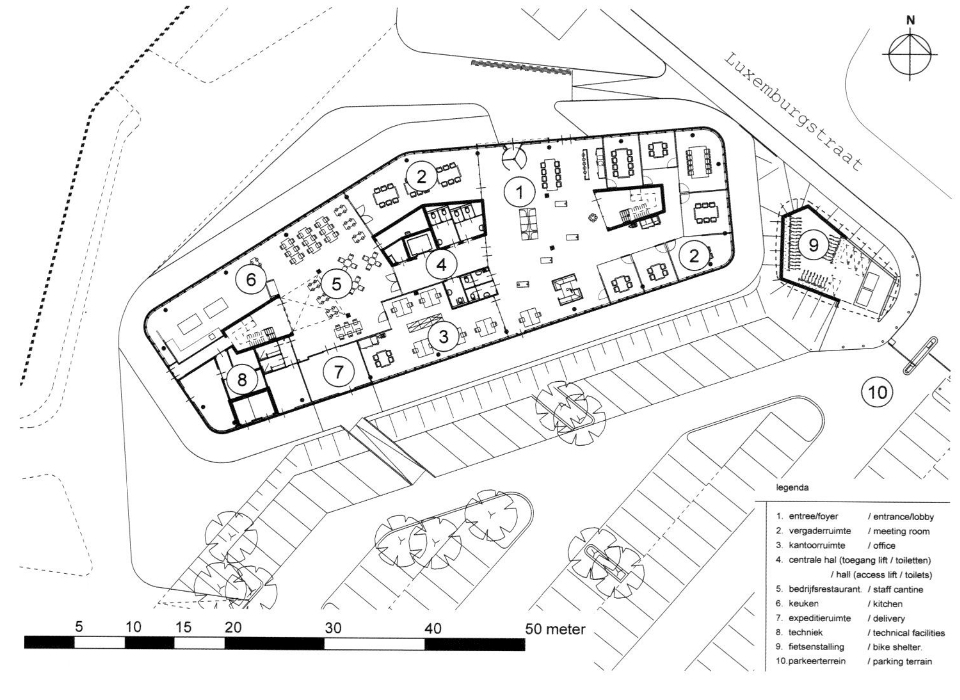

ZOwonen 房产公司设在斯塔德的新总部，建筑面积 3 200m²，将把公司的多个分公司集中于一座中心建筑中工作。本项目共包括 5 座建筑，将分阶段建成。而这座中心建筑是第一座。

新建筑是 KCAP 办公建筑群城市规划的一部分，属于阿姆斯特丹 Rijnboutt b.v. 总体规划的 A 部分。 五座建筑环绕中心广场，随意散布于景观区。 所有建筑的入口都朝向广场。

本设计的一个重要出发点就是日光可持续高效利用理念。 立面设计按照建筑在城市布局中具体方位确定，41% 的立面采用透明设计。 立面采用横向全景窗，视野极其开阔，采光充足，反差小。

立柱及稳定核心结构的设计，保证了办公空间使用的灵活性，从传统形式到开放的楼层布局皆可。 建筑的最宽部分设有两个开口，保证阳光深入建筑内部，为不同建筑楼层间创造更多可见连接。

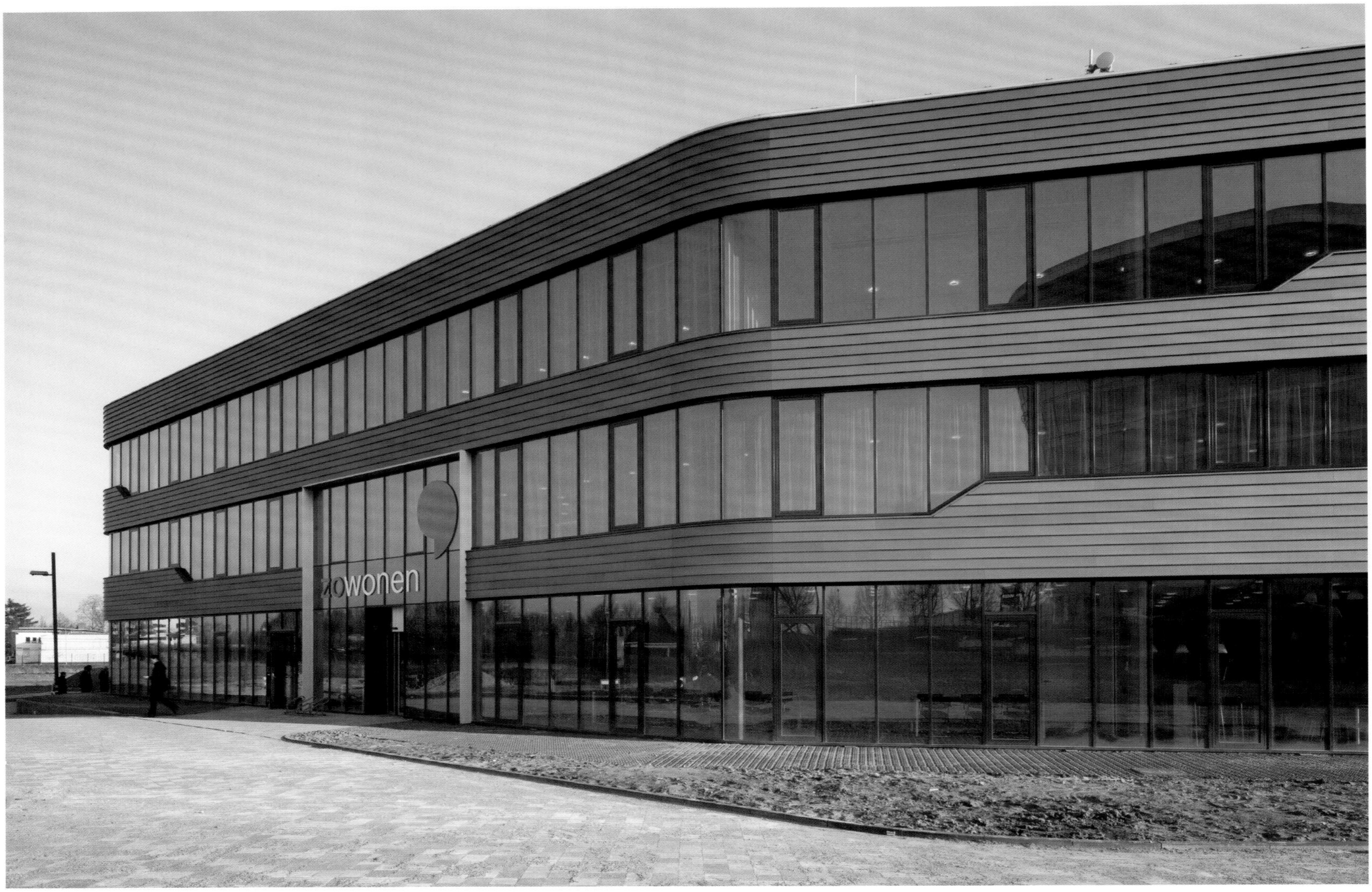
zowonen

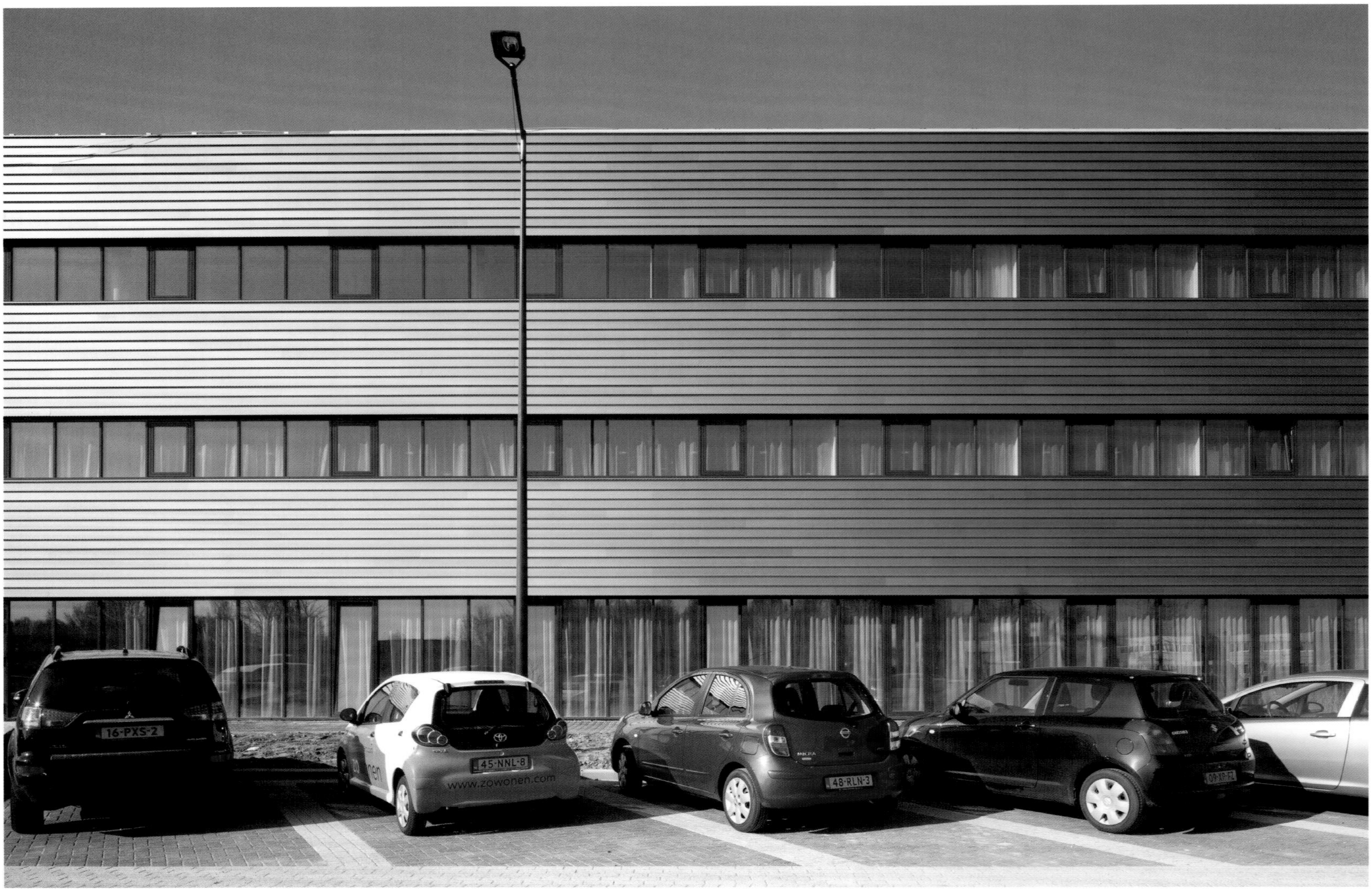
16-PXS-2
45-NNL-8
www.zowonen.com
48-RLN-3

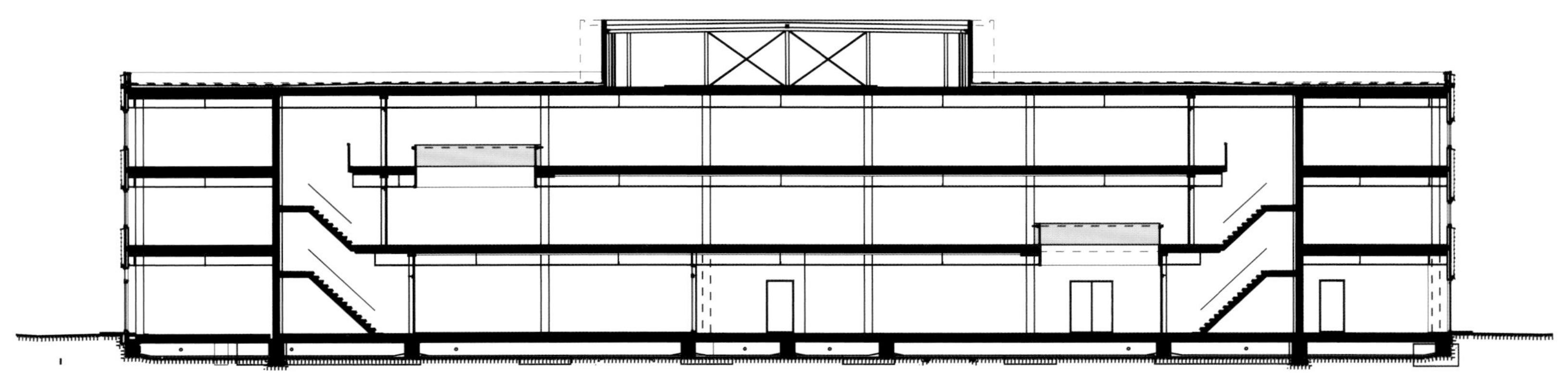

0 2 4 6 8 10 m

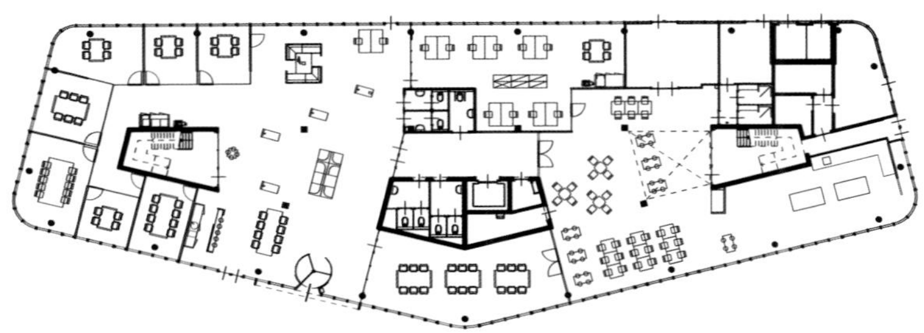

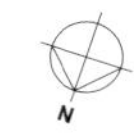

0 2 4 6 8 10 m

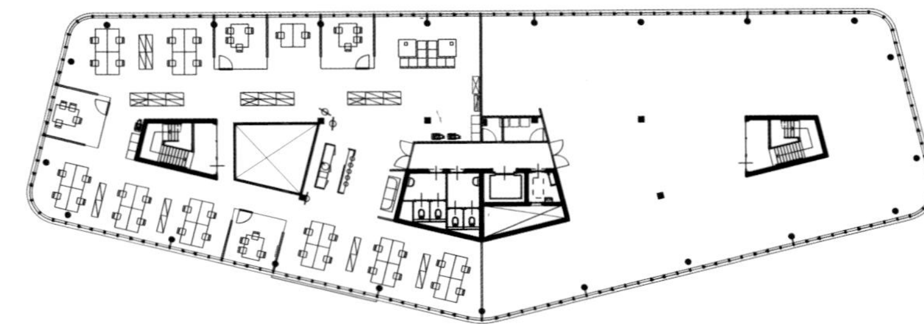

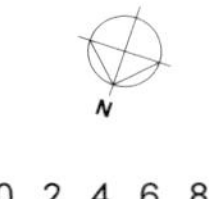

0 2 4 6 8 10 m

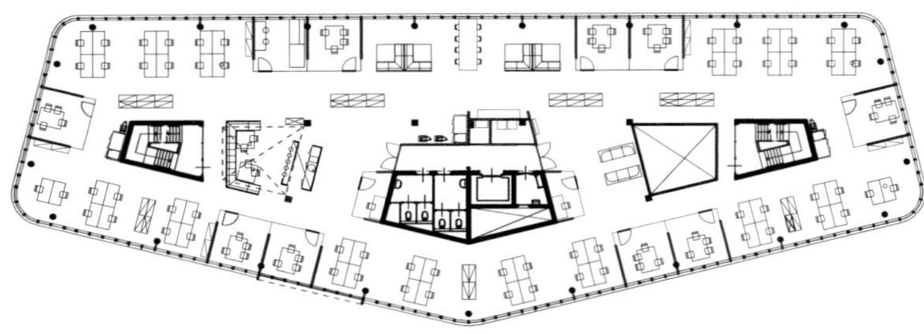

0 2 4 6 8 10 m

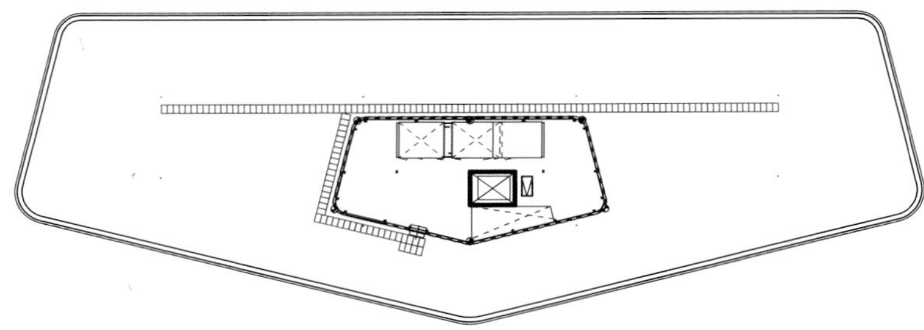

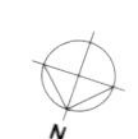

0 2 4 6 8 10 m

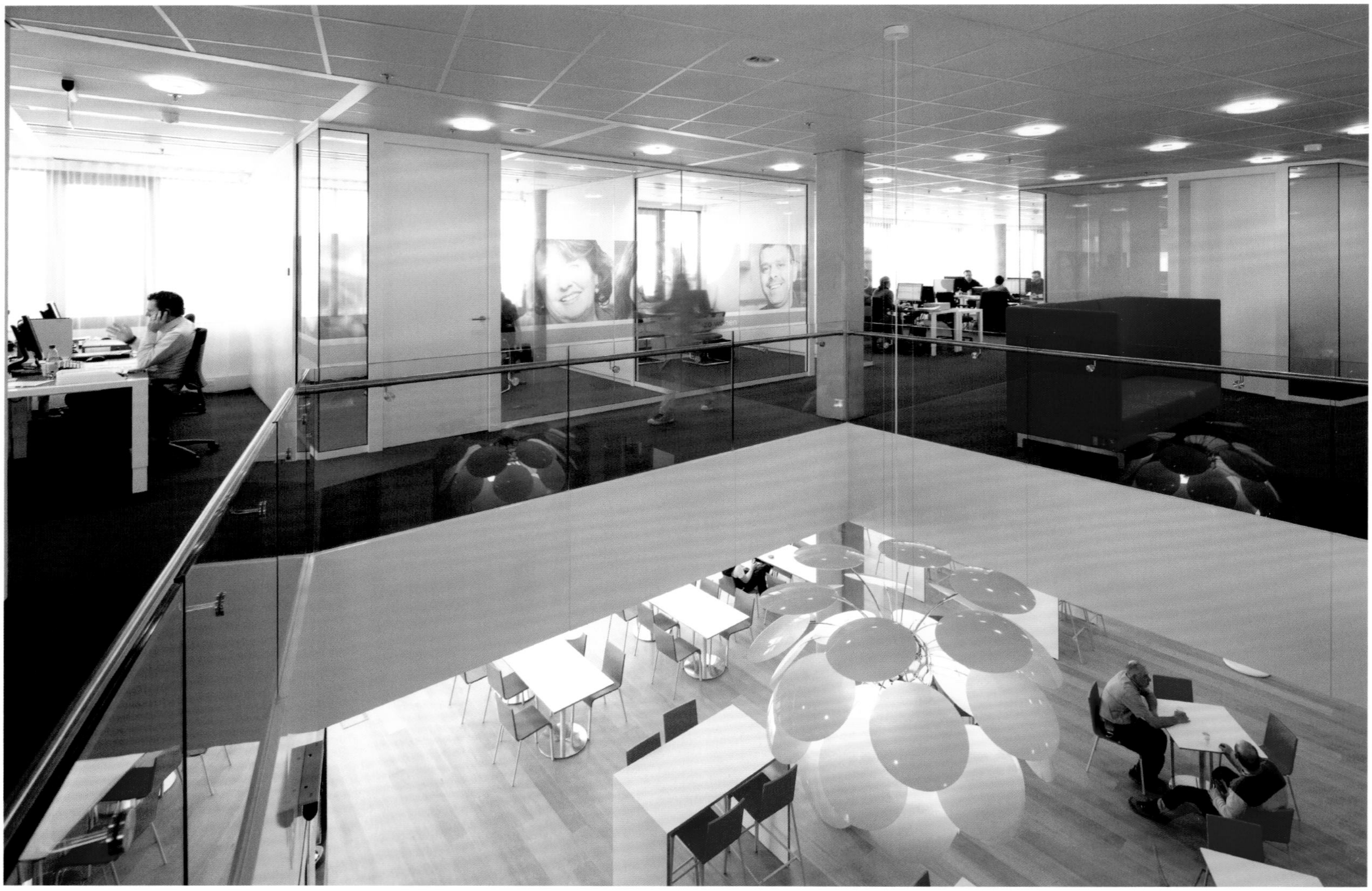

Giacomuzzi 办公楼

项目地点： 意大利波尔扎诺卡尔顿
客　　户： Giacomuzzi
建筑设计： 意大利 Monovolume 建筑师事务所
建筑面积： 1 300 m²
摄　　影： Simon Constantini

位于卡尔顿的 Giacomuzzi 是一家专营现代铅制品的公司。这个新的总部楼通过建筑的可持续性和外形反映了该公司以未来为导向的核心业务。

建筑如弯曲的缎带从地面层升至第二层。缎带包裹的三层建筑带有足够大的隔热立面玻璃，因而非常宽敞，还整合了光电太阳能电池板等技术。建筑没有把这些装置藏起来，而是骄傲地将它们展示出来，以非常外向的姿态占据这建筑的顶层，代表着现代生活的模式。底层是开放式的办公空间，被优雅突出的缎带保护着而避免暴晒。第二层则是一整层的展示空间。混凝土的体量用来调节建筑的微气候。

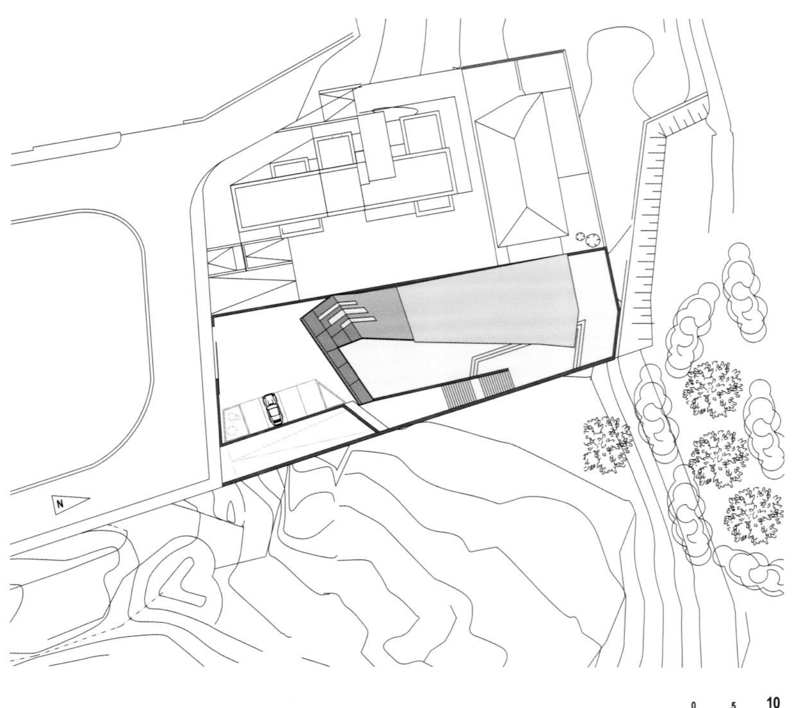

Giacomuzzi Ltd._floor plan_scale 1:500

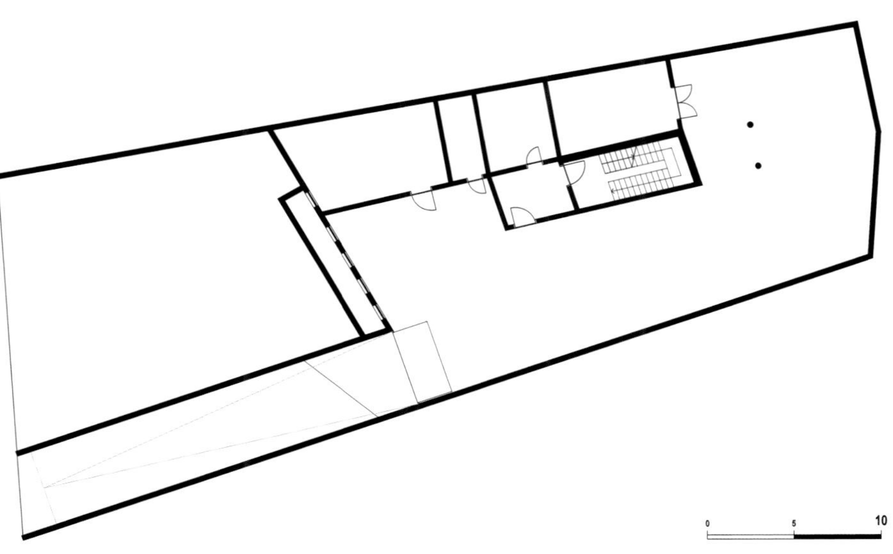

Giacomuzzi Ltd_basement floor_scale 1:200

Giacomuzzi Ltd._ground floor_scale 1:200

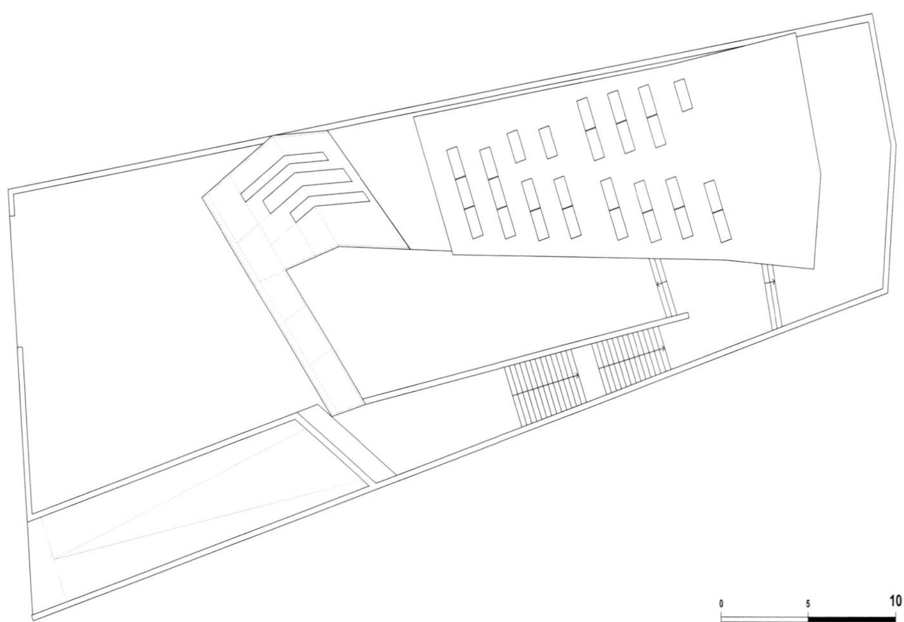

Giacomuzzi Ltd._roof top view_scale 1:200

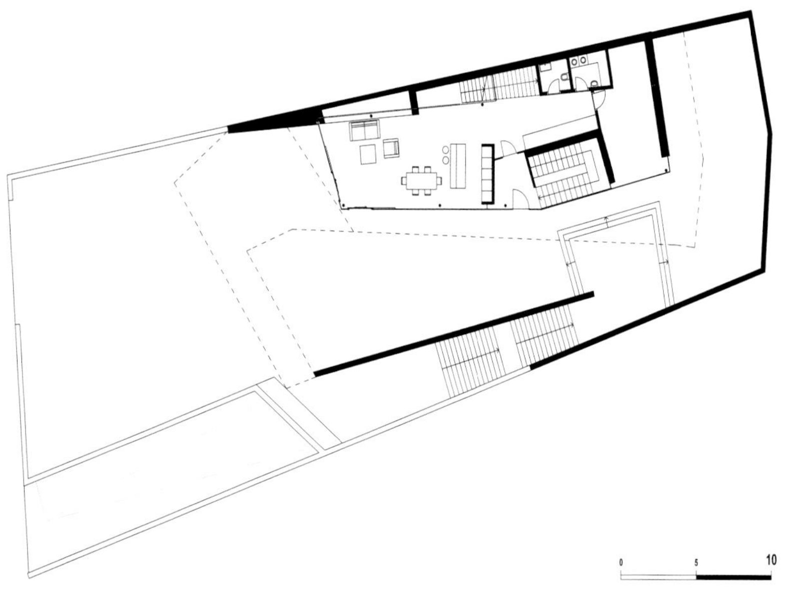

Giacomuzzi Ltd._1.floor_scale 1:200

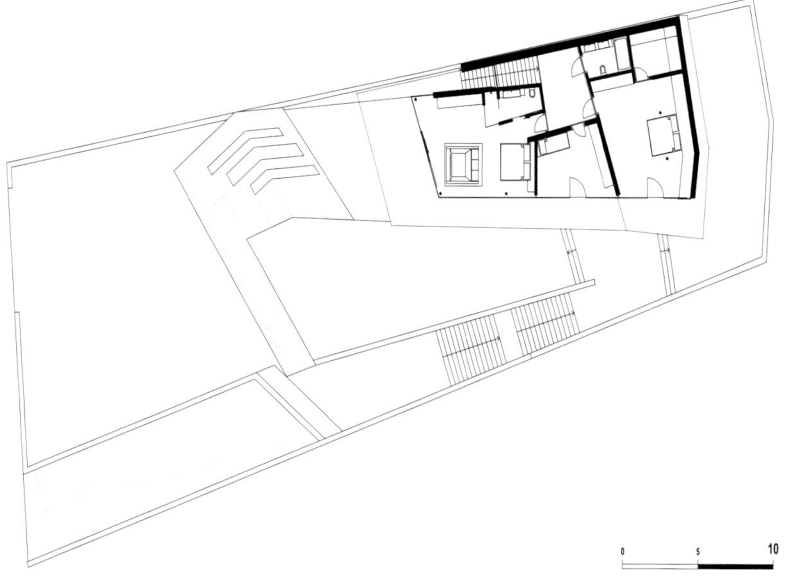

Giacomuzzi Ltd._2.floor_scale 1:200

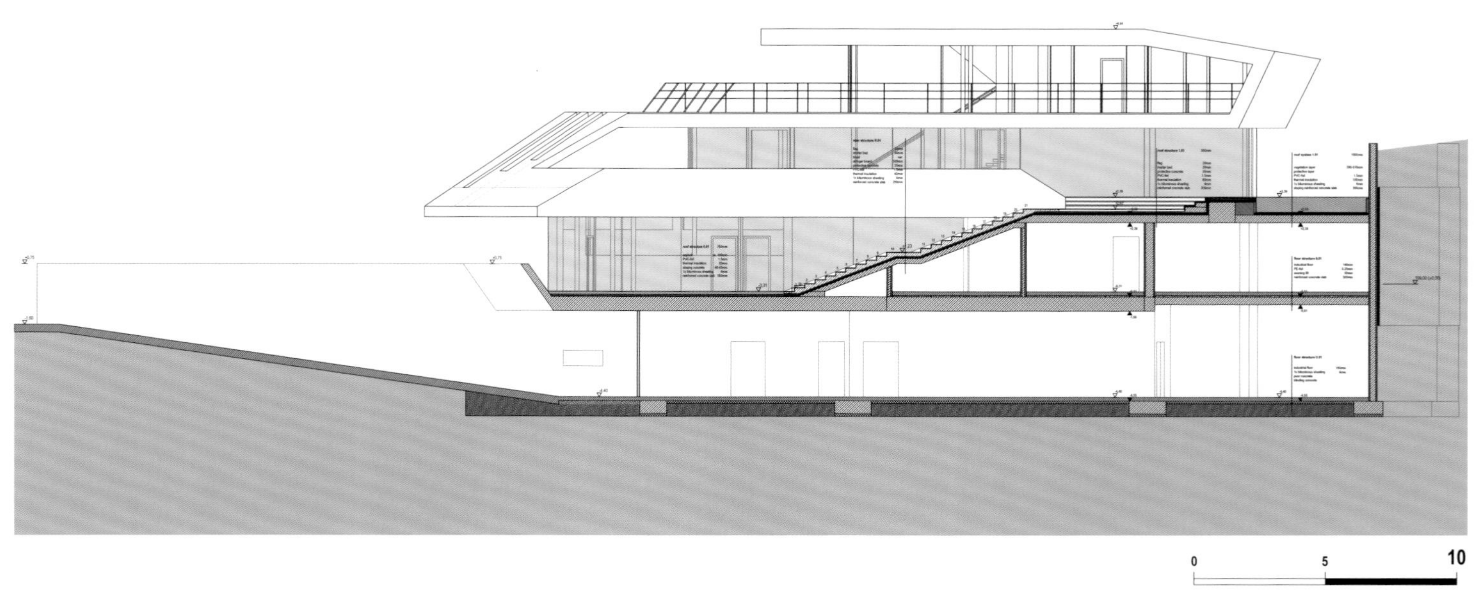

Giacomuzzi Ltd._Section–detailed_scale 1:200

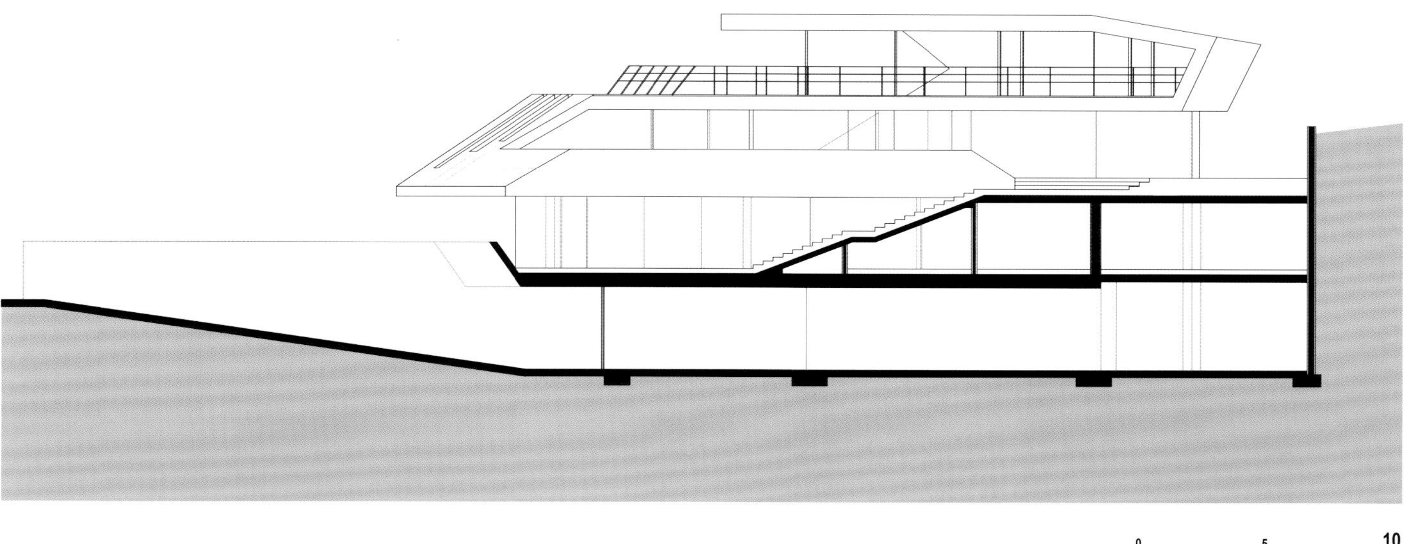

Giacomuzzi Ltd._section_scale 1:200

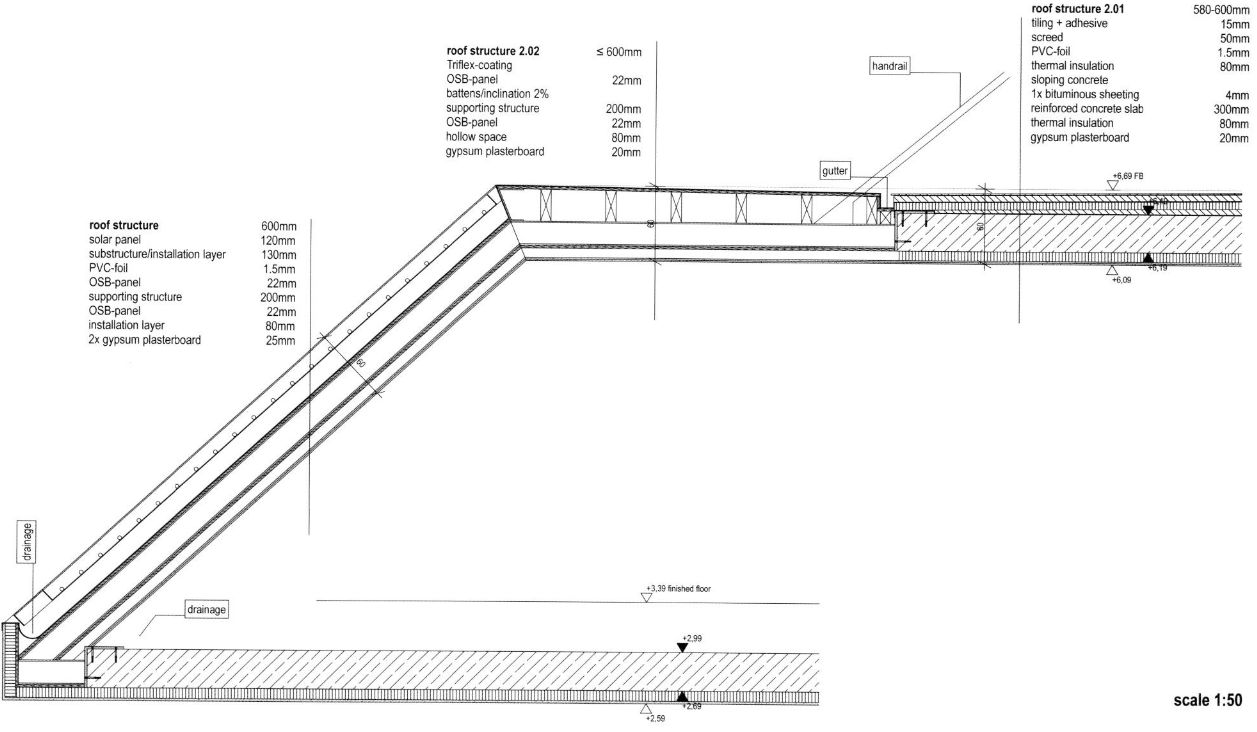

Section E-E

Giacomuzzi Ltd._detail_scale 1:50

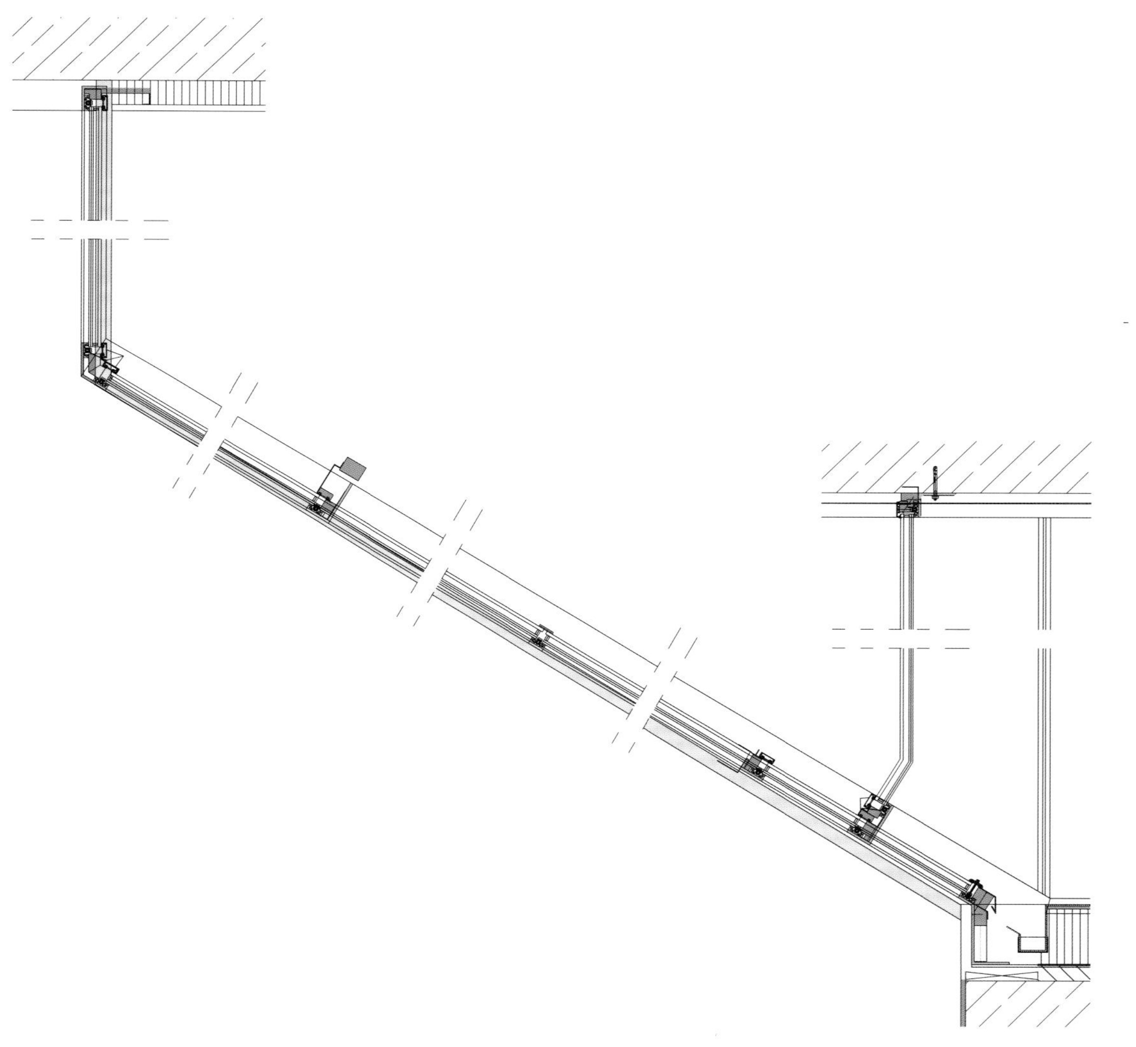

Giacomuzzi KG_Detail Glasfassade_M 1:10
Giacomuzzi Sas_dettaglio facciata in vetro scala 1:10

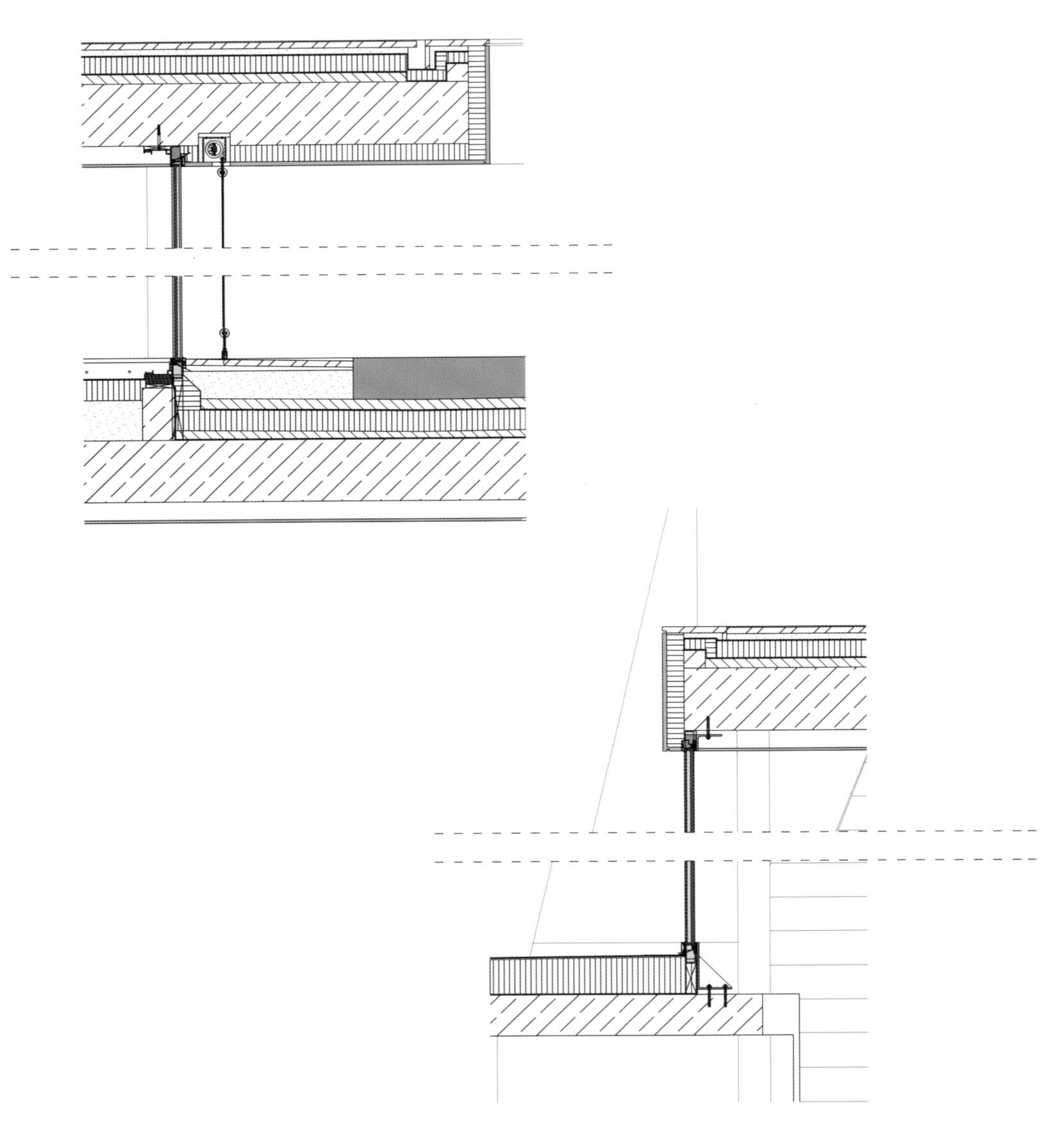

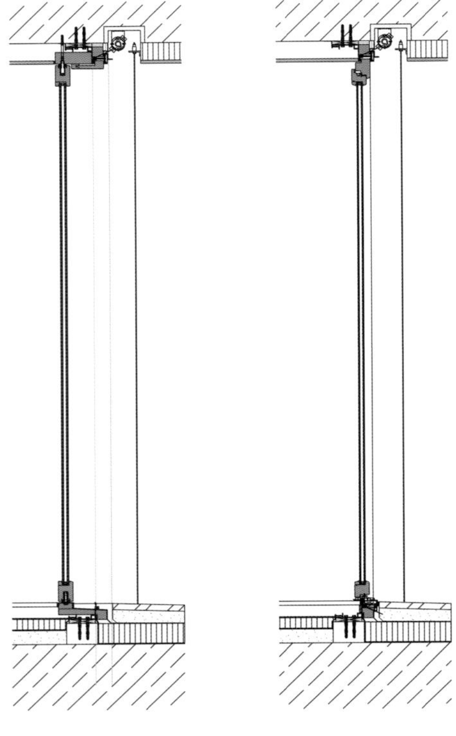

Giacomuzzi KG_Details Glasfassade_M 1:20
Giacomuzzi Sas_dettagli facciata in vetro scala 1:20
Giacomuzzi Ltd_datail glass front scale 1:20

Vakko 总部办公楼

项 目 地 点：土耳其伊斯坦布尔

建 筑 设 计：美国 REX 建筑设计事务所

建 筑 面 积：9 100 m^2

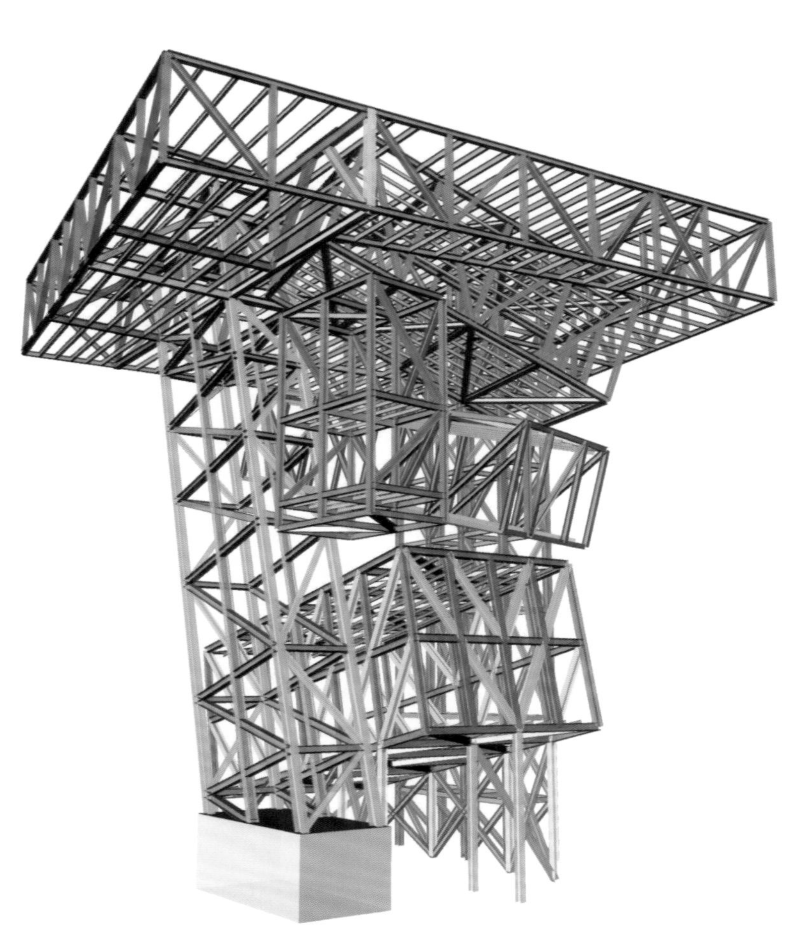

该项目为土耳其著名品牌Vakko总部与Power媒体中心的办公楼，可谓土耳其当代建筑的奇葩。项目包括办公室、展厅、会议室以及会堂等空间设施。

设计师将项目分为两个独立的部分：U形（也称为环形）混凝土架构，这部分包括会议室以及办公空间；环形中部是一座6层钢塔，也就是展厅，展厅包括礼堂、样品陈列室、会议室、部门经理办公室、发行部以及休息室。

建筑形象也体现了Vakko的品牌形象，设计师们通过在环形建筑设计中添加透明的玻璃元素，通过窗格中的“X”结构增加玻璃的强度，玻璃的厚度减小，周边的竖框就不需要了。由此便产生了透明的保护膜效应，巧妙地揭示了混凝土架构的展示意义。与此同时，由于隔着玻璃，人在里面仿佛置身于一个神秘钢框，欣赏如海市蜃楼般的室外景观，形成万花筒效应。

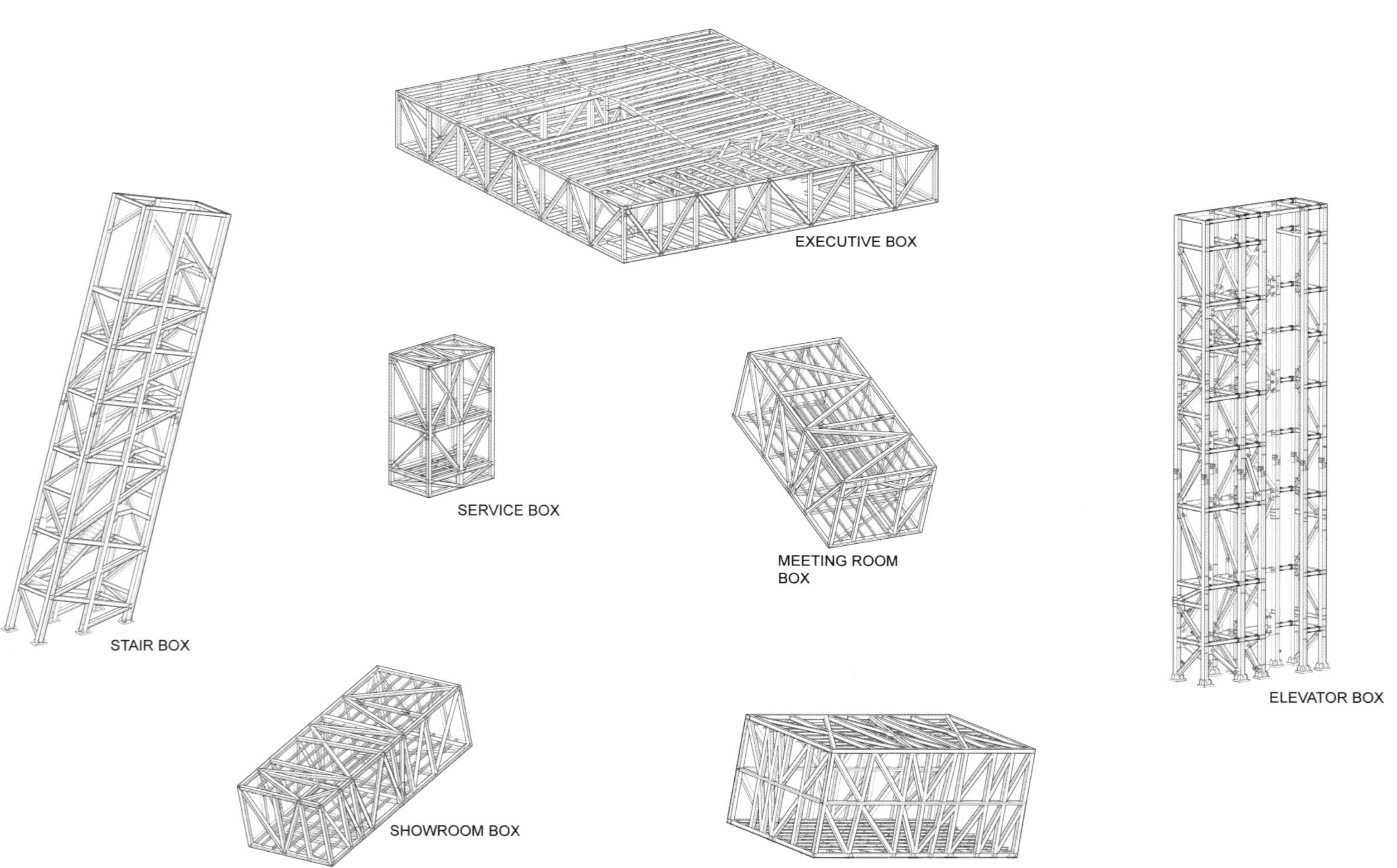
EXECUTIVE BOX
SERVICE BOX
MEETING ROOM BOX
STAIR BOX
ELEVATOR BOX
SHOWROOM BOX
AUDITORIUM BOX

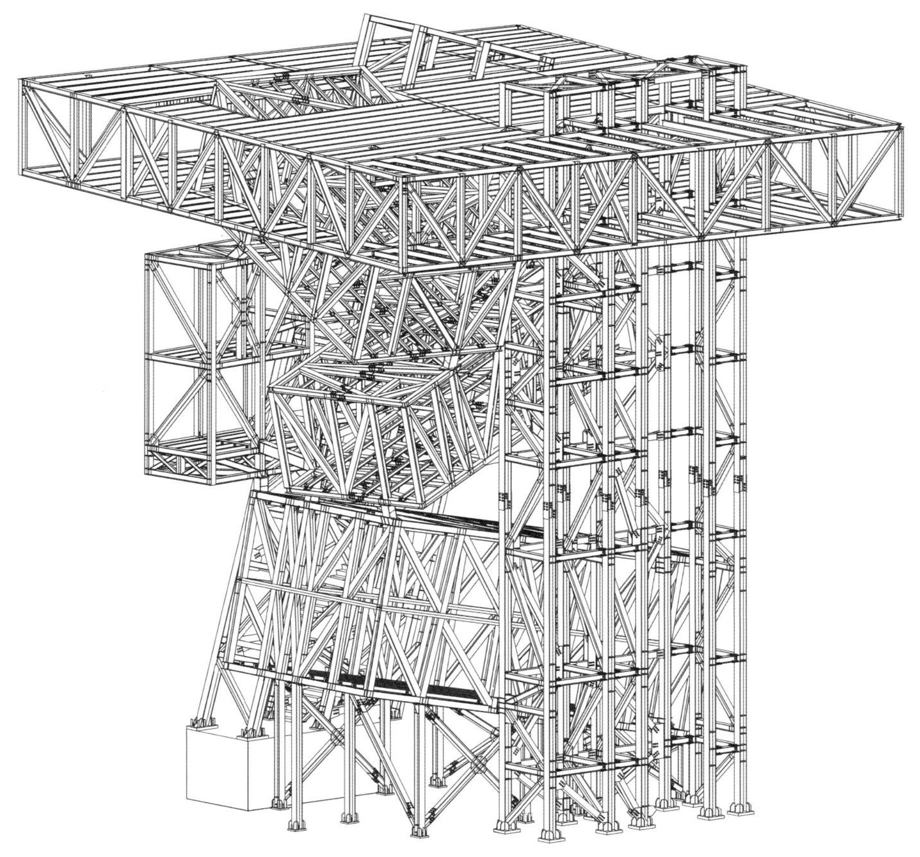

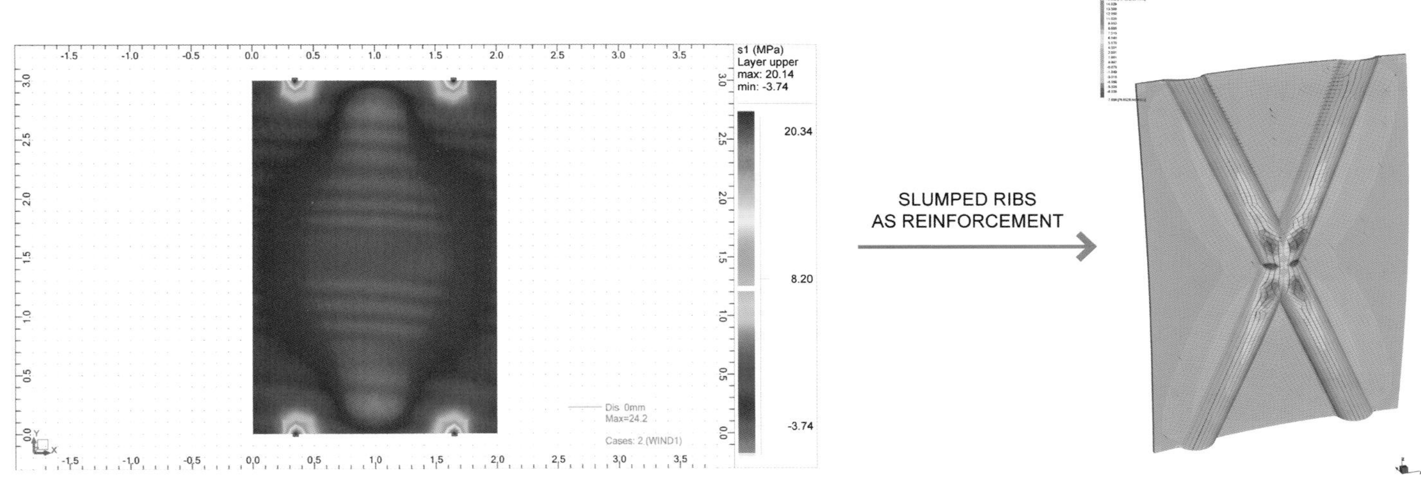

s1 (MPa)
Layer upper
max: 20.14
min: -3.74
20.34
8.20
-3.74
Dis 0mm
Max=24.2
Cases: 2 (WIND1)
SLUMPED RIBS
AS REINFORCEMENT

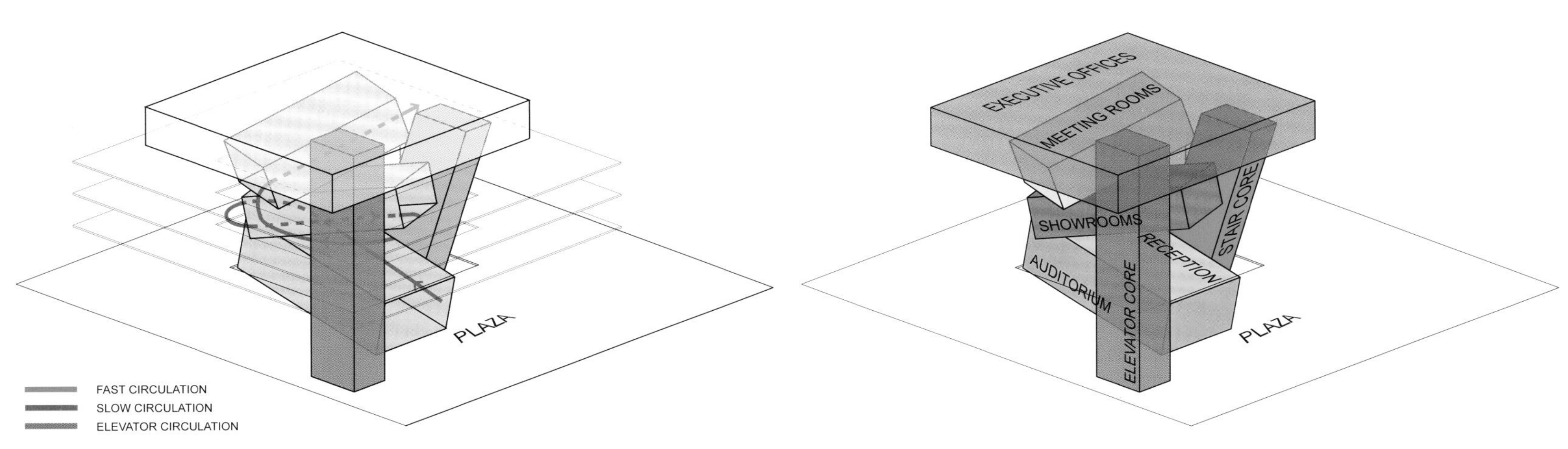

PLAZA
FAST CIRCULATION
SLOW CIRCULATION
ELEVATOR CIRCULATION
EXECUTIVE OFFICES
MEETING ROOMS
SHOWROOMS
RECEPTION
STAIR CORE
AUDITORIUM
ELEVATOR CORE
PLAZA

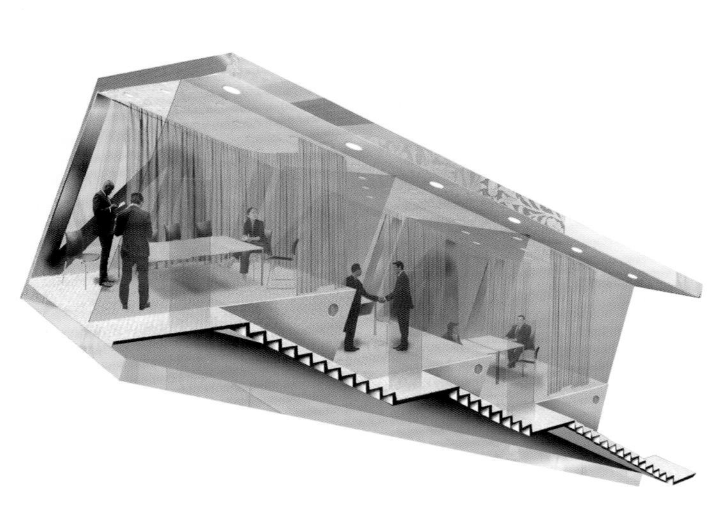

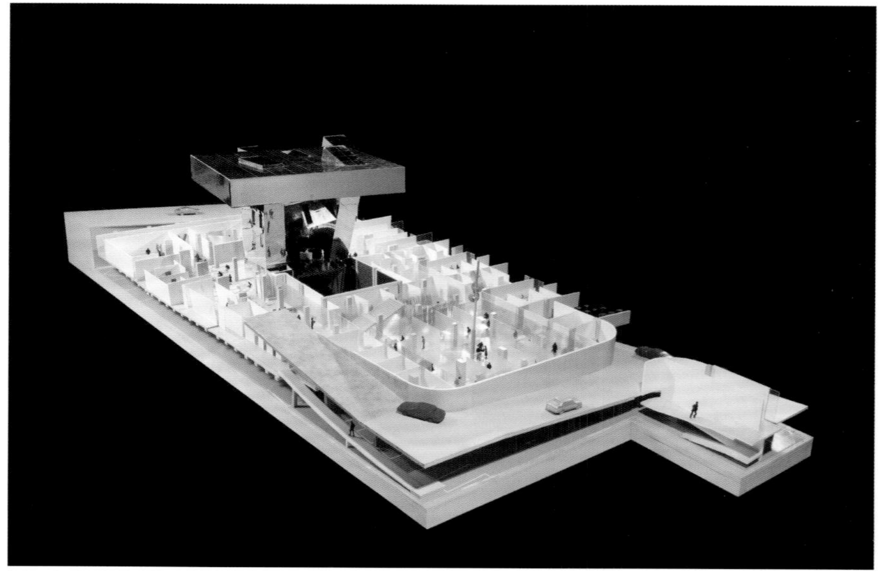

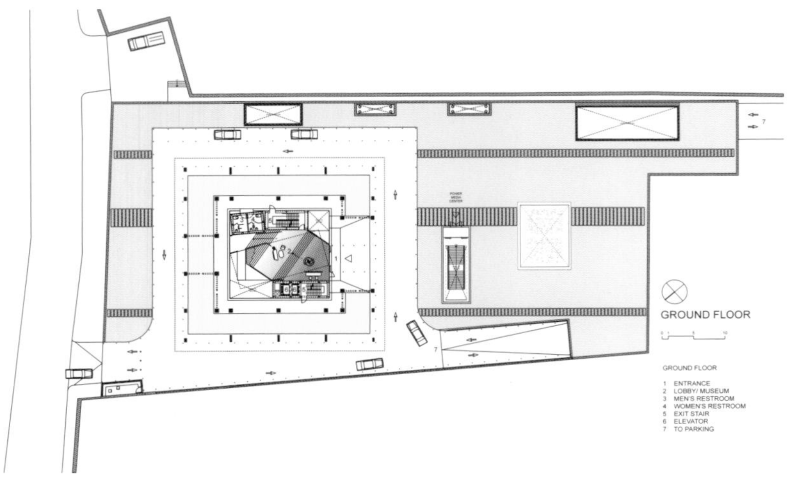
GROUND FLOOR
GROUND FLOOR
1 ENTRANCE
2 LOBBY/ MUSEUM
3 MEN'S RESTROOM
4 WOMEN'S RESTROOM
5 EXIT STAIR
6 ELEVATOR
7 TO PARKING

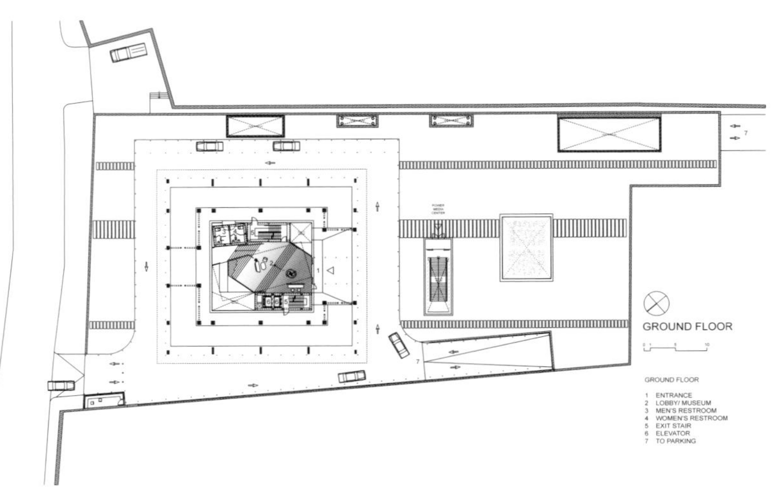
GROUND FLOOR
GROUND FLOOR
1 ENTRANCE
2 LOBBY/ MUSEUM
3 MEN'S RESTROOM
4 WOMEN'S RESTROOM
5 EXIT STAIR
6 ELEVATOR
7 TO PARKING

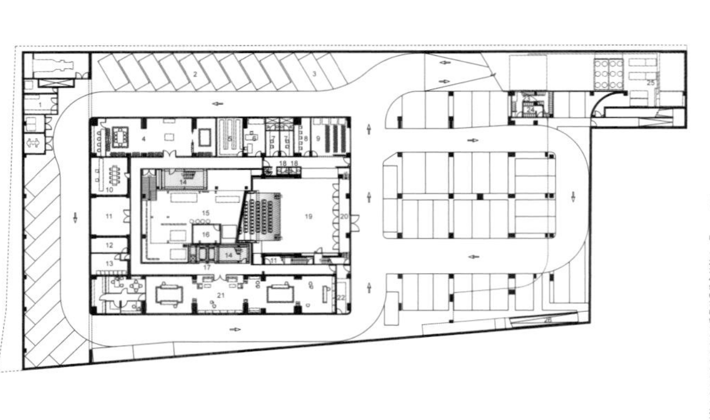

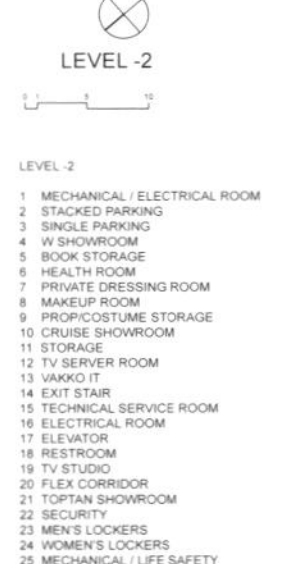
LEVEL -2
LEVEL -2
1 MECHANICAL / ELECTRICAL ROOM
2 STACKED PARKING
3 SINGLE PARKING
4 W SHOWROOM
5 BOOK STORAGE
6 HEALTH ROOM
7 PRIVATE DRESSING ROOM
8 MAKEUP ROOM
9 PROP/COSTUME STORAGE
10 CRUISE SHOWROOM
11 STORAGE
12 TV SERVER ROOM
13 VAKKO IT
14 EXIT STAIR
15 TECHNICAL SERVICE ROOM
16 ELECTRICAL ROOM
17 ELEVATOR
18 RESTROOM
19 TV STUDIO
20 FLEX CORRIDOR
21 TOPTAN SHOWROOM
22 SECURITY
23 MEN'S LOCKERS
24 WOMEN'S LOCKERS
25 MECHANICAL / LIFE SAFETY
26 SERVICE RAMP

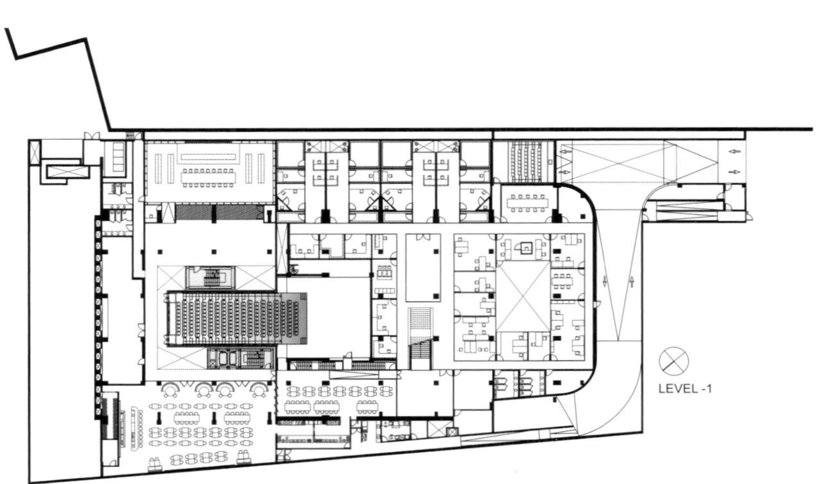
LEVEL -1

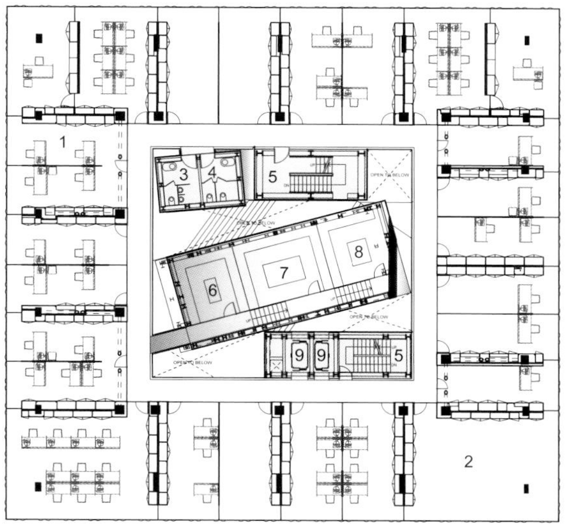

LEVEL 1

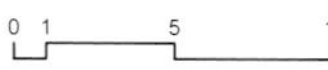

LEVEL 1, RING

1 OFFICES
2 MEETING ROOM
3 MEN'S RESTROOM
4 WOMEN'S RESTROOM
5 EXIT STAIR
6 VAKKO BAGS SHOWROOM
7 VAKKO SHIRTS/TIES SHOWROOM
8 VAKKO SCARVES SHOWROOM
9 ELEVATOR

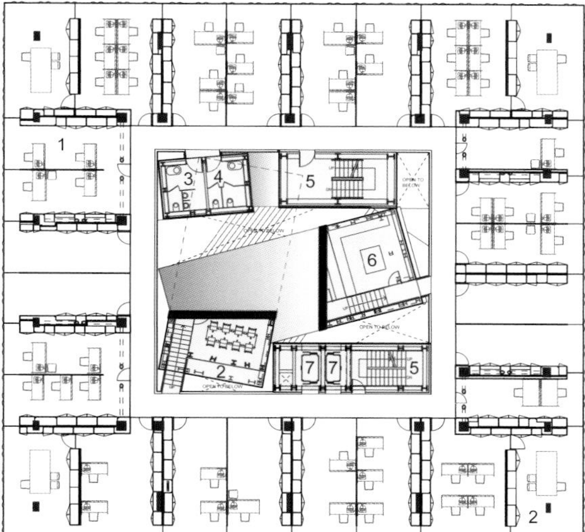

LEVEL 2

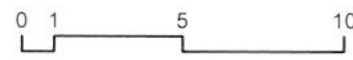

LEVEL 2, RING

1 OFFICES
2 MEETING ROOM
3 MEN'S RESTROOM
4 WOMEN'S RESTROOM
5 EXIT STAIR
6 VAKKO SCARVES SHOWROOM
7 ELEVATOR

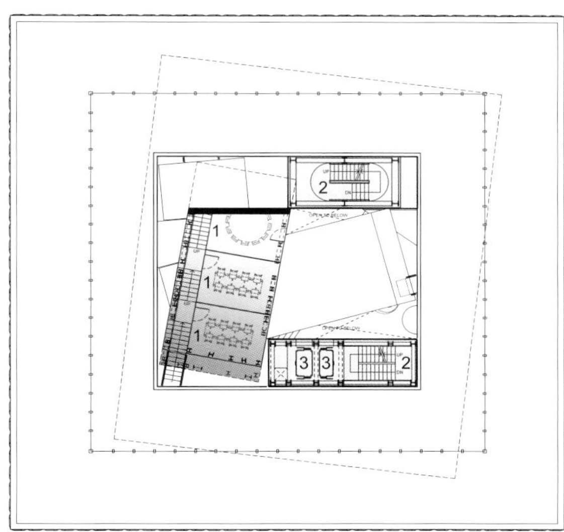

LEVEL 3

LEVEL 3, RING

1 MEETING ROOM
2 EXIT STAIR
3 ELEVATOR

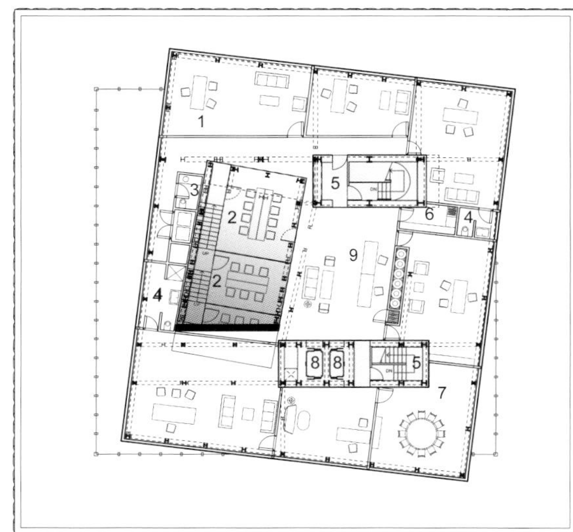

LEVEL 4

LEVEL 4, RING

1 OFFICES
2 MEETING ROOM
3 PUBLIC RESTROOM
4 PRIVATE RESTROOM
5 EXIT STAIR
6 KITCHEN
7 CONFERENCE ROOM
8 ELEVATOR
9 RECEPTION

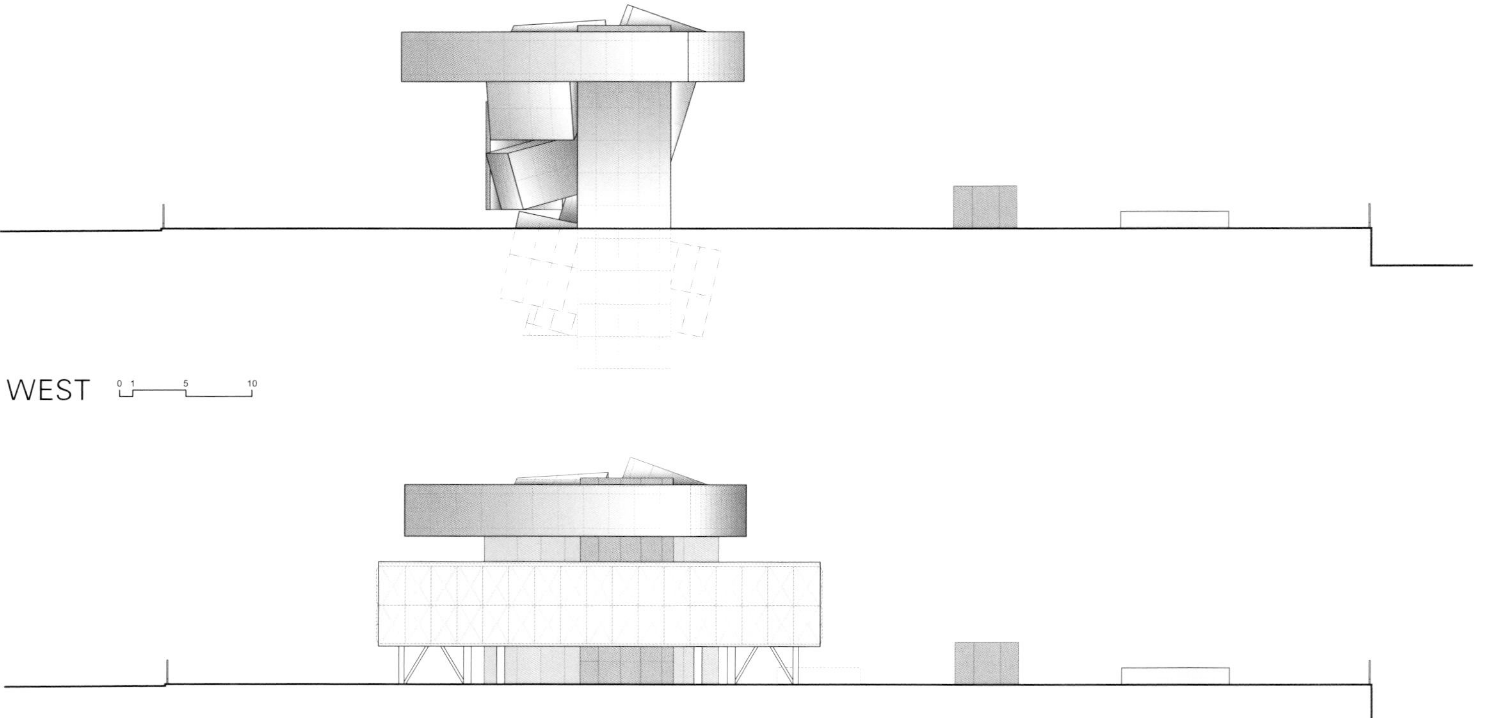

WEST 0 1 5 10

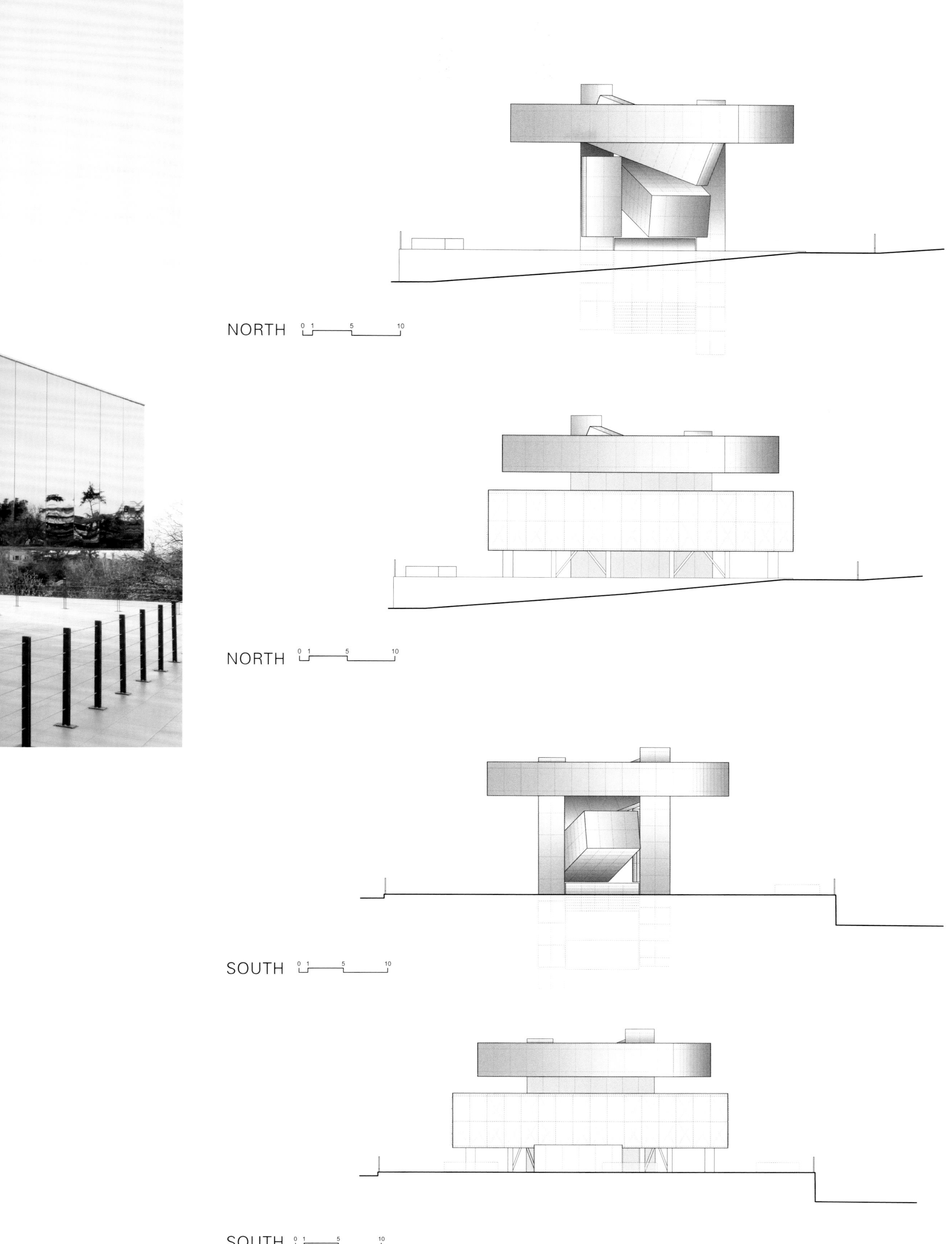
NORTH
0 1 5 10
NORTH
0 1 5 10
SOUTH
0 1 5 10
SOUTH
0 1 5 10

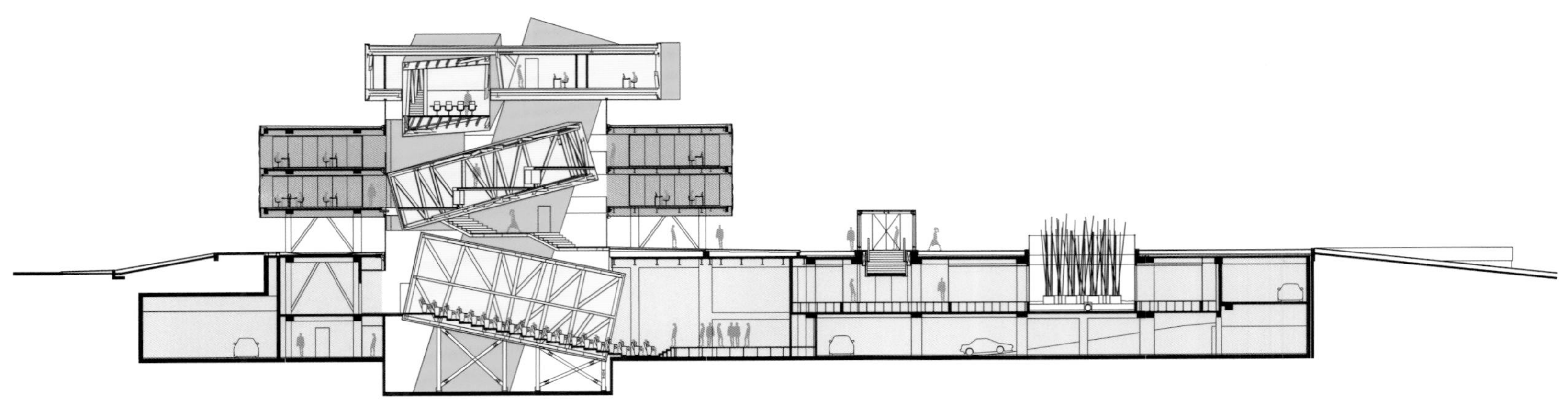

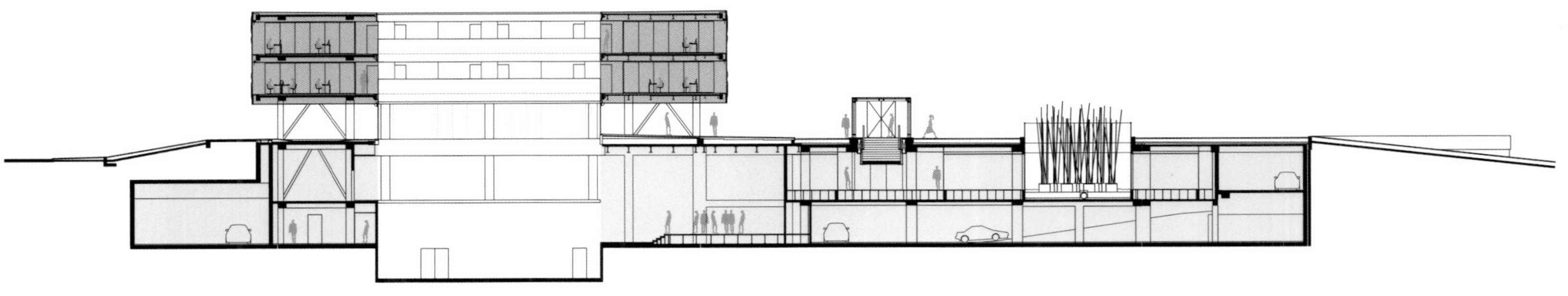

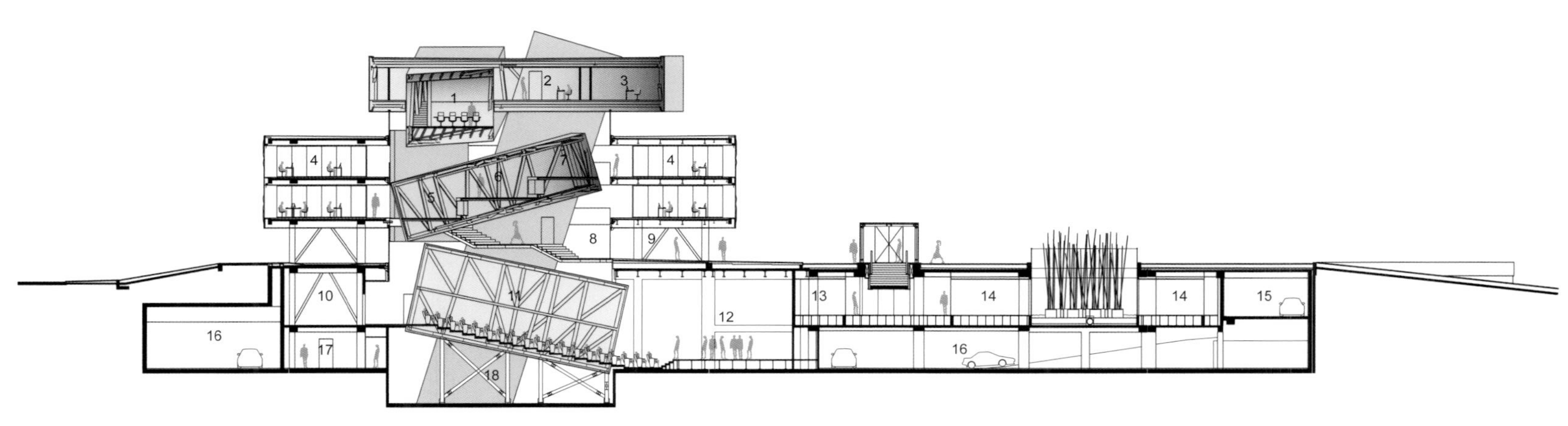

LONGITUDINAL SECTION

0 1 5 10

1 MEETING ROOM
2 RECEPTION
3 EXECUTIVE OFFICES
4 OFFICES
5 VAKKO BAGS SHOWROOM
6 VAKKO SHIRTS / TIES SHOWROOM
7 VAKKO SCARVES SHOWROOM
8 LOBBY / MUSEUM
9 ENTRANCE
10 AHU ROOM
11 AUDITORIUM
12 TV STUDIO
13 TV PRODUCTION
14 POWER ADMINISTRATIVE OFFICES
15 PARKING RAMP
16 PARKING
17 STORAGE
18 TECHNICAL SERVICE ROOM

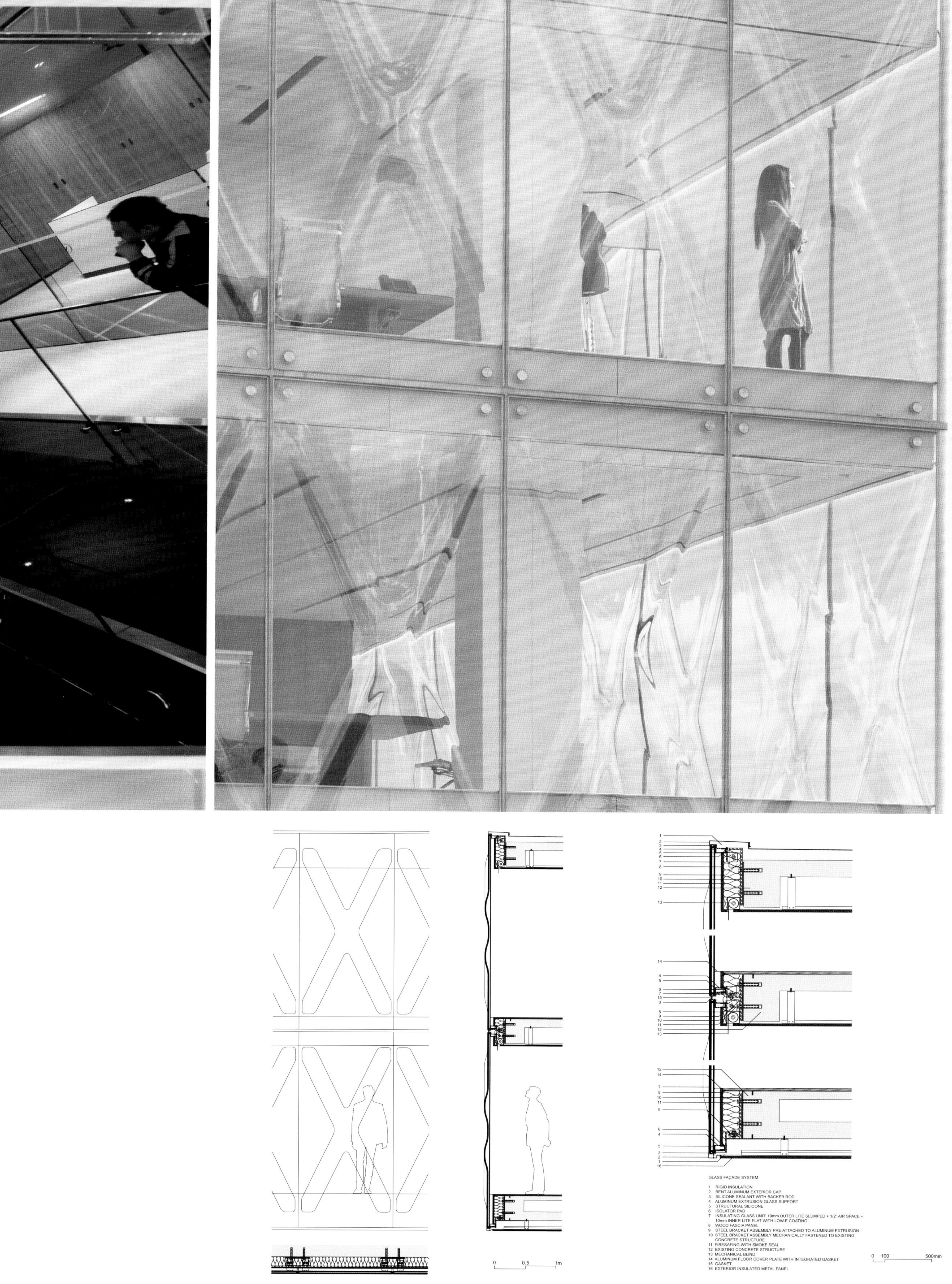

GLASS FAÇADE SYSTEM

1 RIGID INSULATION
2 BENT ALUMINUM EXTERIOR CAP
3 SILICONE SEALANT WITH BACKER ROD
4 ALUMINUM EXTRUSION GLASS SUPPORT
5 STRUCTURAL SILICONE
6 ISOLATOR PAD
7 INSULATING GLASS UNIT: 19mm OUTER LITE SLUMPED + 1/2" AIR SPACE + 10mm INNER LITE FLAT WITH LOW-E COATING
8 WOOD FASCIA PANEL
9 STEEL BRACKET ASSEMBLY PRE-ATTACHED TO ALUMINUM EXTRUSION
10 STEEL BRACKET ASSEMBLY MECHANICALLY FASTENED TO EXISTING CONCRETE STRUCTURE
11 FIRESAFING WITH SMOKE SEAL
12 EXISTING CONCRETE STRUCTURE
13 MECHANICAL BLIND
14 ALUMINUM FLOOR COVER PLATE WITH INTEGRATED GASKET
15 GASKET
16 EXTERIOR INSULATED METAL PANEL

西门子荷兰亨格罗办公楼

项目地点：荷兰亨格罗
客　　户：荷兰 Oost 市 Van Wijnen 项目开发公司
　　　　　MAB 开发集团
用　　户：西门子工业涡轮机械有限公司
建筑设计：荷兰 NL architects 事务所
主创设计师：Pieter Bannenberg , Walter van Dijk , Kamiel Klaasse
设计团队：Bobby de Graaf , Gen Yamamoto , Gerbrand van Oostveen , Yusuke Iwata , Joanna Janota
摄　　影：Bart van Hoek , Marcel van der Burg , Winand Stut

这是由荷兰 NL architects 事务所设计的位于荷兰亨格罗的西门子办公大楼项目。大楼围绕一个广场展开，与主要的火车站相对，处于一系列工业建筑之首。该办公楼外表看上去平淡无奇，但是其玻璃窗的设计颇具创意，采用了类似空中交通管制塔的玻璃窗设计，形成锯齿状的正立面效果，而且这种玻璃窗的设计在取得更好的景观视线的同时，也起到了遮阳的效果。

建筑的外表面回应分区规划的美感要求，即设计的形状要来源于工业遗产：清晰、坚固、严肃和毫不妥协，通过这些特点，建筑将获得一种标志性的特点。设计通过插入典型的水平结构及锯齿形屋顶来重新诠释这些要求。Z 字形的外表形式形成一排排的向内缩的窗户，它们的排布正好与下面的行人、车辆和火车等形成互动。

向外突出的元素由玻璃框定，它们充当减少强光及反射的遮挡结构，同时室内的员工还能享受到室外无限的视野。

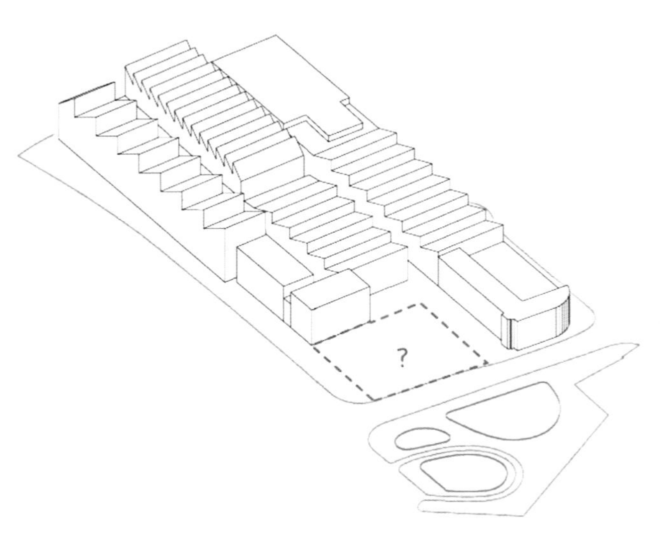

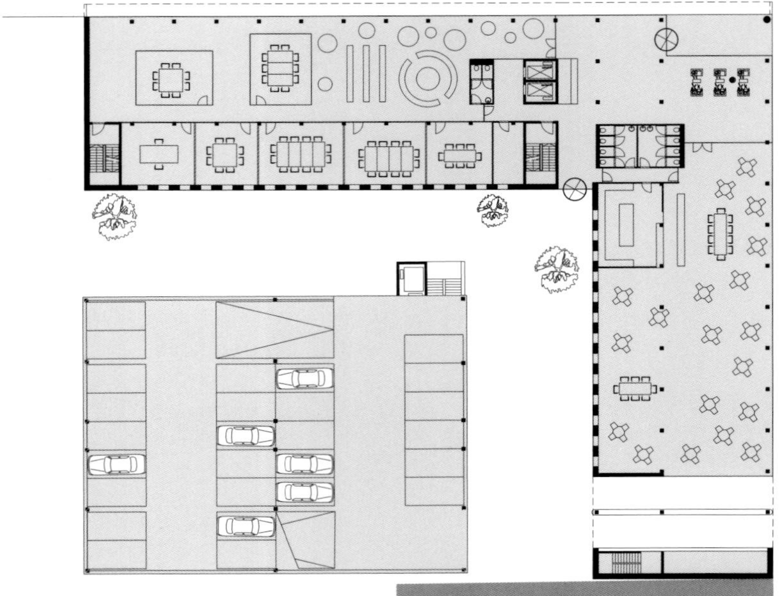

Begane Grond

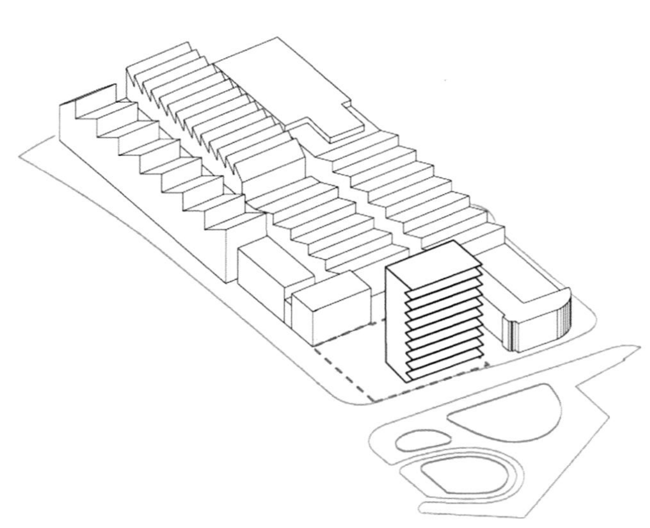

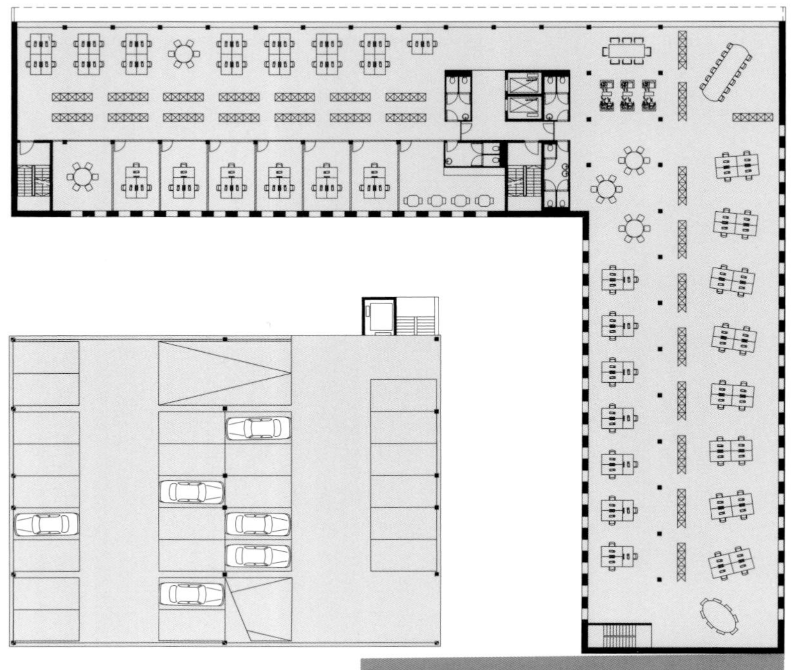

Verdieping
1 t/m 3

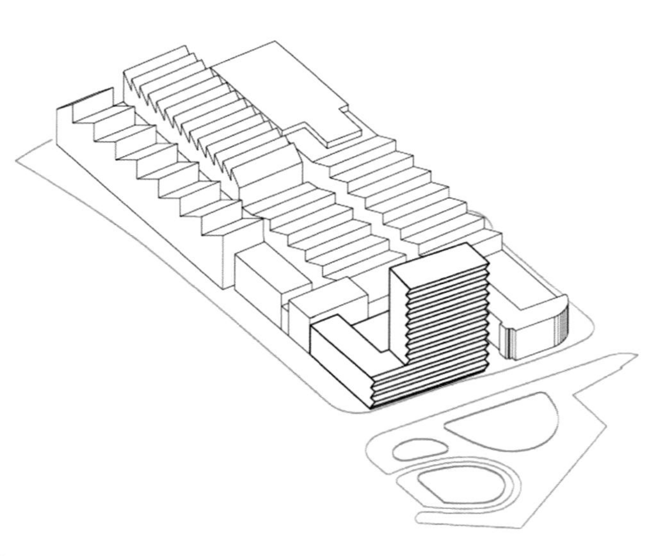

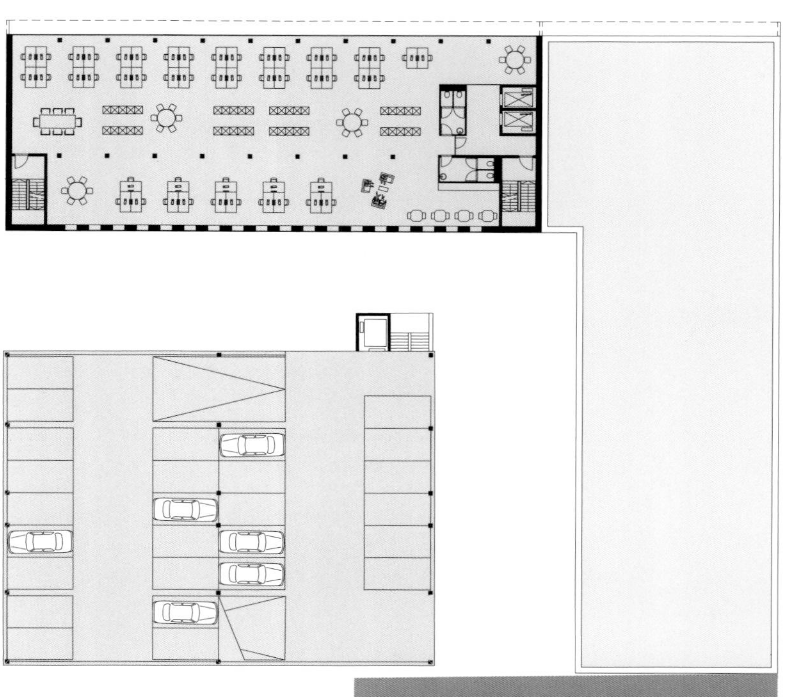

Verdieping
4 t/m 10

SIEMENS
SIEMENS
SIEMENS

SIEMENS
STORK
SIEMENS

+ 40500
+ 36575
+ 33250
+ 29925
+ 26600
+ 23275
+ 19950
+ 16625
+ 13300
+ 9975
+ 6650
+ 3325

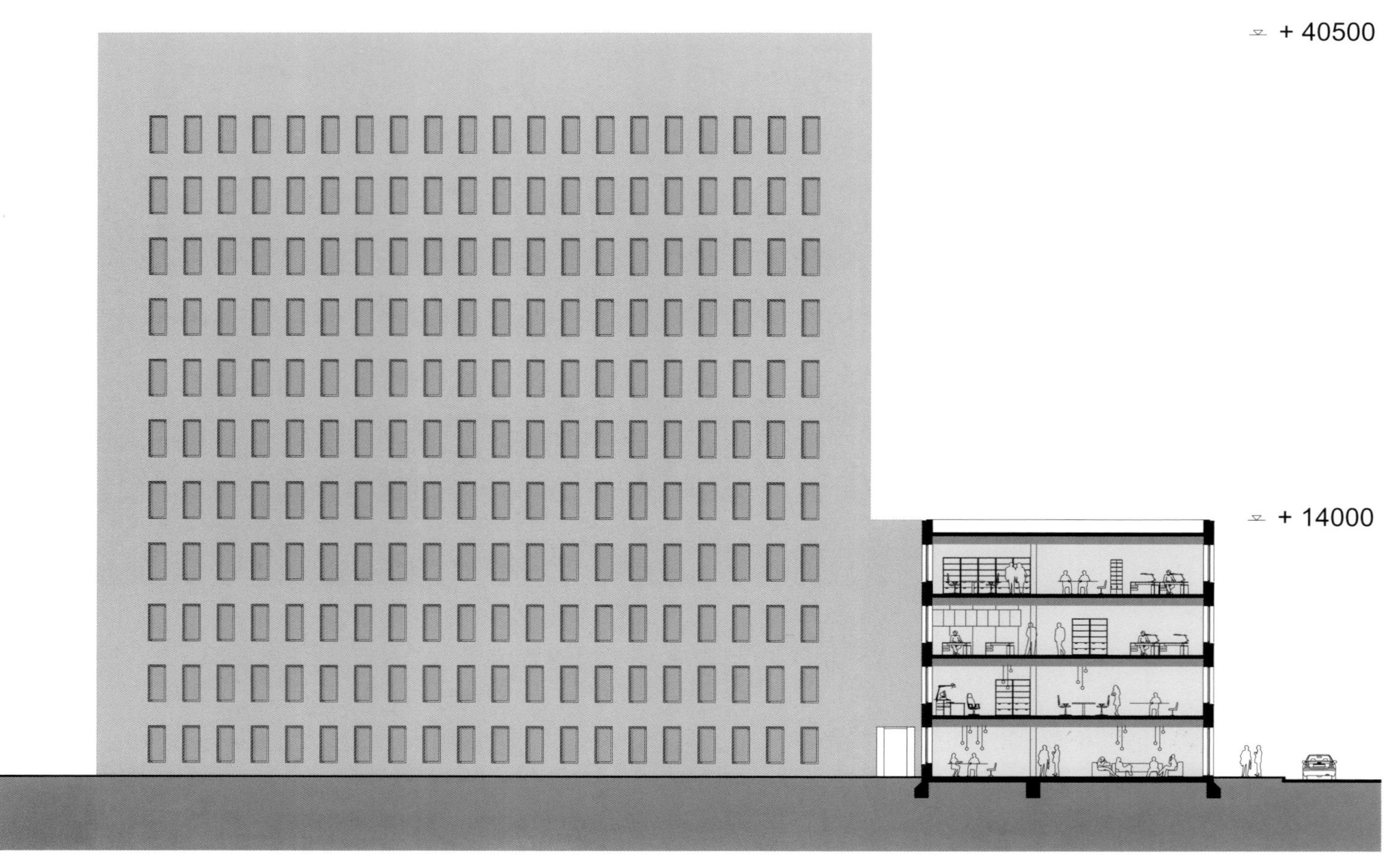
+ 40500
+ 14000

SIEMENS

微软 The Outlook 办公楼

项 目 地 点：荷兰史基浦中心
客　　　户：史基浦房地产开发有限公司
建 筑 设 计：荷兰 Cepezed 建筑设计事务所
总建筑面积：首期（办公：19 900 m^2　停车场：13 390 m^2）
　　　　　　二期（办公：18 100 m^2　停车场：12 500 m^2）
摄　　　影：Fas Keuzenkamp，Harold Pereira，Luuk Kramer

The Outlook 是一栋美国式的、非常现代的办公综合体，开放而明亮的设计给人一种凉亭般的氛围。每个楼层的通高都有相当大的自由度。设计师用尽量少的柱子打造了超宽的办公隔间。该建筑位于在战略上和国际上都占有主要位置的史基浦中心，其正对面便是史基浦集团总部。

该项目分两期建成，办公空间的面积超过 38 000m²，提供了 850 个停车位。首期（19 898m² 的办公空间和 450 个停车位）超过三分之二都由微软荷兰总部使用。主体结构由一系列交替连锁的长短办公隔间组成。地下两层和建筑物基座做停车场使用。

办公楼层是完全开放的，并与巨大的节点间和典型的楼梯相连，灵活有效的布局使得业主——史基浦房地产公司可以迅速应对不同租客的个人空间要求。

这座智能且经济的建筑物利用钢骨架与空心板楼层的组合，使大跨度和少柱子的超宽办公隔间成为可能。一个高度不低于 2.90 米的自由楼层给人一种宽敞的感觉。正立面使用没有立柱的大面积玻璃幕墙，使自然光可以大量地进入室内，节点间的屋顶也有带状采光设施，使充足的日光能进入室内。

新的微软办公楼现在被人们公认为是理想办公场所的优秀范例。每周该公司都会接待大批访客，他们对这座新型办公楼充满好奇：该建筑创造工作与生活之间的完美平衡，有效降低旷工率、降低二氧化碳排放量（30%），提高办公面积的使用率，并且通过改善的网络及视频会议设备，节省了差不多 40% 的差旅费用。

situation

1 Outlook fase 1
2 Outlook fase 2
3 Westelijke randweg
4 Rent-A-Car
5 Avioduct
6 Rijksweg A4
7 office building Schiphol Group
8 Handelskade
9 Evert van de Beekstraat
10 Busstop Zuidtangent

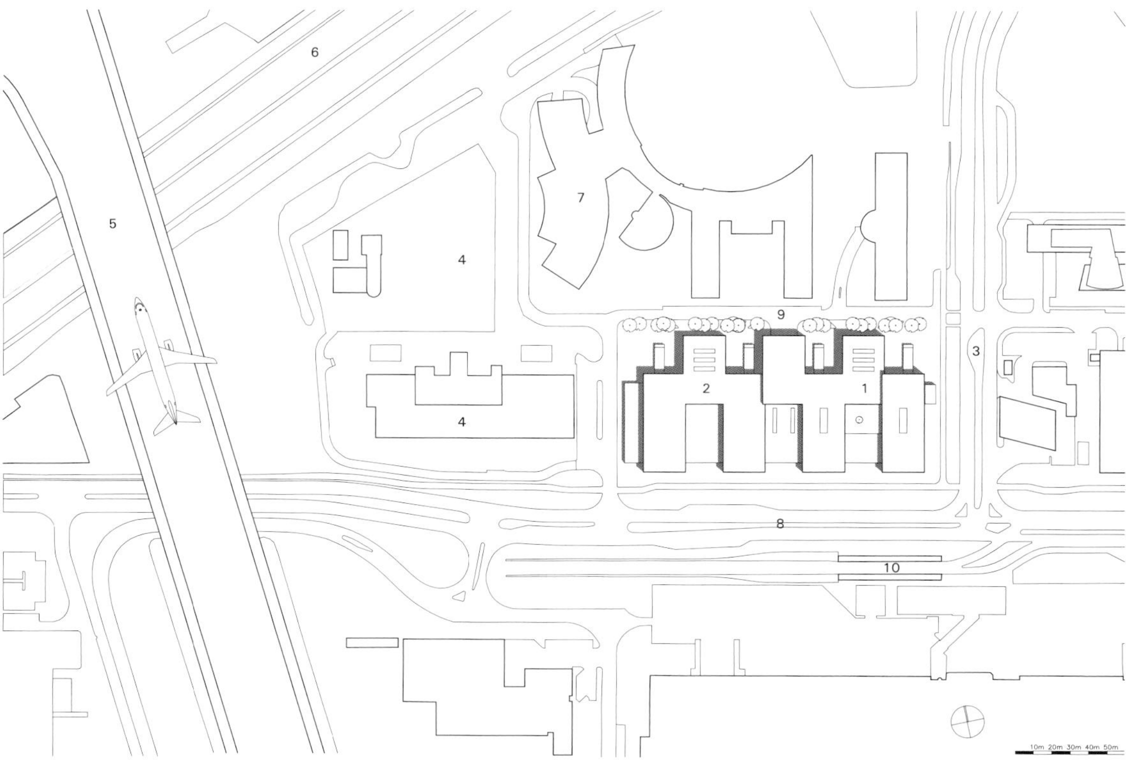

reference to the floorplans and longitudinal sections

1 office
2 vide
3 possible vide
4 toilets
5 staircase
6 shaft for technical facilities
7 patio
8 roof garden
9 bicycle shed
10 dispatch canopy
11 covered entrance

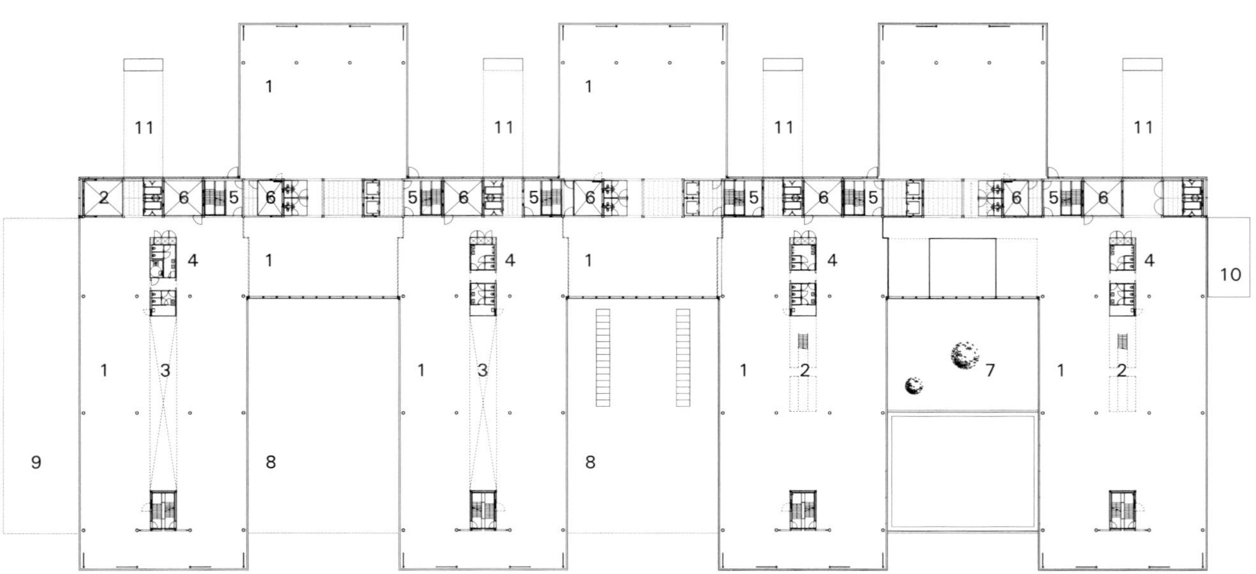

Microsoft

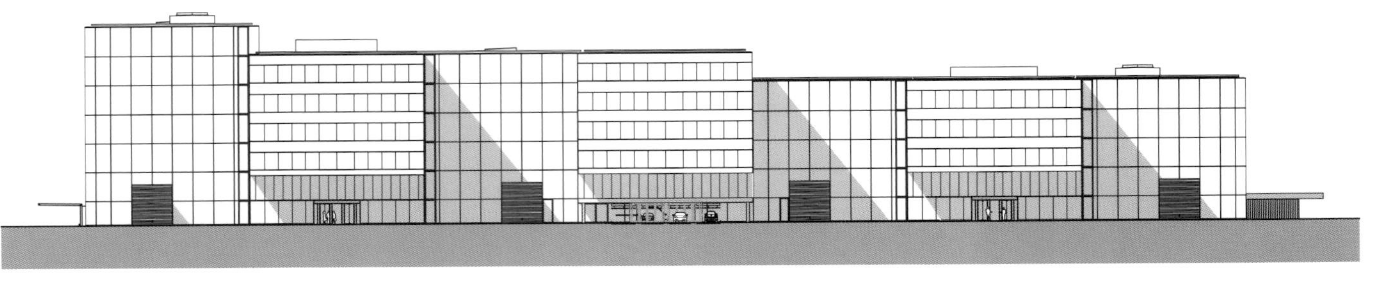

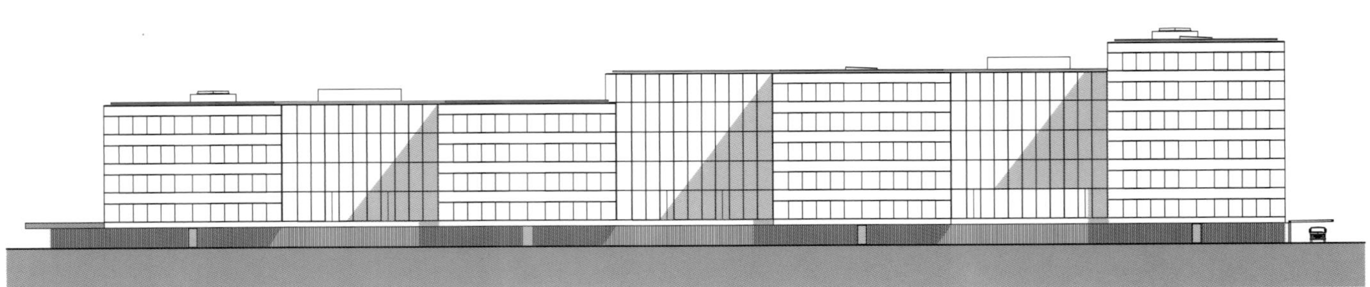

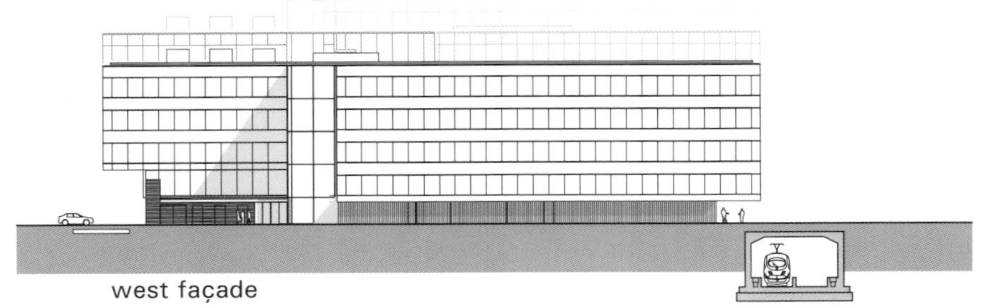

west façade

5m 10m 15m 20m 25m 30m 35m

reference to the floorplans and sections

1 entrance hall
2 covered entrance
3 entrance parking garage
4 toilets
5 staircase
6 shaft for technical facilities
7 parking garage
8 dispatch area
9 bicycle parking
10 expedition
11 energy facilities

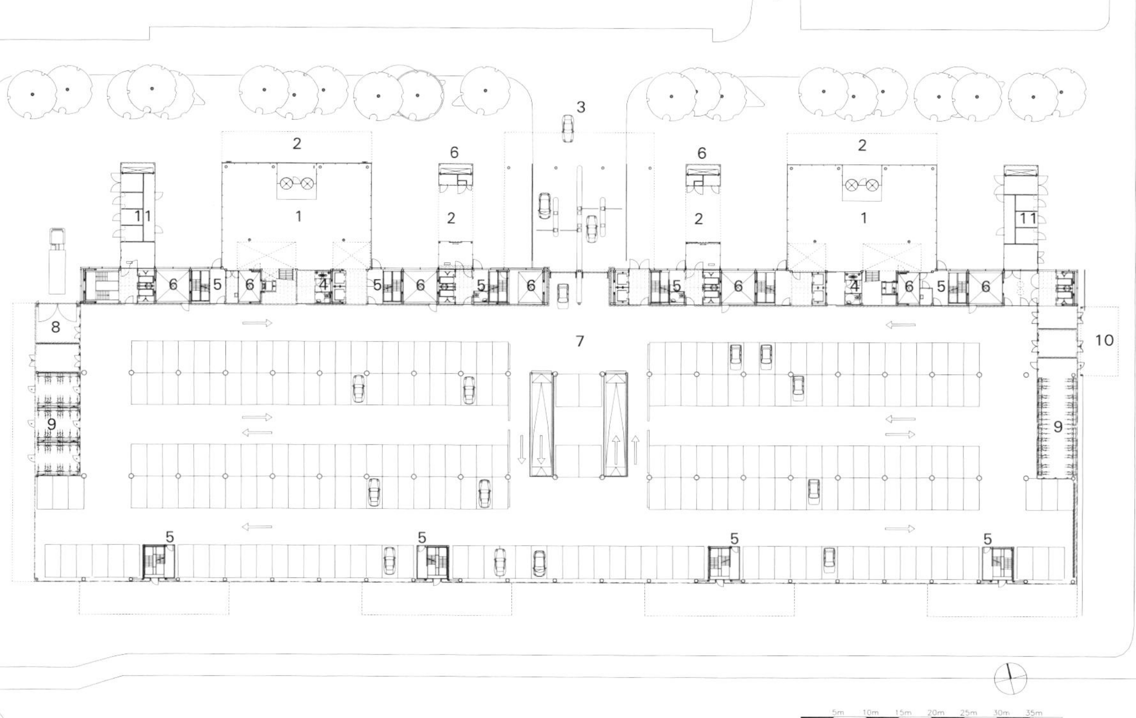

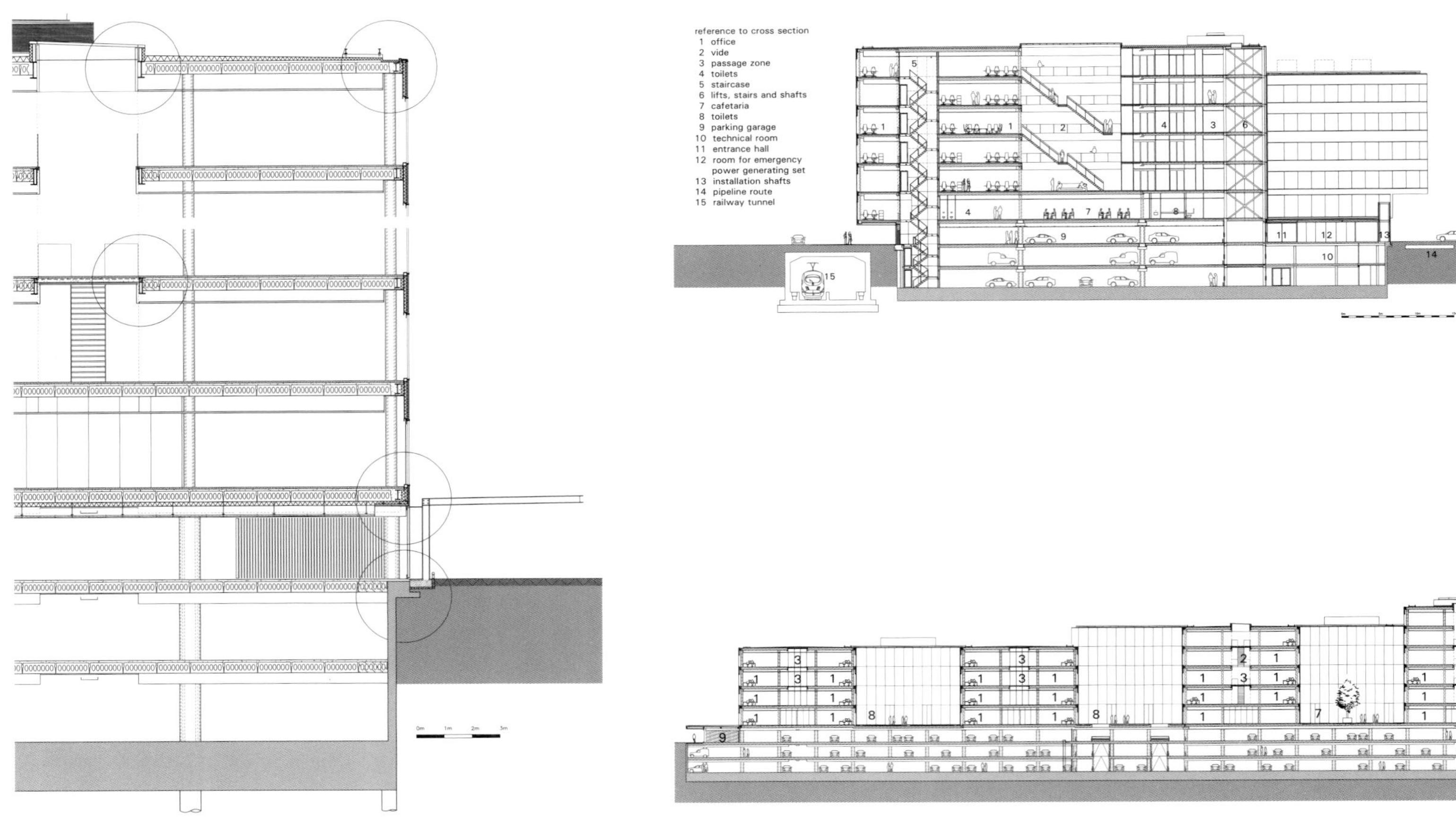
reference to cross section
1 office
2 vide
3 passage zone
4 toilets
5 staircase
6 lifts, stairs and shafts
7 cafetaria
8 toilets
9 parking garage
10 technical room
11 entrance hall
12 room for emergency power generating set
13 installation shafts
14 pipeline route
15 railway tunnel

reference to details

1 steel strip of stringboard with clamped glazed banisters
2 step, steel basin with polyurethane floors
3 banister of safety glass
4 stainless steel railing support
5 light strip in metal ceiling
6 acoustic panel of perforated metal
7 IPE- profile 600
8 clamping of the glazed banister
9 floor covering by tenant
10 banister of safety glass
11 stainless steel railing
12 glass gable wall in void
13 acoustic panel of perforated metal
14 IPE- profile 600
15 upstand for the benefit of sky light
16 sky light with insulating glass
17 metal truss

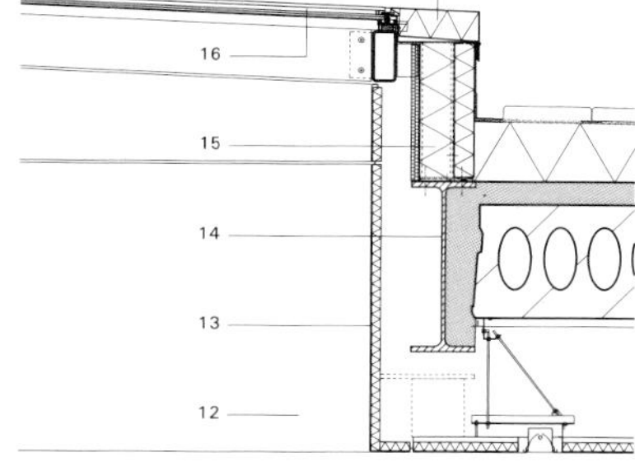

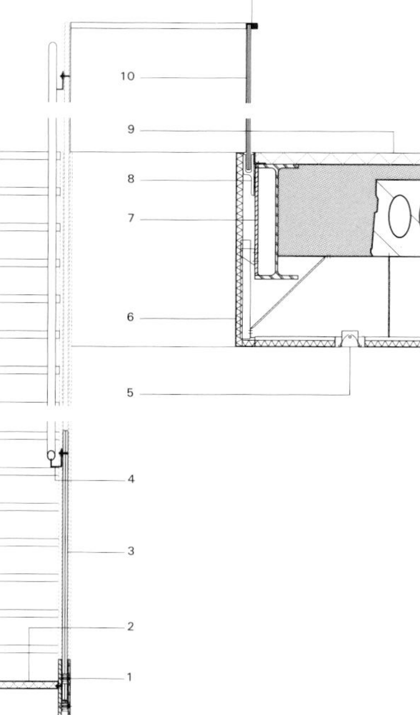

reference to details

1 cellar wall parking garage
2 gravel basin with anti-root fabric and basalt chippings
3 thermally galvanized press grating
4 color coated bar fencing
5 concrete prefab column
6 covered and insulated floor joists
7 insulated metal ceiling
8 sandwichpanel of anodized aluminium, horizontally clamped
9 façade system with clamped insulating glass
10 connecting rod at the lower façade zone
11 steel column
12 electrically controllable awning
13 steel façade truss
14 lighting strip integrated in metal ceiling
15 inner sheeting, metal on plaster board
16 sandwichpanel of anodized aluminium, horizontally clamped
17 metal sheeting glued to multiplex
18 wiring of the awnings
19 anodized clamping profile
20 aluminium truss, also emergency corridor
21 roof pack: rockwool, EPDM-roofing and Pluvia-rainwater discharge
22 rails for window cleaning installation

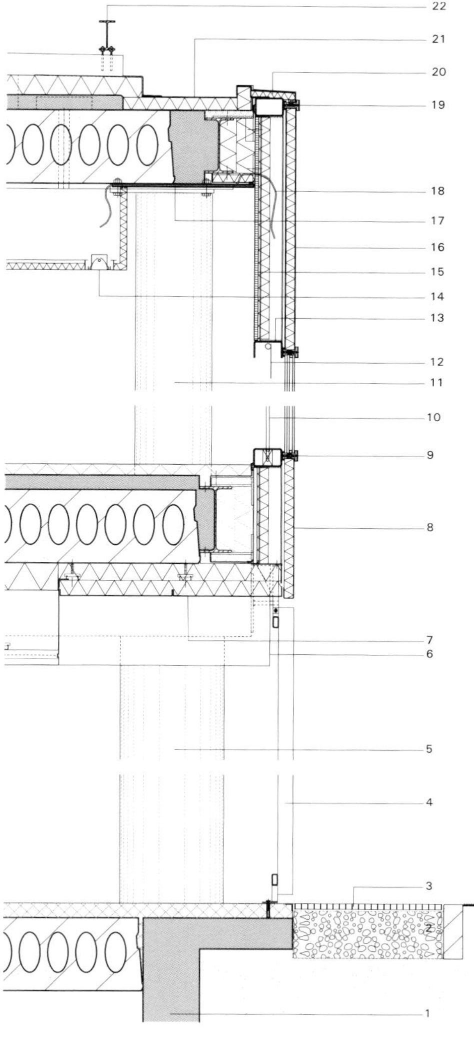

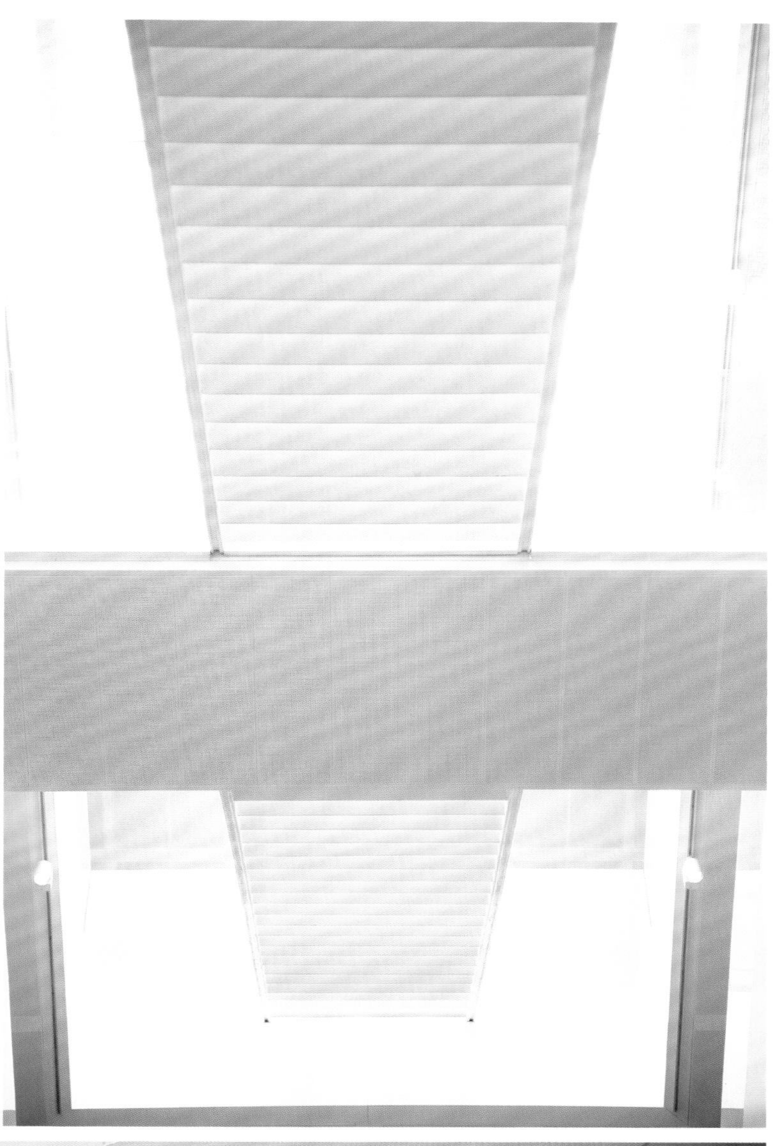

北京科博莱汽车技术亚洲总部

项目地点：中国北京市
客　　户：科博莱（北京）汽车技术有限公司
建筑设计：波捷特（北京）建筑设计顾问有限公司
面　　积：21 600 m^2

整个建筑虽然包裹在一个外壳之下，但理论上来说内部是分为两部分的。一部分作为生产车间，另一部分则作为办公场所。生产车间部分为上下两层，一直延伸至仓储区，用于存放待加工原料以及待发配的成品。本项目中需要考虑的重要因素是汽车电子元件的生产需要在无尘、无静电的环境下进行。对办公区域的巧妙设计与合理配置使其看上去更像是一个多层建筑。地下一层是图书馆和实验室，地上一层是接待室、展览室、大型会议室和办公室，此层以上的楼层则是一些开放办公室、管理办公室和举办内部活动的会议室。

玻璃外立面的大厅是建筑的主要入口，连接着生产车间和办公区域。由于玻璃的良好可视度，不但各个区域的连接清晰可见，还可以观察到厂区内的生产活动。在大厅，有自动扶梯通向位于地上一层的接待区域。地下一层同时还设置了停车场、餐厅和一些技术研发室以及全自动仓库。在生产区域的顶层，是一个设计巧妙的露天娱乐中心，四周是装有金属百叶窗的金属结构，可以调节屋内所需光照。设计的又一亮点是在生产区域中心有一座露天庭院，便于采光和通风。

该项目的核心还在于对生态的可持续发展之道的秉承和重视，因此设计中的所有出发点都是以获得绿色建筑认证奖项为最终目的，这也体现了波捷特一直履行在不同领域都坚持生态可持续发展的设计承诺。

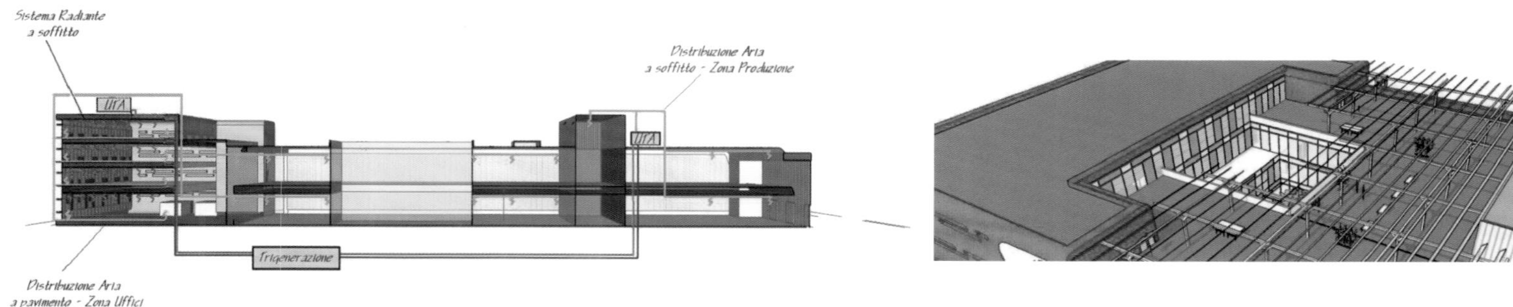

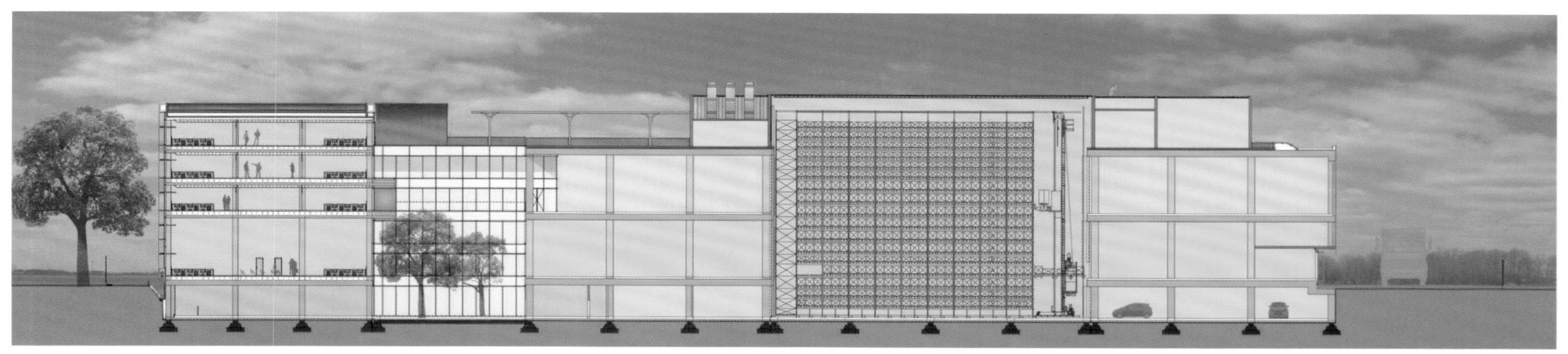

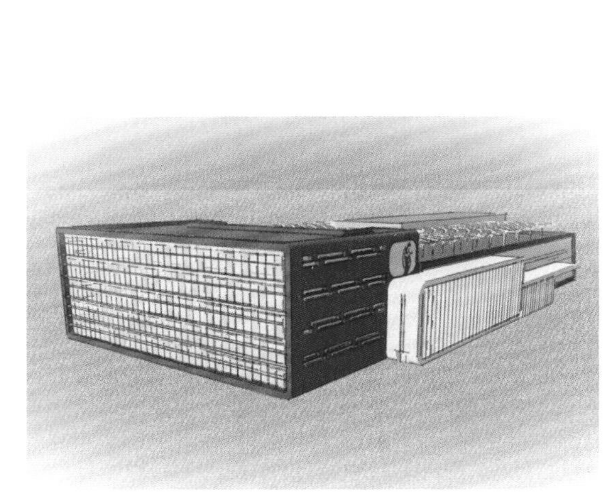

cobra

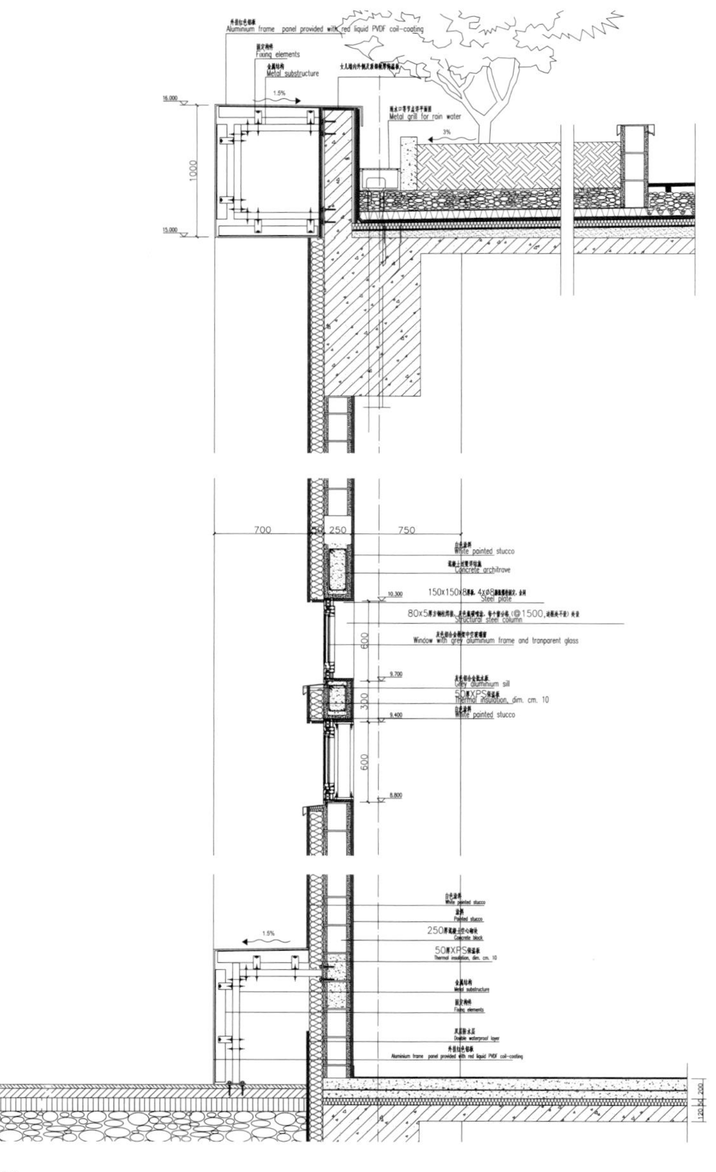

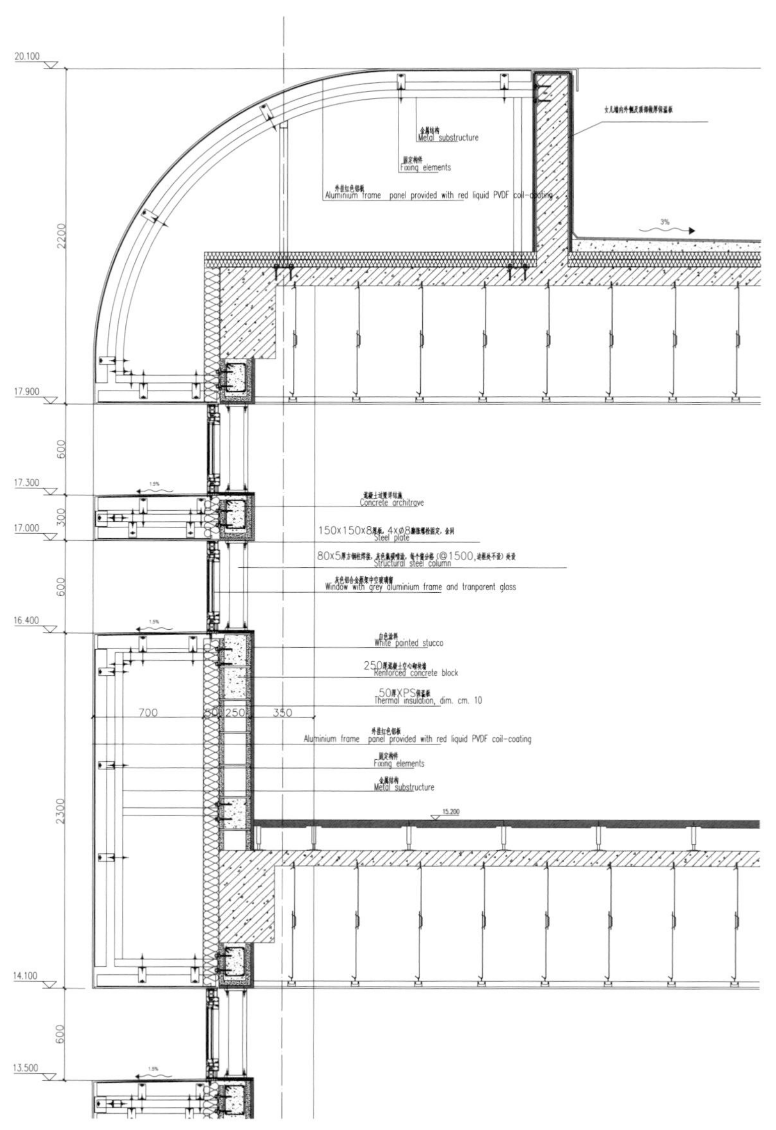

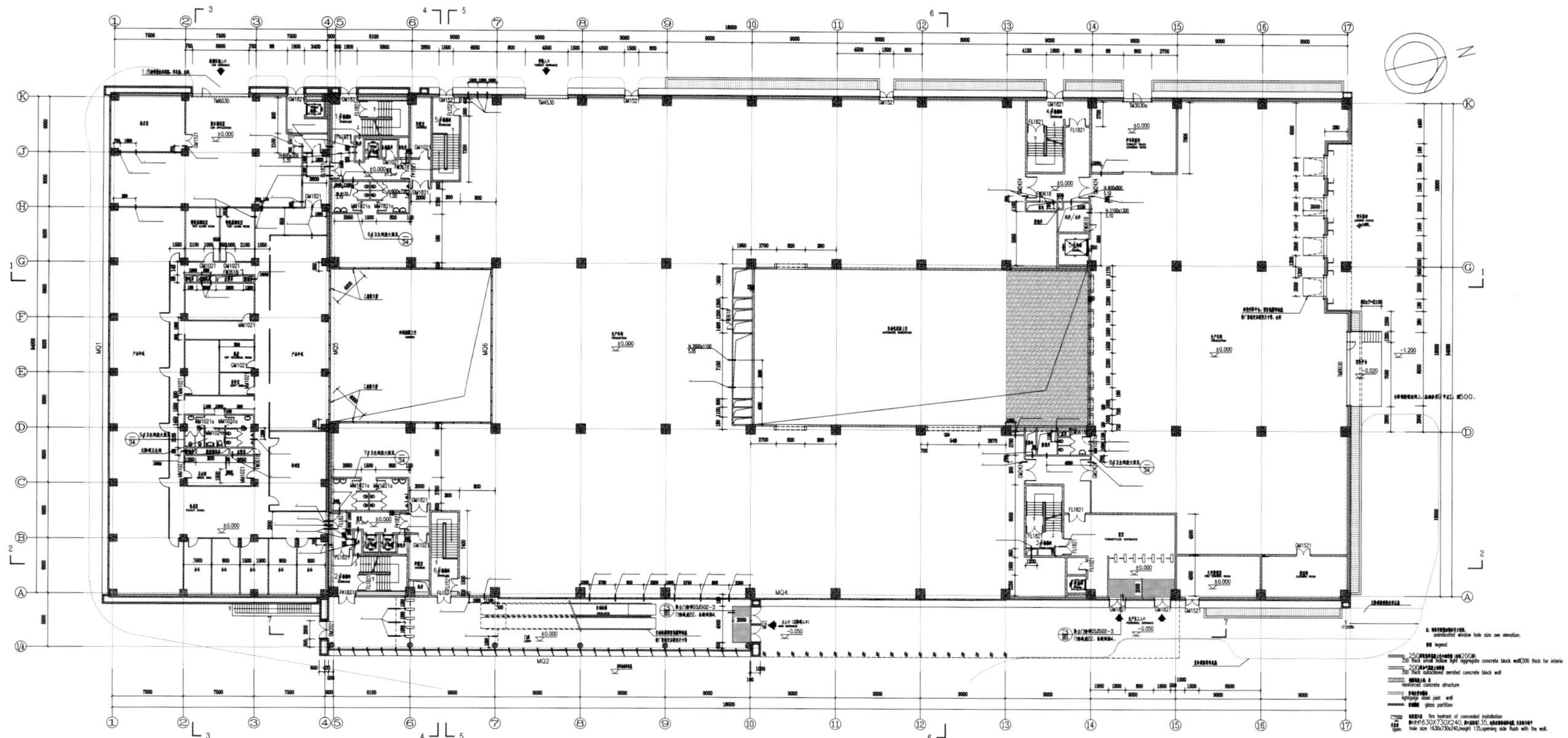
一层平面图

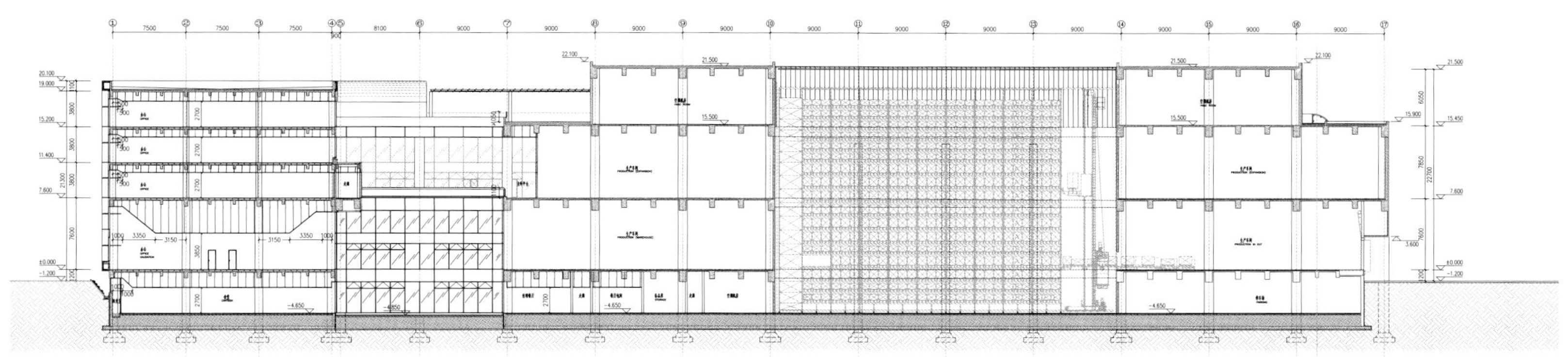
1-1 剖面图

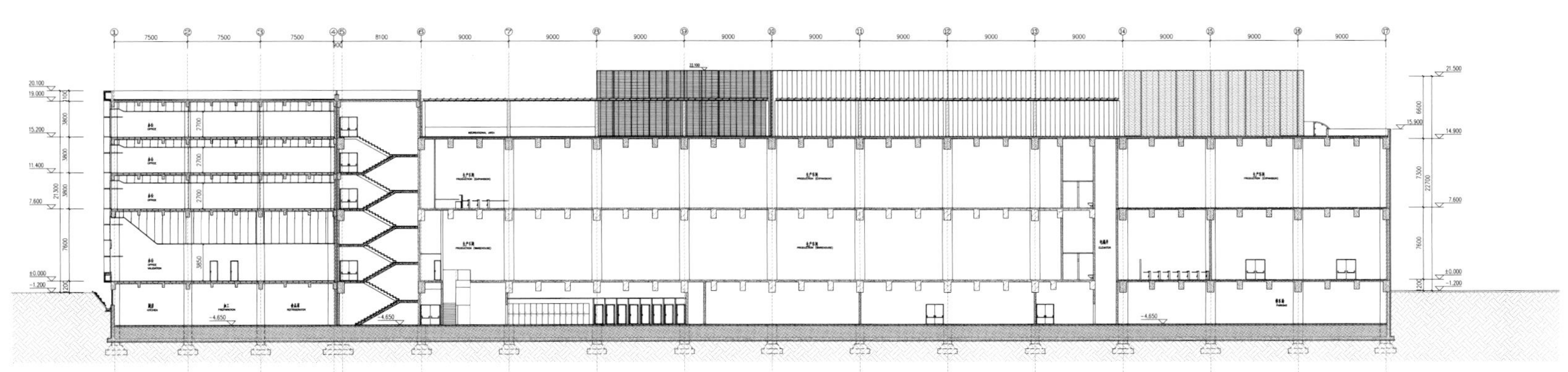
2-2 剖面图

瑞士钢铁和塑料公司的新总部 / 詹森园区

项目地点：瑞士 Oberriet
建筑设计：Davide Macullo 设计公司
占地面积：3 705 m^2
建筑面积：3 300 m^2

项目位于瑞士 Oberriet 工业园区北端。建筑是由许多向各个方向倾斜、大小不同的斜面组成，项目设计利用了典型的视觉空间平衡。该项目始于 2009 年的概念设计，并已成为一个区域重要性的实践作品，代表着真正的瑞士产品的质量、设计、工艺、建筑和经济。建筑符合严格的“Minergie 标准”：有效地使用能源，减少环境污染，提高建筑用户生活质量，减少维护成本，等等。

设计师们把它描述为“工业区和旧城之间的纽带”，建筑的三角形外观灵感则来自瑞士 Oberriet 地区传统的斜屋顶特色，同时也为工作者提供了一个有活力、有创造力的环境。建筑外表面参差不齐，给人以壮观的感受；它隐隐指向天空，象征着无畏的王权，并有点像未来堡垒。

新建筑为天际线增添了新的意味，并连接着工业区和老城。建筑的三角形外观受到了当地传统倾斜屋顶的启发，还结合了一些创新技术，包括以前在建筑上从未使用过的材料，如立面系统和内部防火门等。新建筑的采暖、通风、照明和能耗等符合瑞士严格的“Minergie”标准，意味着它拥有良好的可持续性特点。

除了大胆的设计和强悍的轮廓，该建筑还显示出了普通建筑所没有的宽阔视野。大大的窗子、白白的门框、不太明朗的空间布局，无一不透露出奇特的设计。

詹森园区的主要目标是让这里成为调动所有员工创造性和积极性的场所。办公空间是开放式的，每一名员工都有自己的定制工位。很多家具都是专门定制的，也有一些品牌家具，如 Alias 和 Capellini 旗下的家具。由于建筑的几何形状，从工位站起来基本都能瞥见外面的景色，景观花园种植了 80 棵大树和 35 种不同类型的地区性植物。此外，办公楼里还陈列着“詹森艺术收藏品”，即一些国际知名的现代艺术家创作的作品。

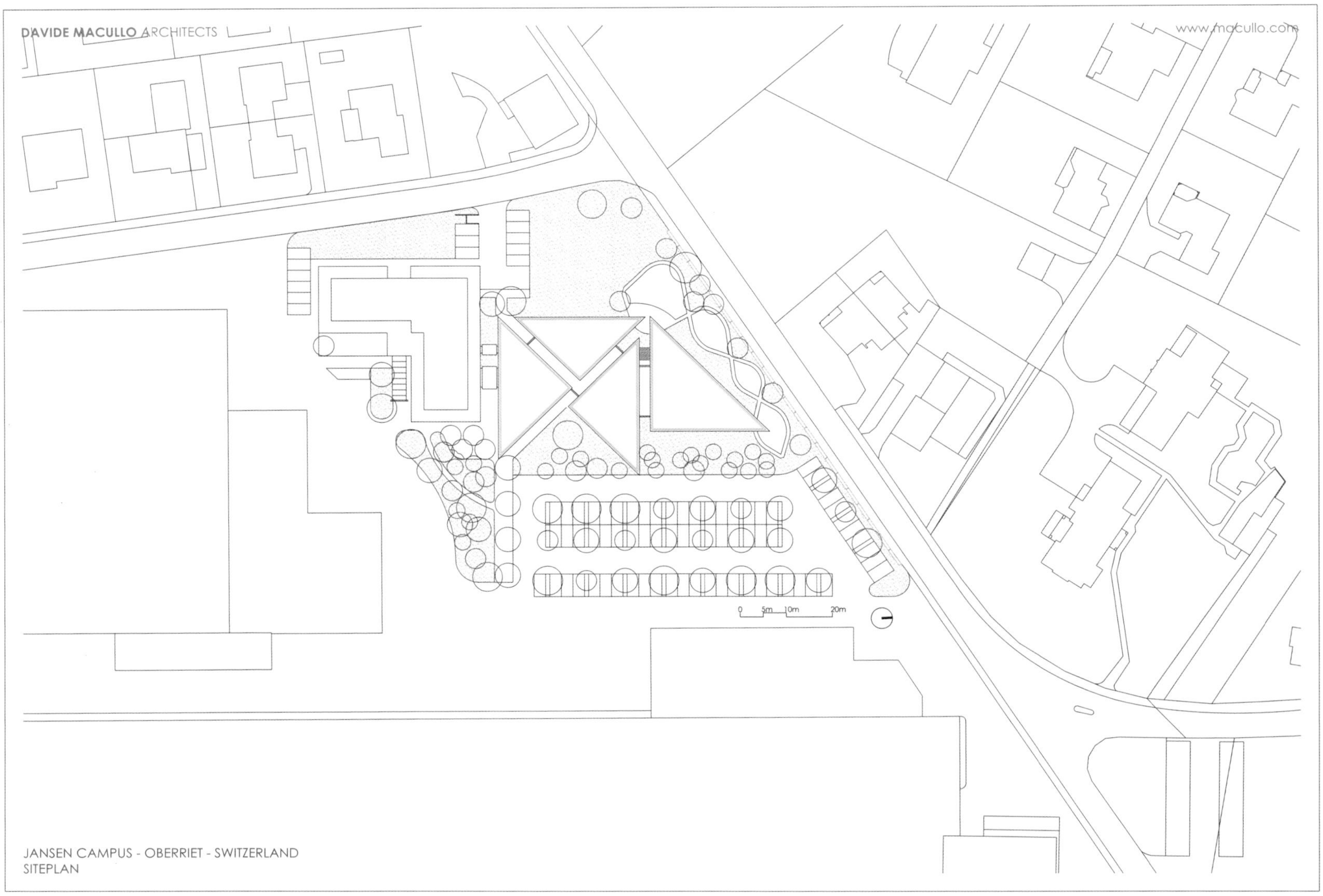

DAVIDE MACULLO ARCHITECTS

www.macullo.com

0 5m 10m 20m

JANSEN CAMPUS - OBERRIET - SWITZERLAND
SITEPLAN

JANSEN

0 2m 5m 10m

NORTH VIEW

0 2m 5m 10m

EAST VIEW

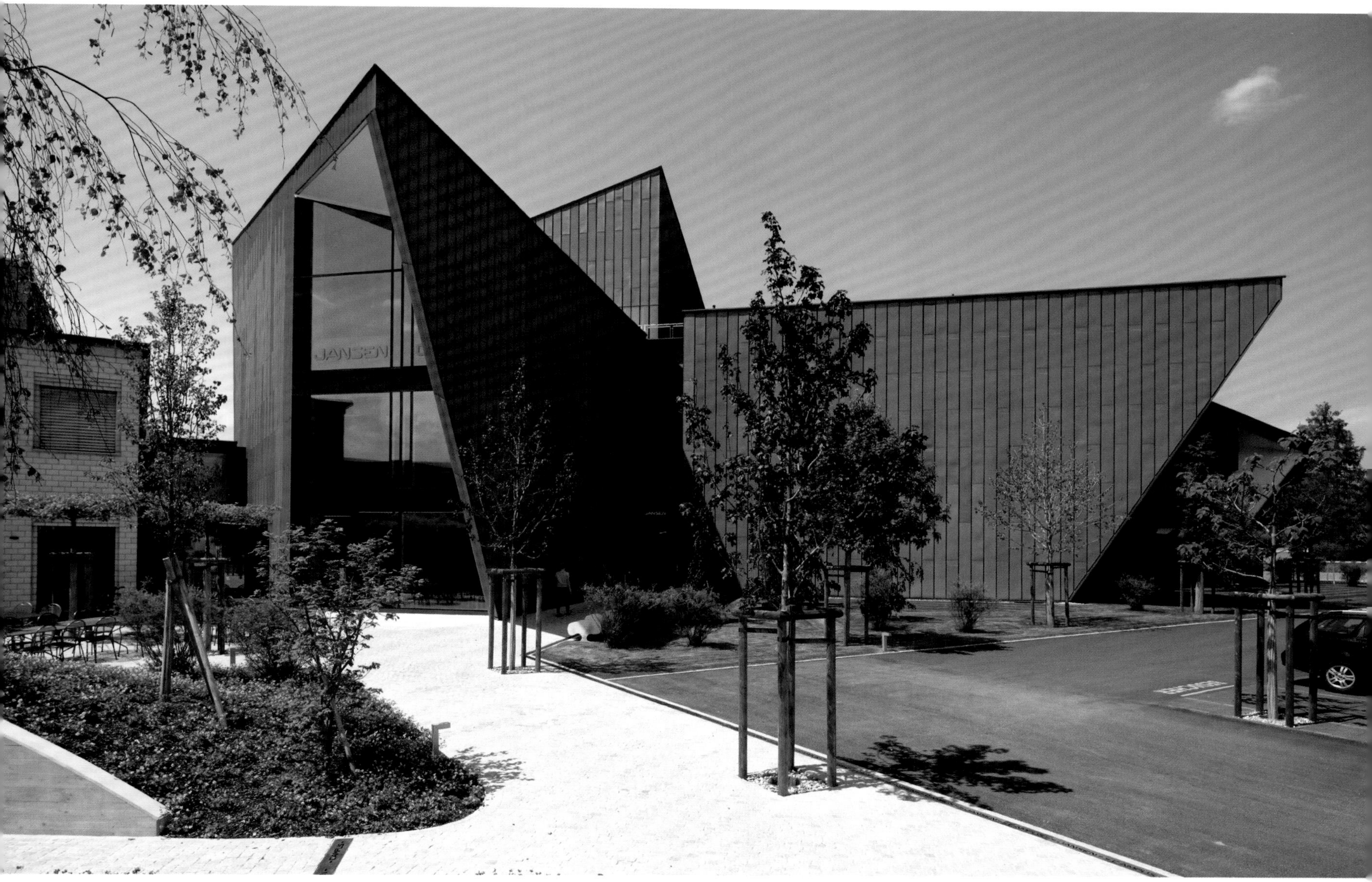

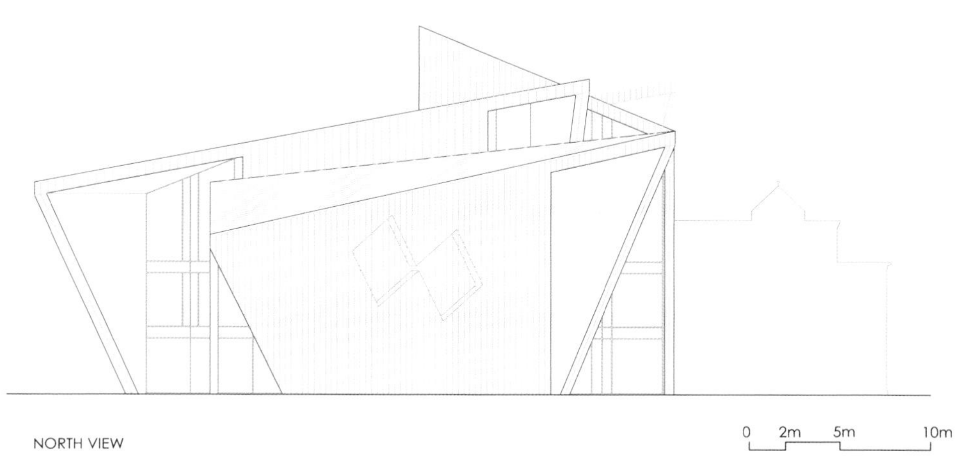

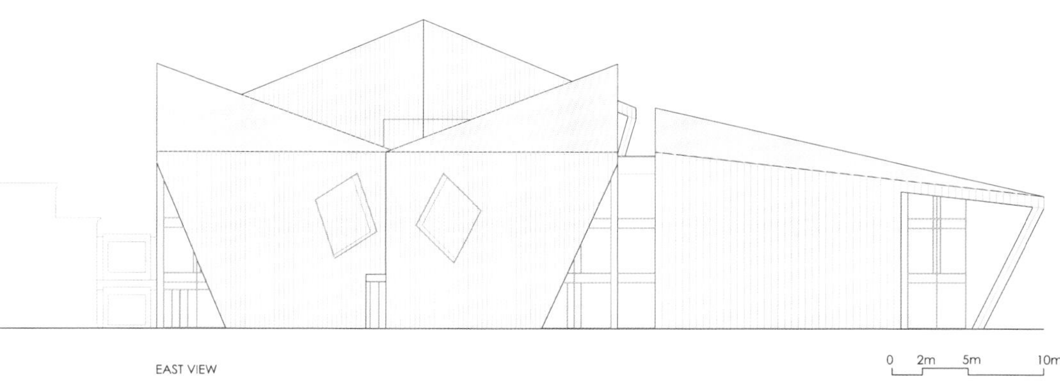

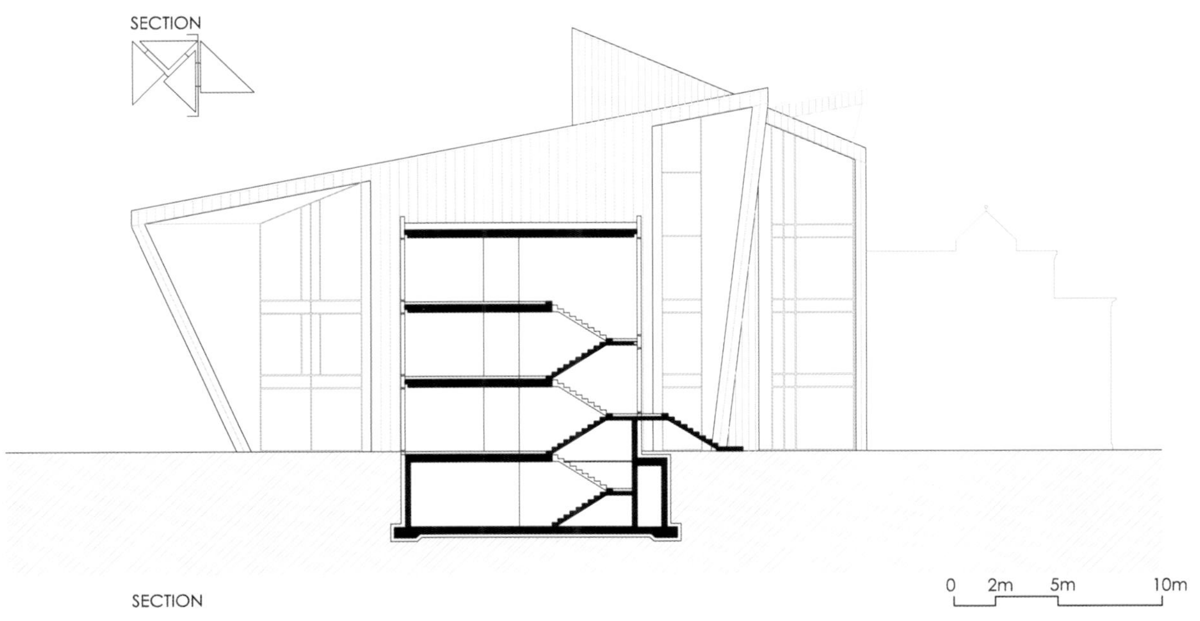

SECTION

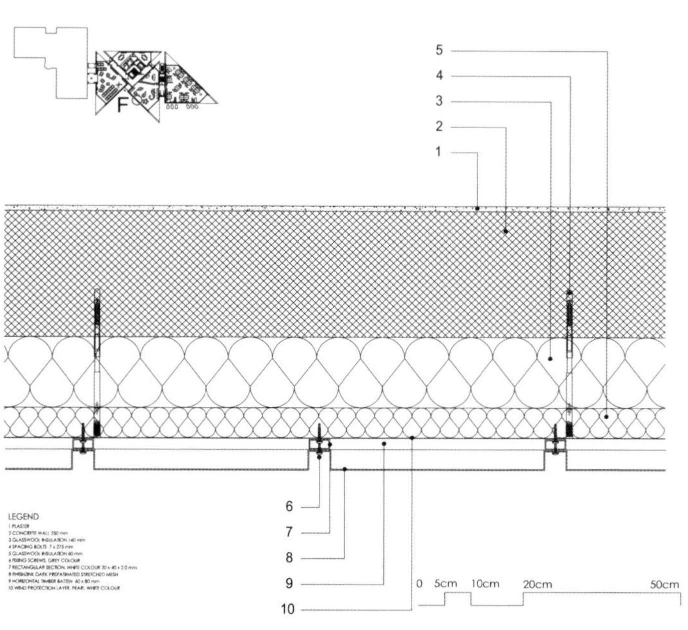

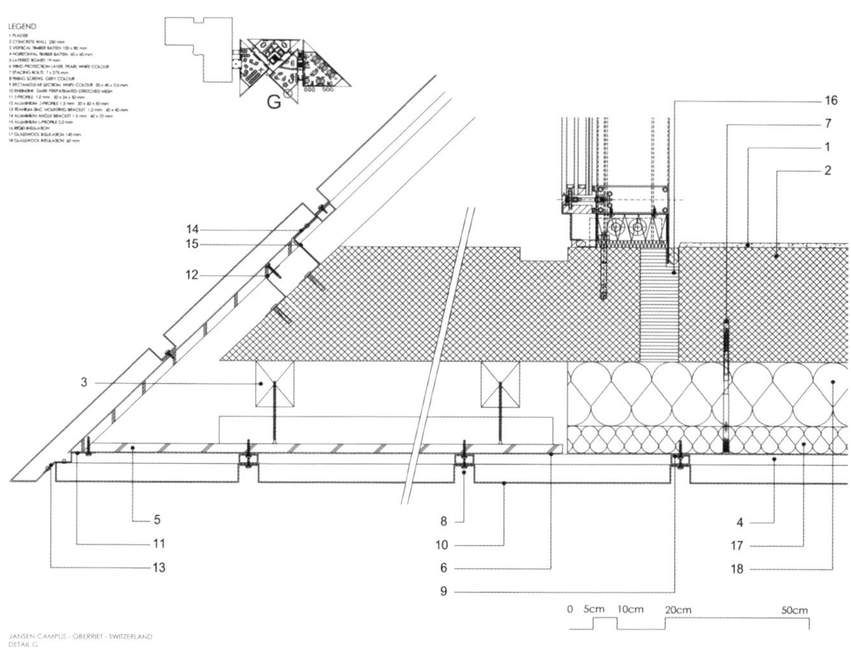

JANSEN CAMPUS - OBERRIET - SWITZERLAND
DETAIL G

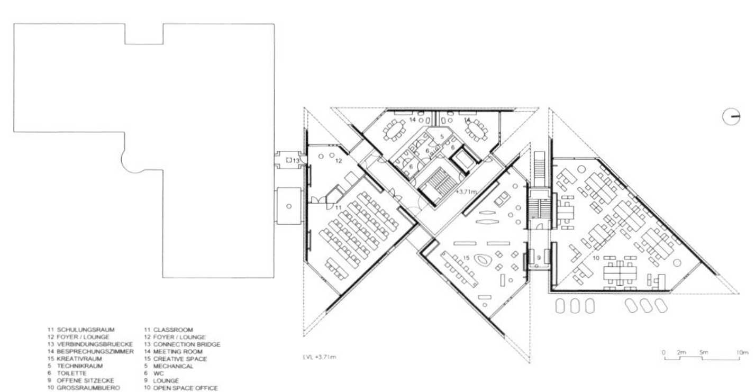

JANSEN CAMPUS - OBERRIET - SWITZERLAND
LEVEL +3.71

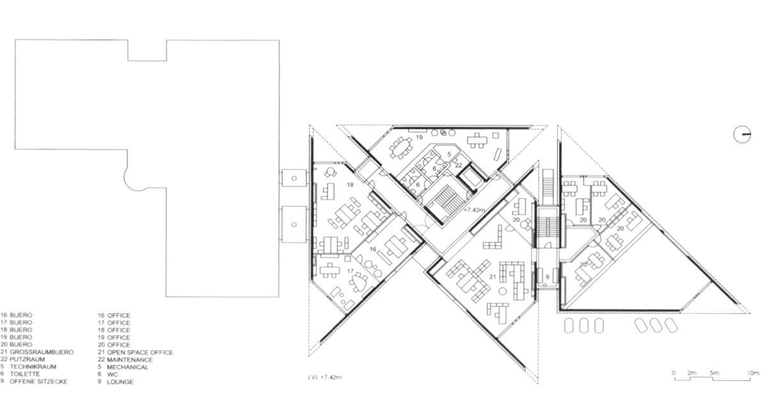

JANSEN CAMPUS - OBERRIET - SWITZERLAND
LEVEL +7.42

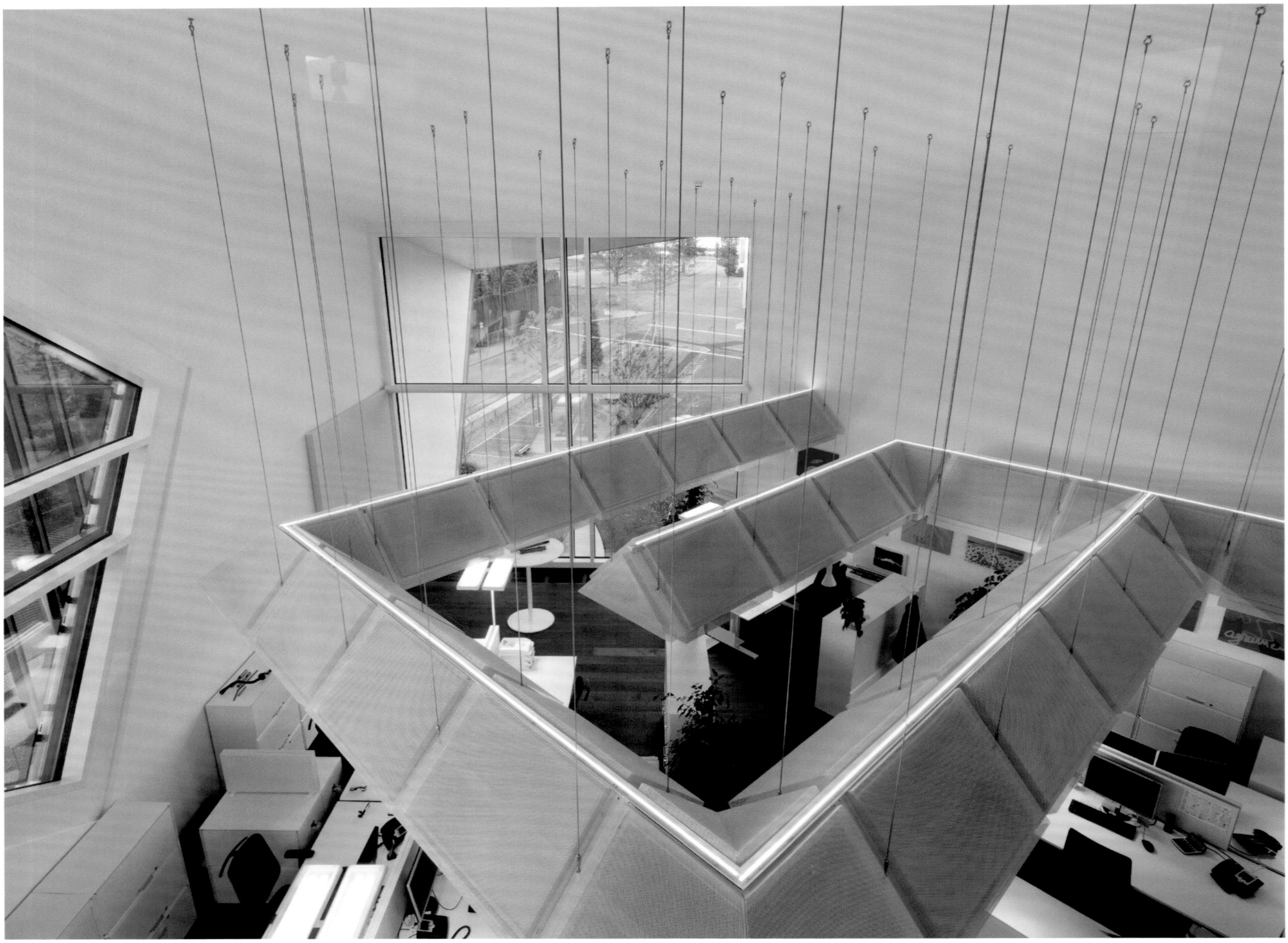

科技产业园

前沿基地
科创一体
集群产业
规模效应

中国裳岛

项目地点：中国江苏省江阴市
业　　主：江阴市新国联投资发展有限公司
建筑设计：水石国际
建筑面积：50 000 m^2
景观面积：30 000 m^2

项目位于江苏省江阴市北门岛原江阴利用棉纺织厂旧址。项目保留了历史工业肌理，通过改造与扩建，导入江南纺织文化以及历史建筑题材，使废弃的厂房华丽变身为具有明确主题的纺织时尚文化产业园。

项目传承江阴作为改革开放30年以来的中国乡镇企业、中国民族工业、中国纺织业三大发源地的历史渊源，打造以江南纺织文化为核心特征的“中国纺织文化时尚创意中心”，将为江阴提供工业历史与文化、城市建设与改造、文化创意与科技创新、第二产业与第三产业结合的新示范，成为江阴市的一张城市新名片。

北门岛占地约166 666. 67m^2。其中，以纺织为主题的文化创意园区的启动区占地面积约33 500m^2，该区域总体保持了原有的建筑布局；其余区域为拓展区，完全按照定位进行新的规划布局。

一期启动区功能业态包括：江南纺织文化博览馆、纺织设计研发中心、时尚文化体验中心、后江南文化会所；二期启动区功能为服务于国内外纺织以及其他行业创意人才与机构的产业化配套国际文创社区，引入人才公寓、总部式办公及产权式酒店等业态。一期以持有型物业为主，二期设计了可拆分出售的产品。

建筑设计中，一期启动区建筑面积约52 000m^2，总体对原有的建筑进行功能置换，主要通过加固、插层、局部拆除与新建等手段进行，建筑形态总体按照原有区域的历史建筑形式予以恢复与协调性改造。

剖立面图

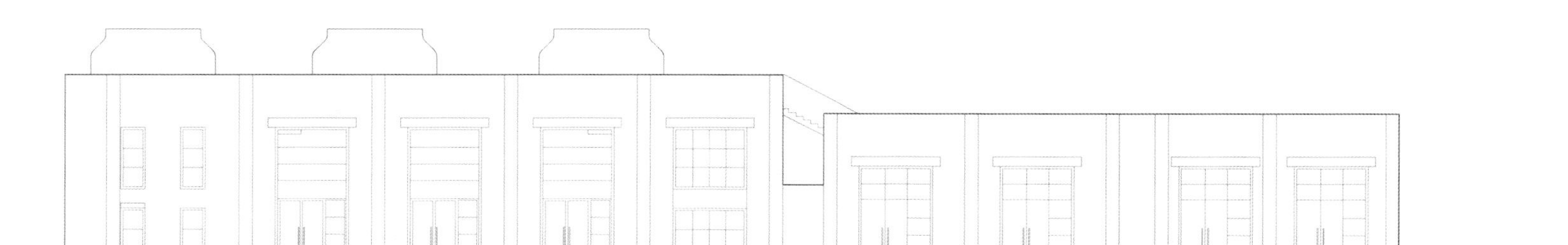

轴立面图

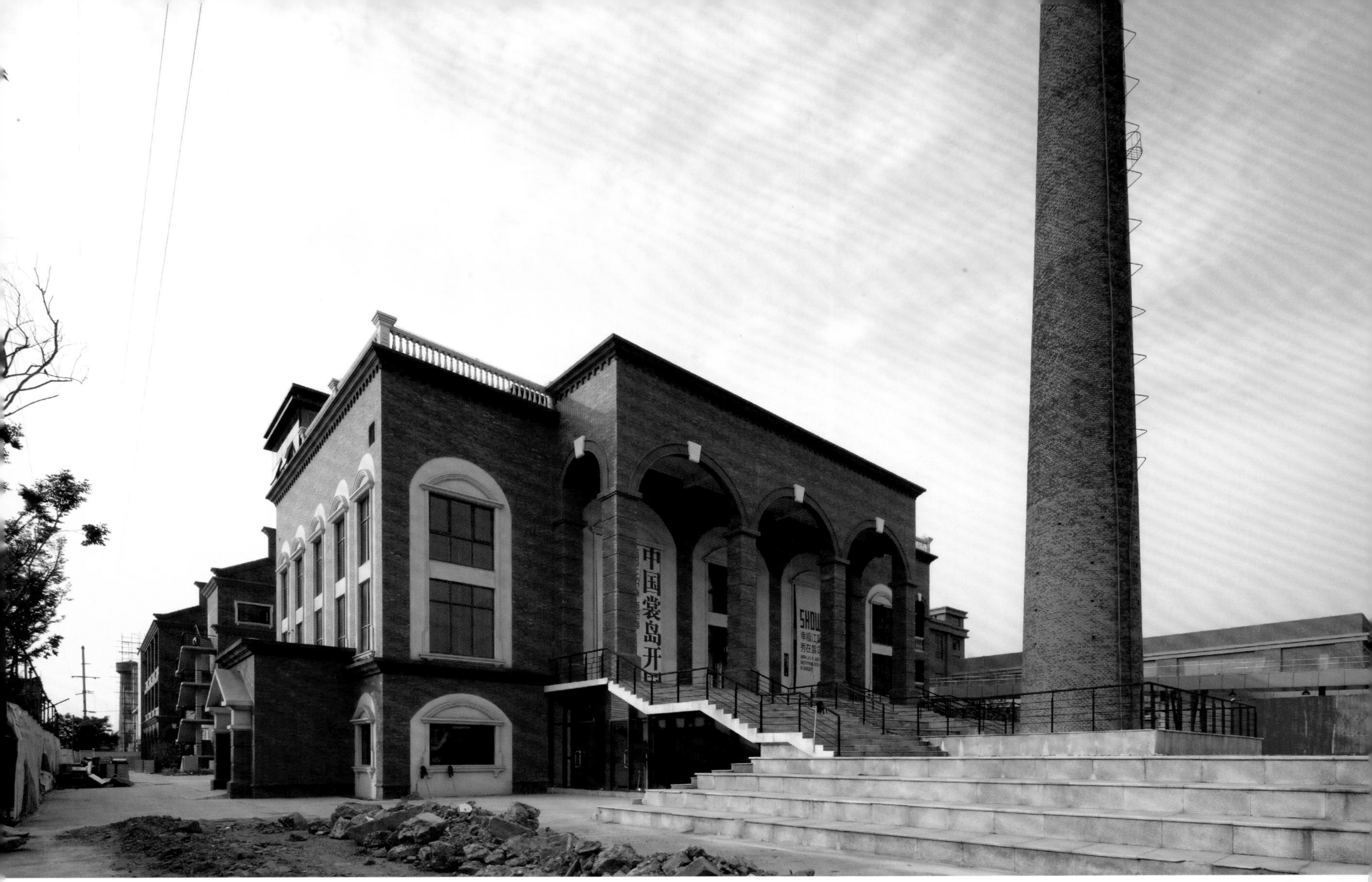
中国裳岛
SHOW

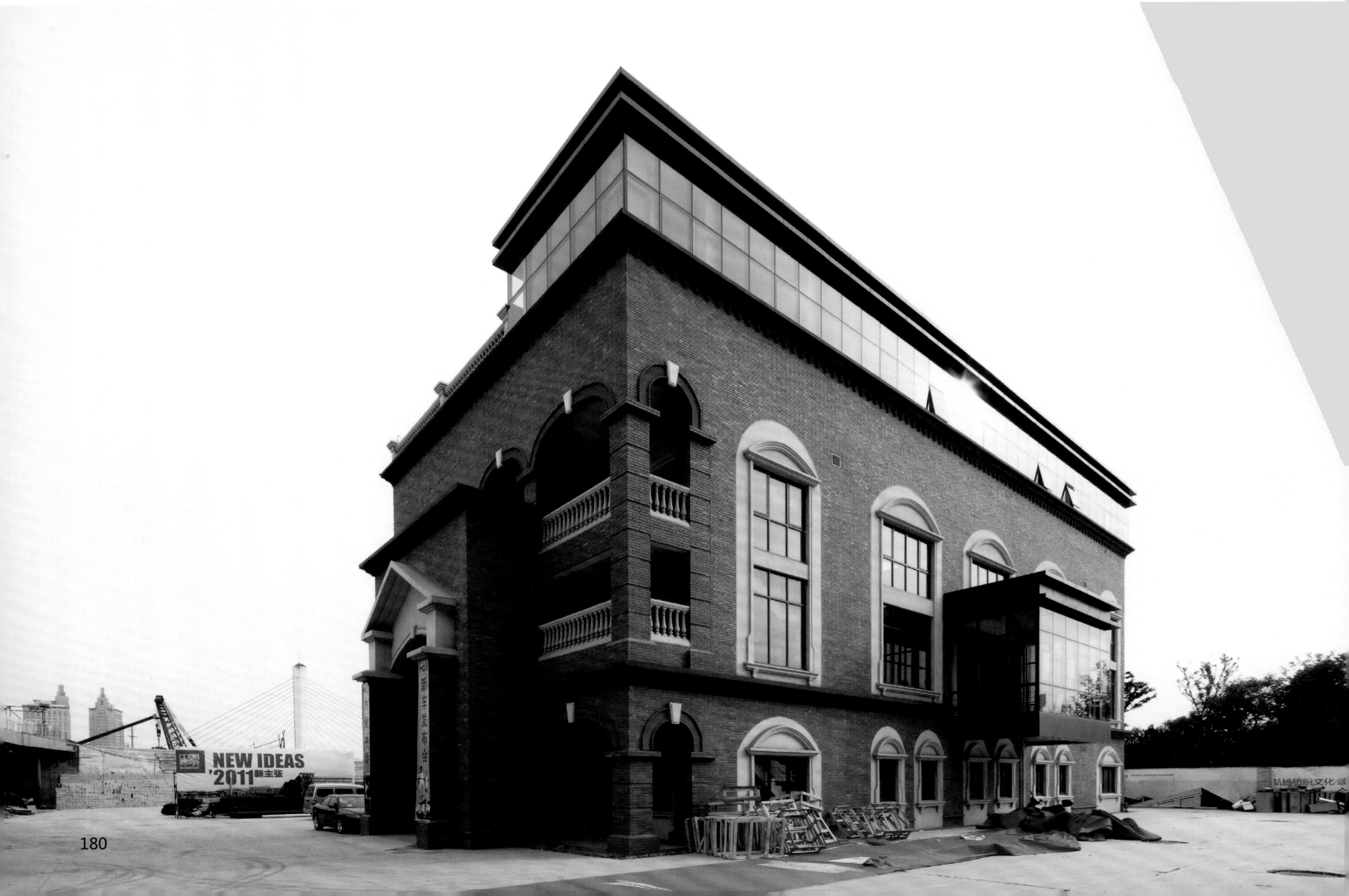
NEW IDEAS
'2011新主张

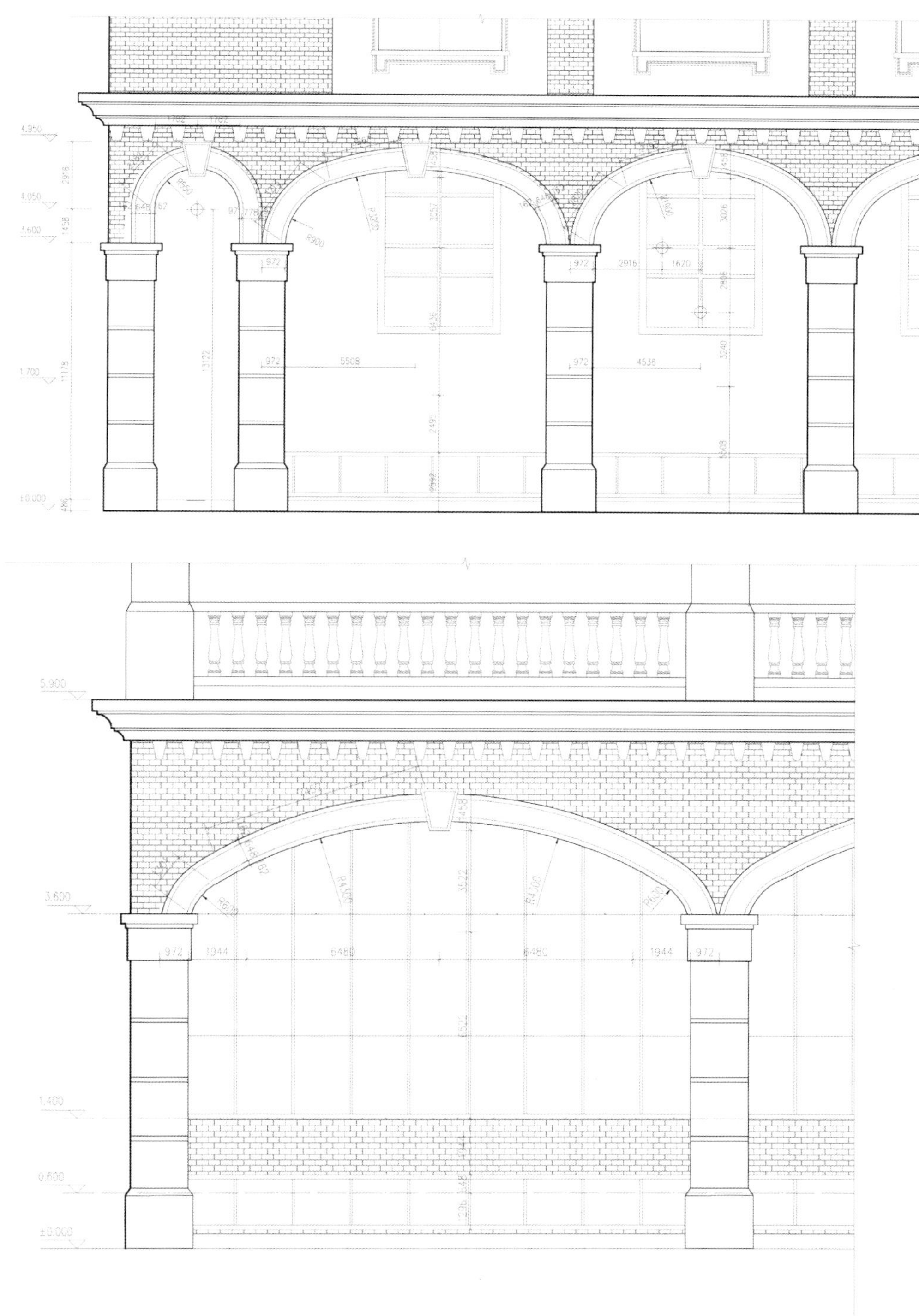

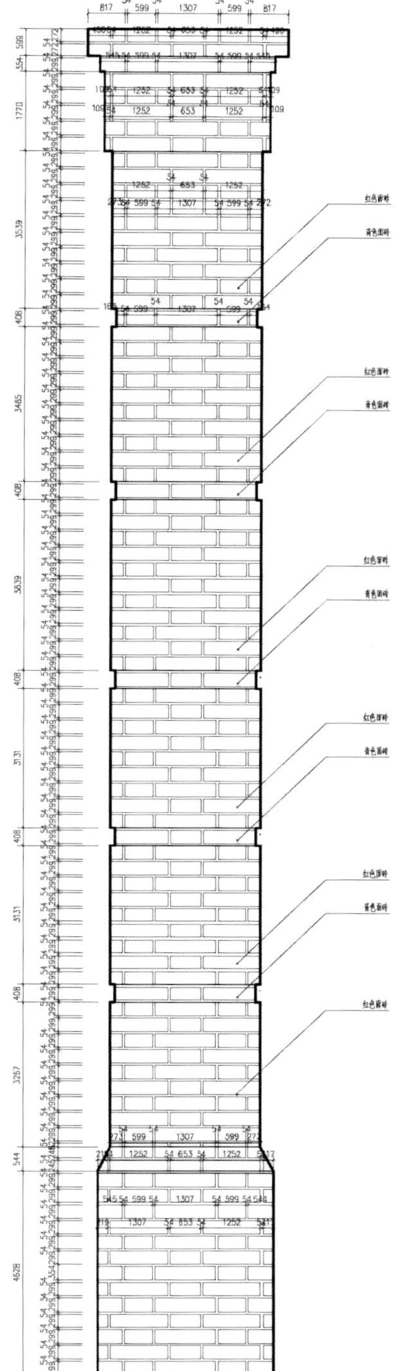

墙身大样

轴南立面图

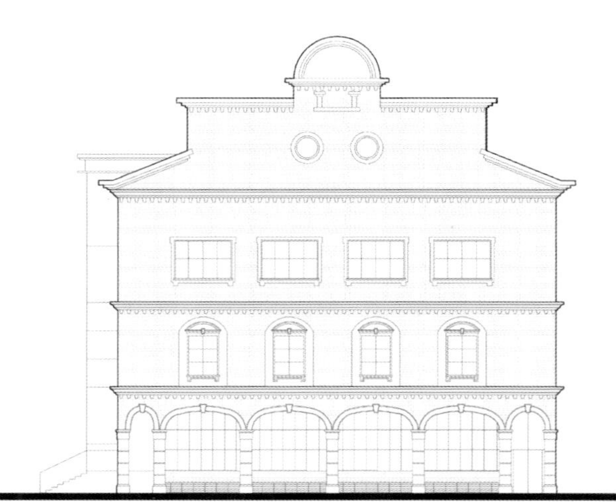

北立面图

NISSAN
东风日

广州巨大创意设计产业基地

项目地点：中国广东省广州市
建筑设计：华森建筑与工程设计顾问有限公司
总用地面积：185 760.5 m^2
总建筑面积：181 823 m^2
容积率：1.45

本项目基地位于广州市番禺区大石街石北工业聚集区内，南临石北大道，其他周边为规划道路，规划三路从中部南北贯穿园区，将基地分为两个地块，西边为百龙地块，东边为巨大地块。基地紧靠地铁三号线延长段会江站出口，距广州南站不足 2km，未来交通便利，地理位置优越。基地东北面为大石水道及南浦岛，具有良好的景观资源；基地西南部有一条 220kV 高压线穿过。

基地总用地面积 185 760.5m^2，其中可建设用地面积 125 395.2m^2，代征城市公共用地面积 26 462m^2，代征道路用地面积 49 783m^2，代征城市绿地面积 1 785m^2，代征城市河、涌及防护用地面积 1 262m^2。规划内容为工业园区及部分生产生活配套区，如少量行政办公楼、食堂、员工宿舍等，园区定位于较高端的工业生产、科研基地。

本项目力图打造简约、富有科技感、彰显现代化的现代工业园形象。简洁的造型，体现现代企业高效利落的气质；典雅的色彩，给用户舒适的视觉感受，并易于与周边景观融合。每栋建筑具有良好的可识别性，并融合生态环保理念。设计在满足功能需要的基础上，创造出丰富亲切的空间环境。

巨大
Innovation Industry Park
创意产业园

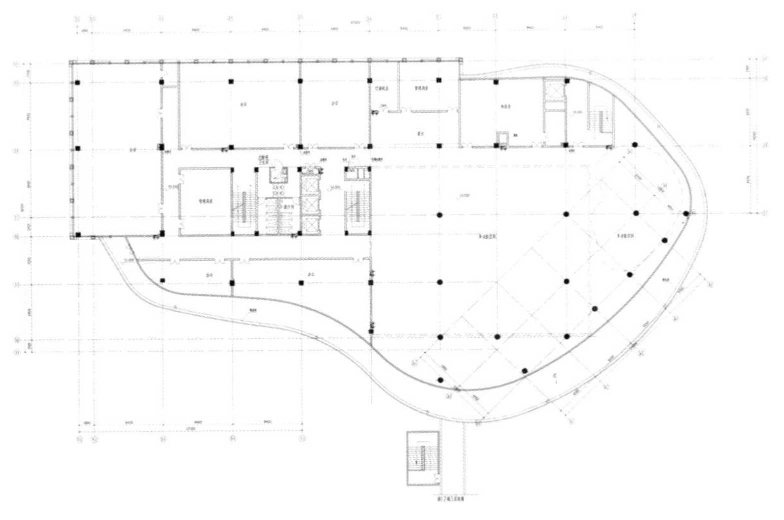

11 栋三层平面图

12 栋三层平面图

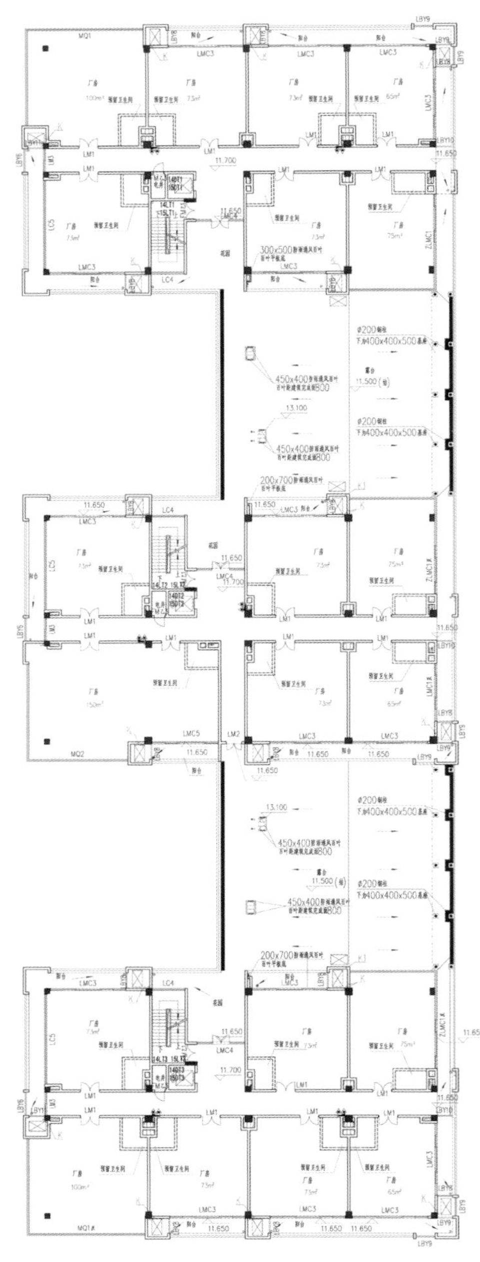

14，15 栋三层平面图

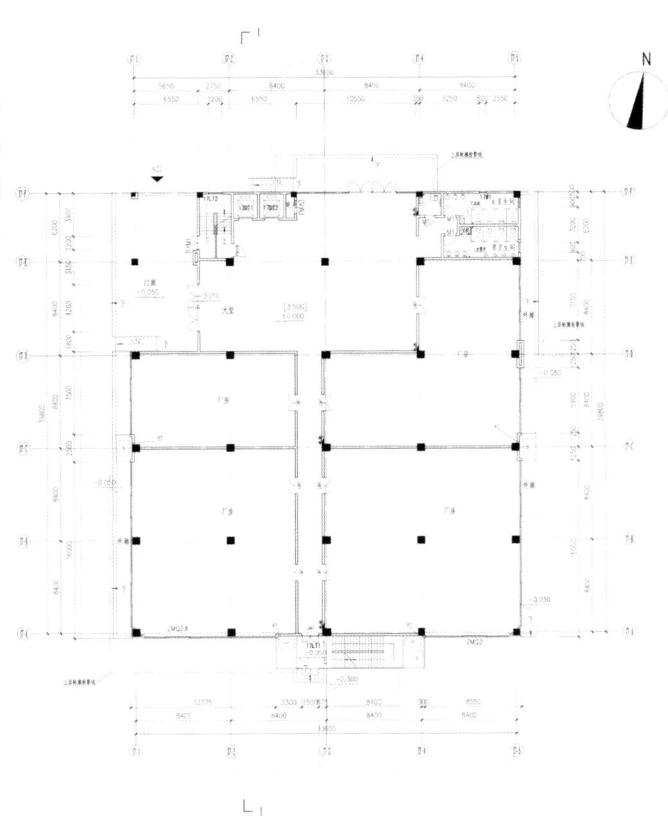

17 栋首层平面图

18 栋首层平面图

杭州湾科技创业中心

项目地点：中国浙江省慈溪市
建筑设计：DC 国际
总用地面积：28 950 m²
总建筑面积：39 942 m²
容 积 率：1.23

同如今的大多数公建项目一样，业主对建筑的标志性做出了要求，希望其成为地区的中心，代表这一区域的城市形象。而且，它达到 64m 的高度使它有可能对周边地区起到强有力的控制作用。这种标志性其关键的物质特征是具有单一性，或在某些方面具有唯一性，有清晰肯定的形式，与背景形成强烈的对比。在本项目中，这种单一性与唯一性是由大量的单元在自由聚集的过程中形成的，单元的叠加带有某种自发的形式趣味，最终将生活的秩序反映到建筑的城市形象中，通过大尺度的表达使其成为特别的城市标志。

在造型设计中，科技创业中心集中体现了现代建筑的美，以现代、简约、充满动感的风格形成了清新而鲜明的个性，给人以强烈的感染。在形体处理上注重高低错落与体形的变化，办公楼突出体现建筑的体量感及办公建筑的特性，材料以玻璃、面砖、质感涂料、压型钢板为主。它利用有限的造型元素进行变化，使建筑立面形成流淌的音乐般的韵律美。

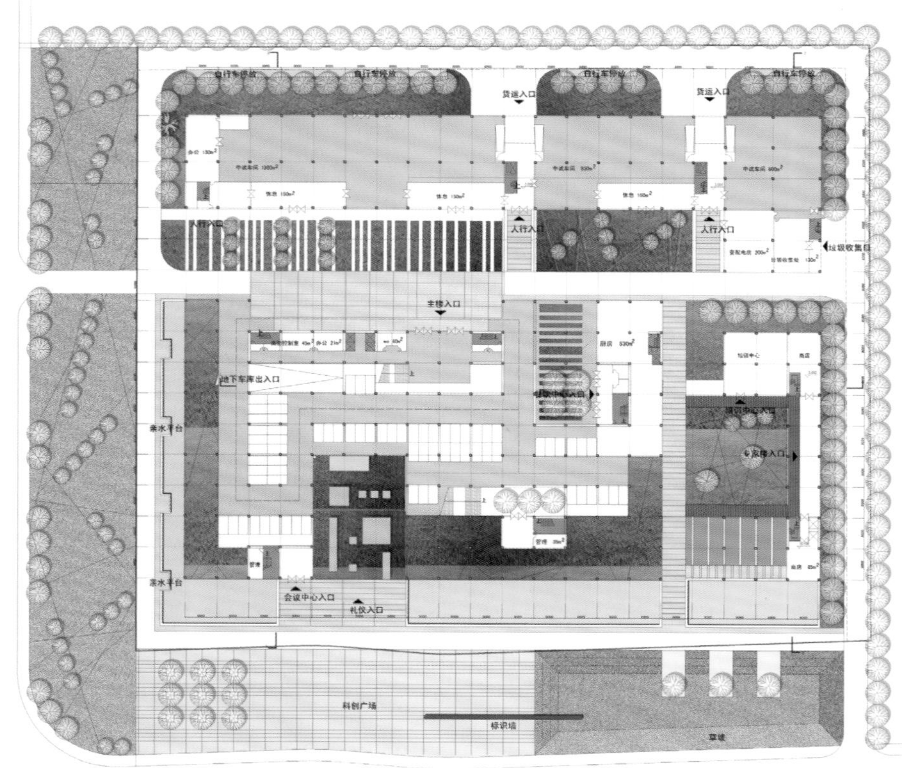
货运入口
货运入口
人行入口
人行入口
人行入口
垃圾收集口
主楼入口
厨房 530m²
地下车库出入口
亲水平台
亲水平台
会议中心入口
礼仪入口
科创广场
标识墙
草坡
0 5 10 25M
N

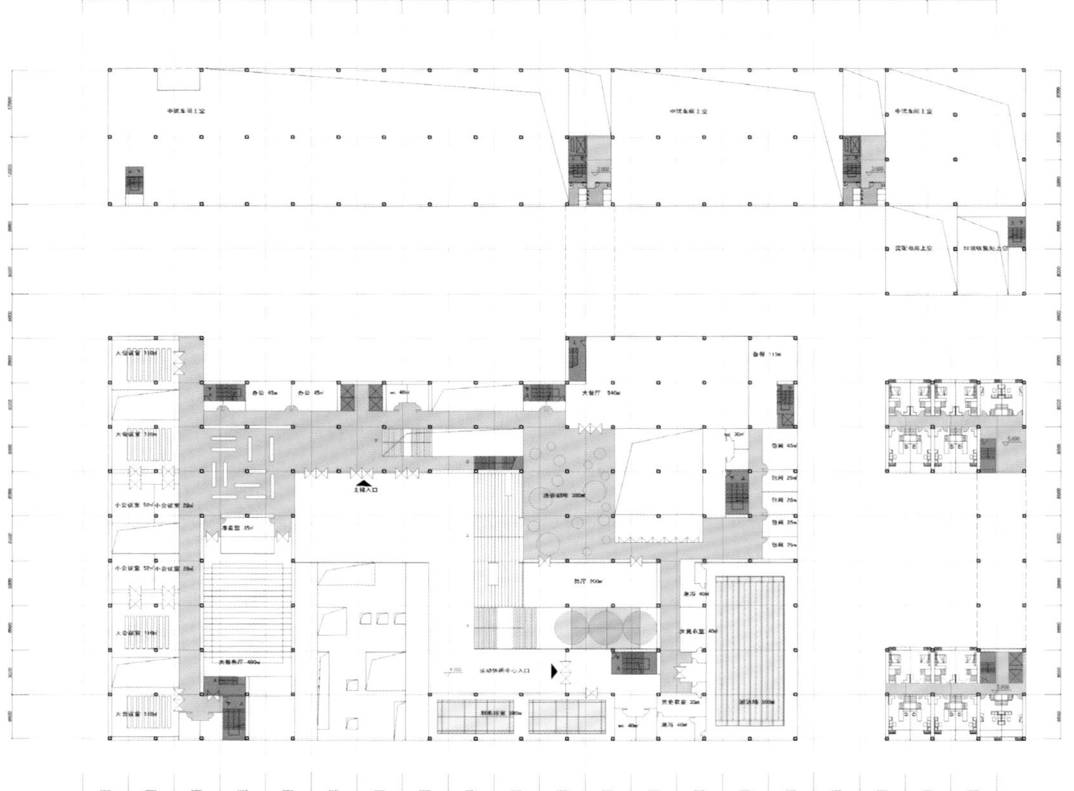

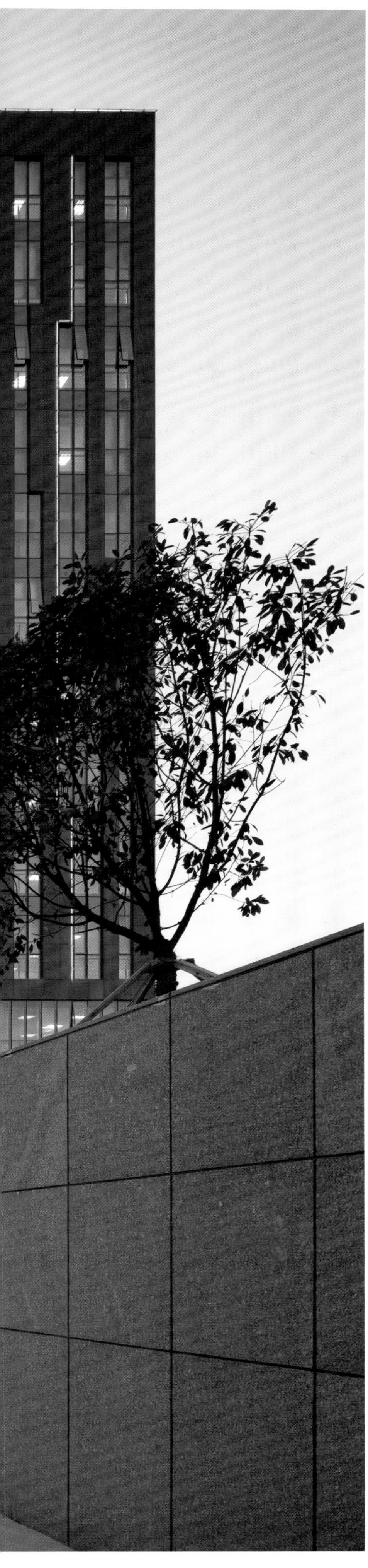

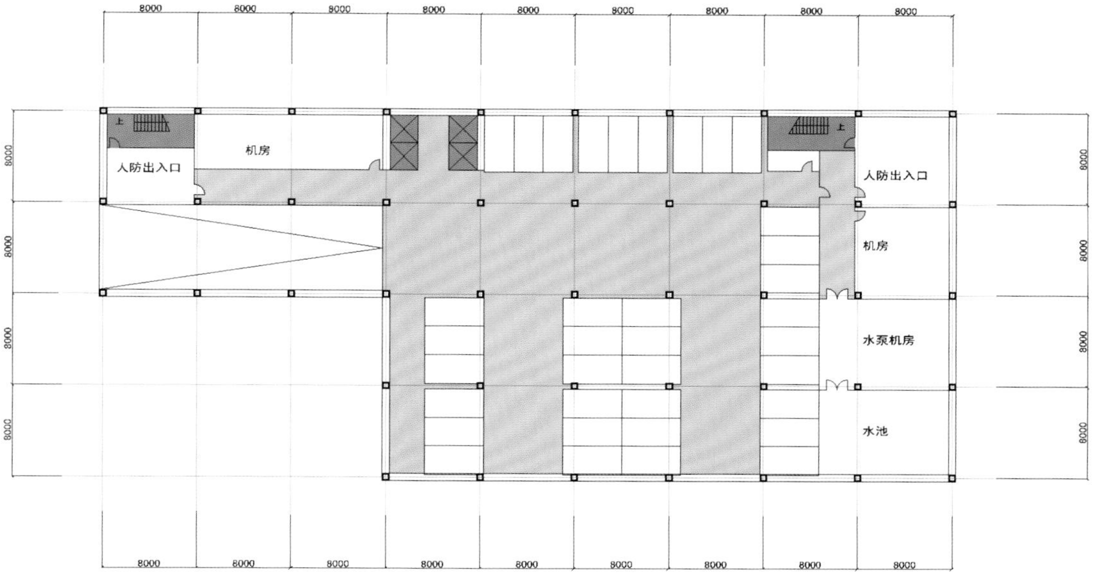

8000
上
机房
人防出入口
人防出入口
机房
水泵机房
水池

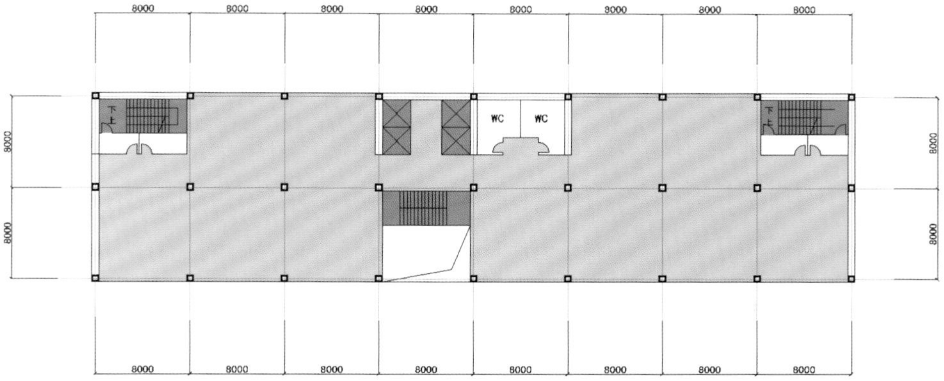

8000
下
上
WC
WC

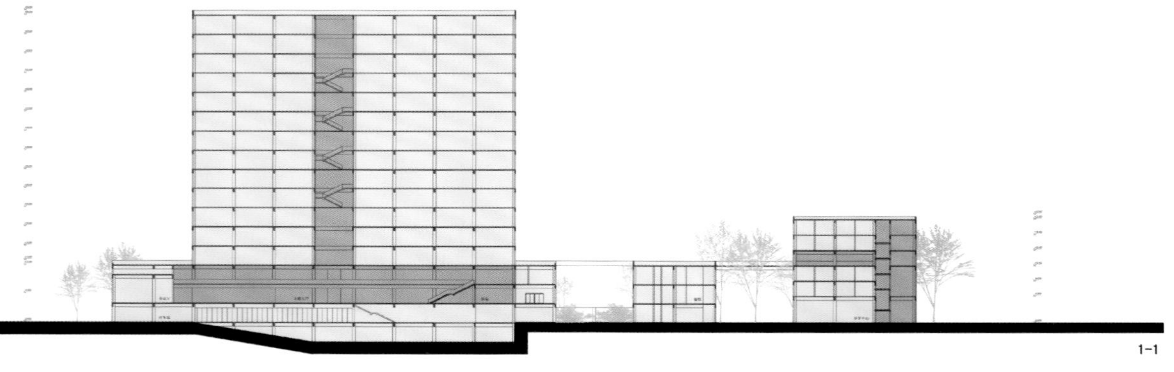
1-1

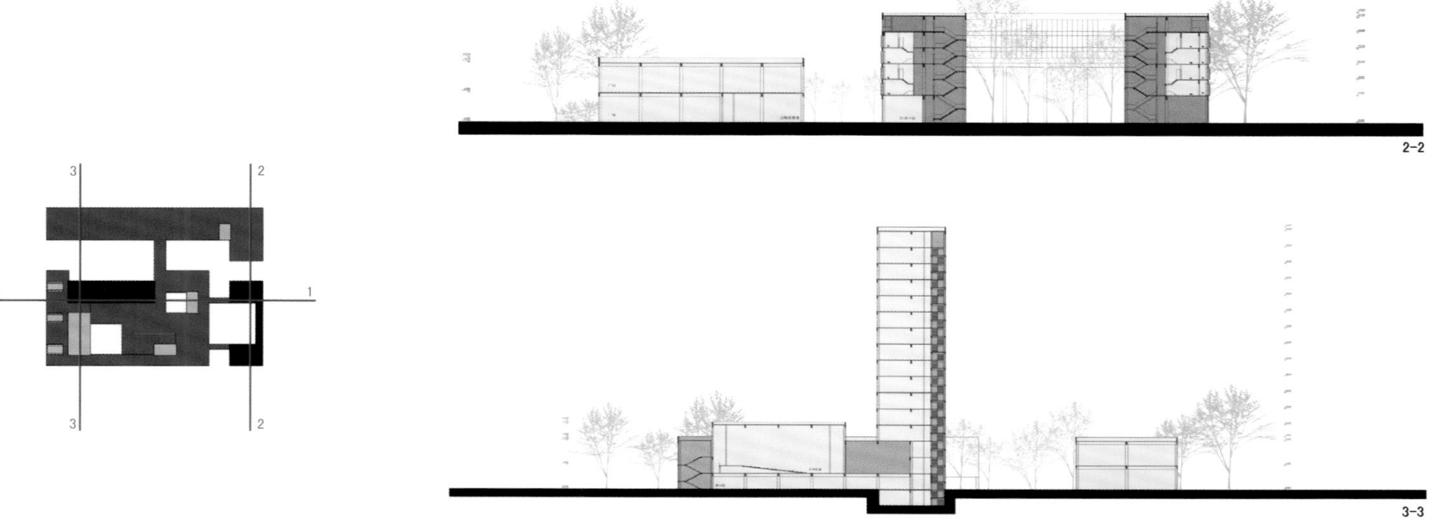
2-2
3-3
1
1
2
2
3
3

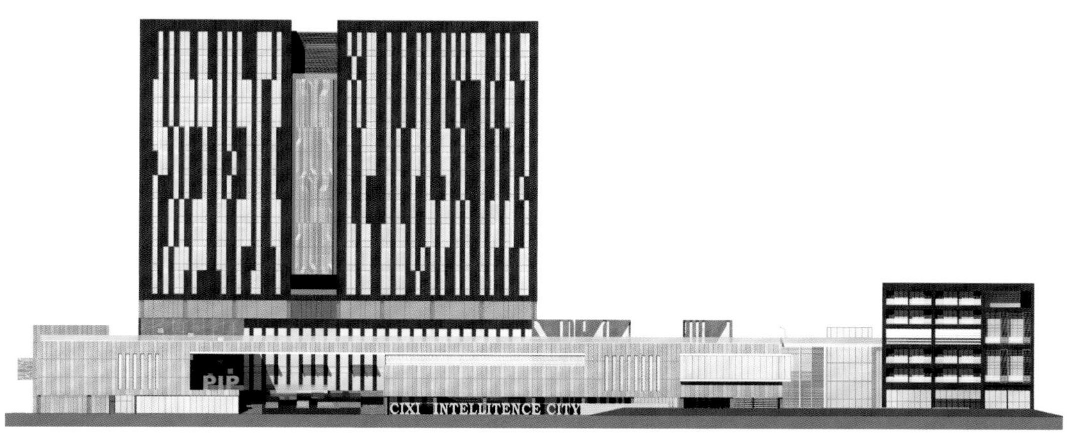

南立面图

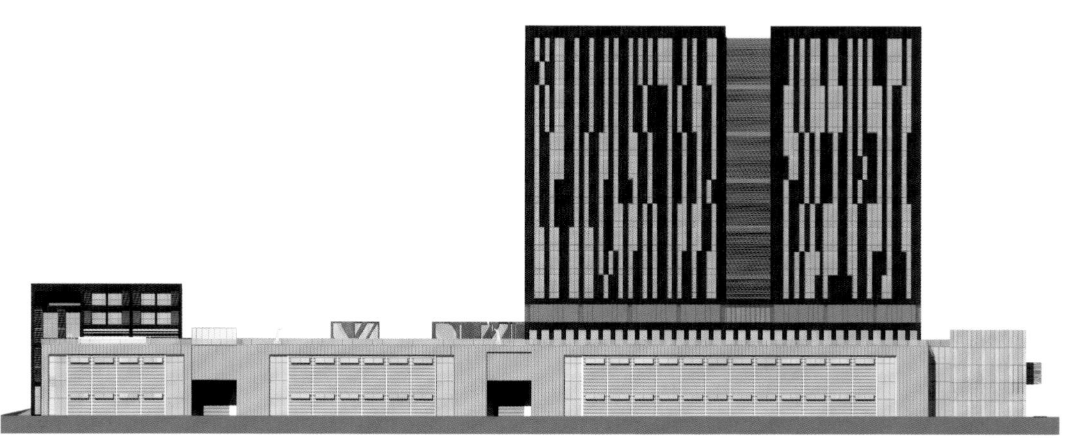
北立面图

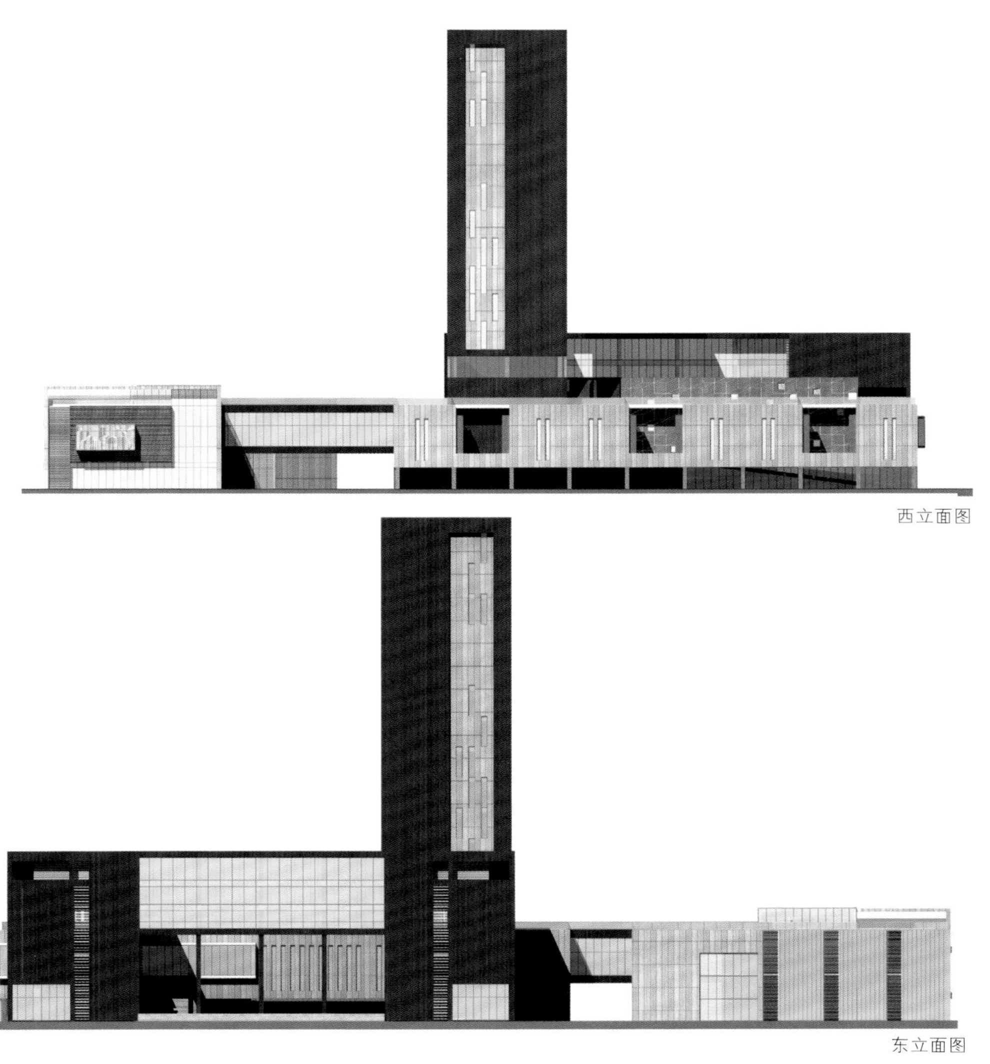
西立面图

东立面图

Bèta 科技和企业加速器

项 目 地 点： 荷兰埃因霍温高科技园区

建 筑 设 计： INBO

设 计 团 队： Aron Bogers，Bert van Breugel，Emiel Hengst，Pieter Thieme，Mark vd Poll，Frank Zewald，Niels Kranenburg，Judith Muijtjens，Danny Klaassen

总建筑面积： 6 000 m^2

Bèta 大楼是由 NV Rede 运作的第六座企业大楼。这是埃因霍温高科技园中由多家企业承租的办公中心，它主要针对 5 ~ 25 人的小型年轻科研公司，为其研发新产品和新服务提供优良的工作环境。

这座大楼总建筑面积约 6 000m²，包括办公室、工作室及实验室。办公室的面积都在 25m² 以上，而实验室面积则在 50m² 以上。这里有全套标准的办公设备供使用，包括基础的办公设施如网络、电话、数据资源、会议室，甚至还包括配备有蒸馏水、真空、压缩空气及 ICT 设备压缩包的电子物理实验室。

U 形建筑高大的入口朝向园区的接驳道路，中间设有一座半开放式的中庭。最显赫的办公空间和实验室位于建筑内部区域。办公区设在建筑外侧，而室内公共区域的设计则十分注重细节。该建筑清晰地表达了 NV Rede 的雄心：建立一座现代化的高端企业中心供多家企业使用。

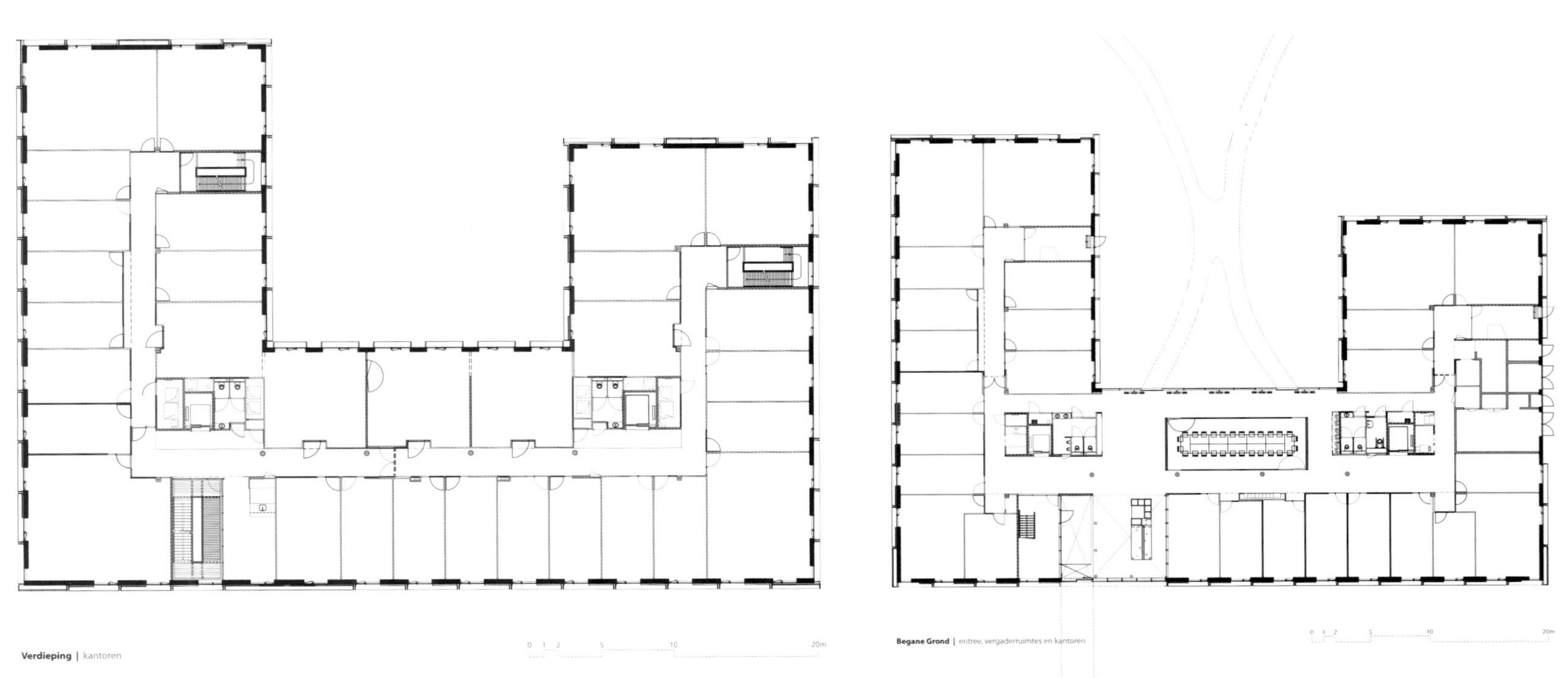

Verdieping | kantoren

Begane Grond | entree, vergaderruimtes en kantoren

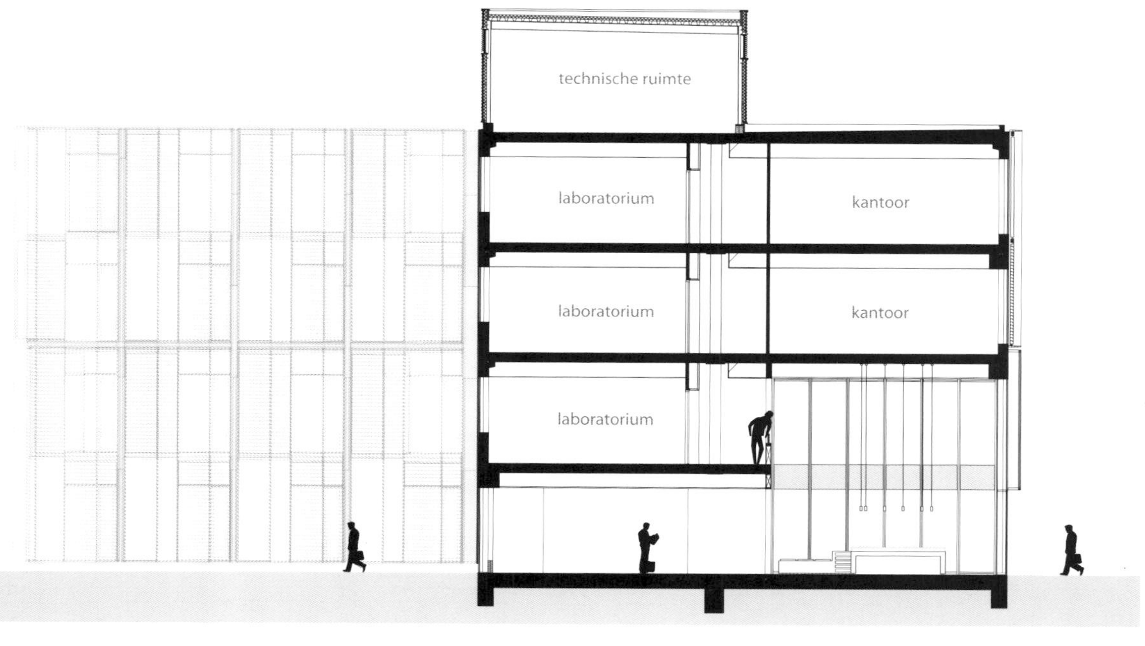

Doorsnede | centrale hal

深圳宏发工业园

项 目 地 点：中国广东省深圳市
建 筑 设 计：东南大学建筑设计研究院深圳分院
总建筑面积：110 463 m²
建 筑 密 度：39.98%
容　积　率：1.79

项目坐落于环境优美、交通便利的宝安区石岩镇，是石岩镇总体规划确定的城南高新产业组团重要组成部分，该地段亦是深圳高新技术产业带上的一个耀眼明珠。

该项目坚持以人为本的思想，高起点、高标准，致力于创造崭新科技园区理念，塑造环境优美、工作舒适的高效统一的工业园区。

设计从分期建设角度出发，依据现状地形，将科技园分成 A、B、C 三个社区，强调重点空间设计塑造，入口开放性空间、组团休闲空间、沿街带状形象空间融于一体。

建筑单体坚持朴素、大方为主，追求典雅比例、精巧细部、创新的大面积带形窗处理和中性色彩，使整个科技园建筑群清新脱俗，富有现代气息，并有机融于石岩镇优美的自然、人文环境中。

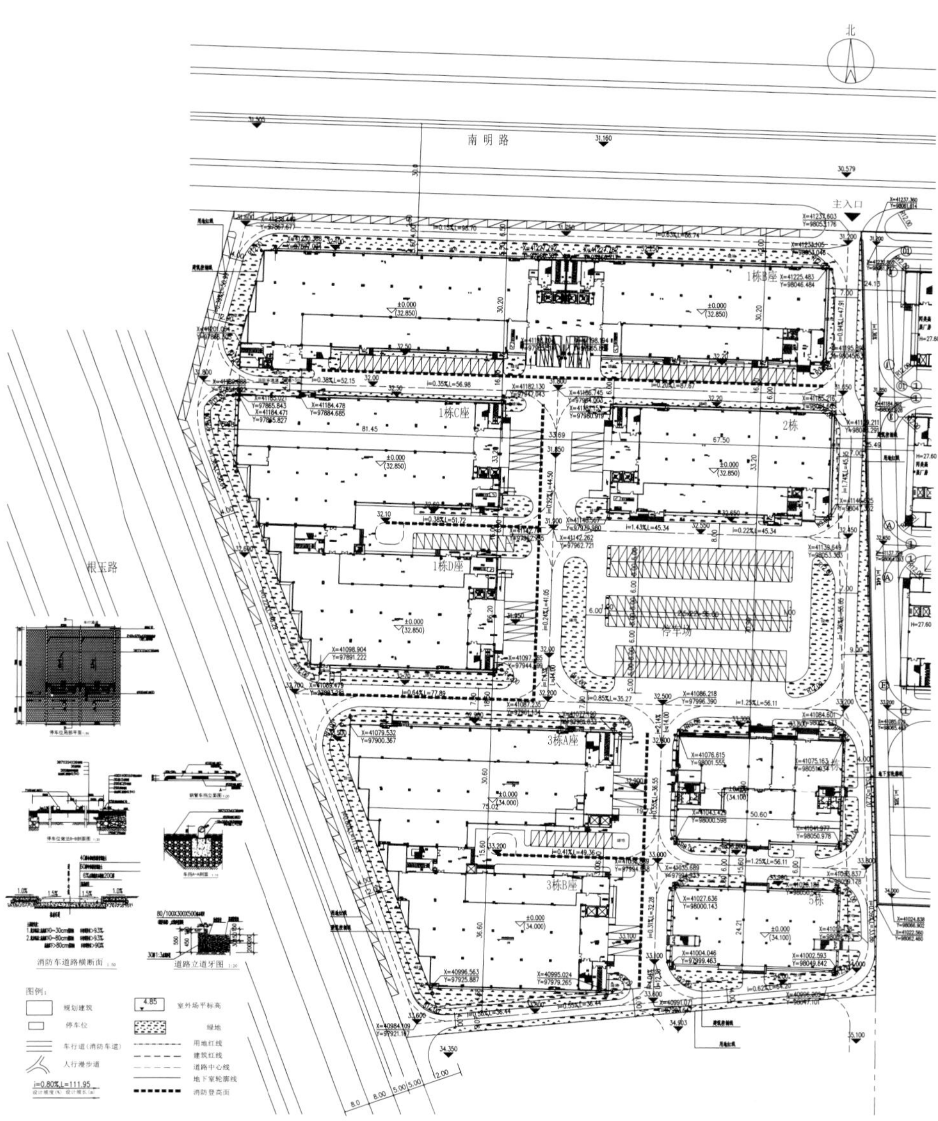
北
南明路
主入口
1栋B座
1栋C座
2栋
1栋D座
停车场
3栋A座
3栋B座
5栋
消防车道路横断面 1:50
道路立道牙图 1:20
图例：
规划建筑
停车位
车行道（消防车道）
人行漫步道
i=0.80%,L=111.95
设计坡度(%) 设计坡长(m)
4.85
室外场平标高
绿地
用地红线
建筑红线
道路中心线
地下室轮廓线
消防登高面

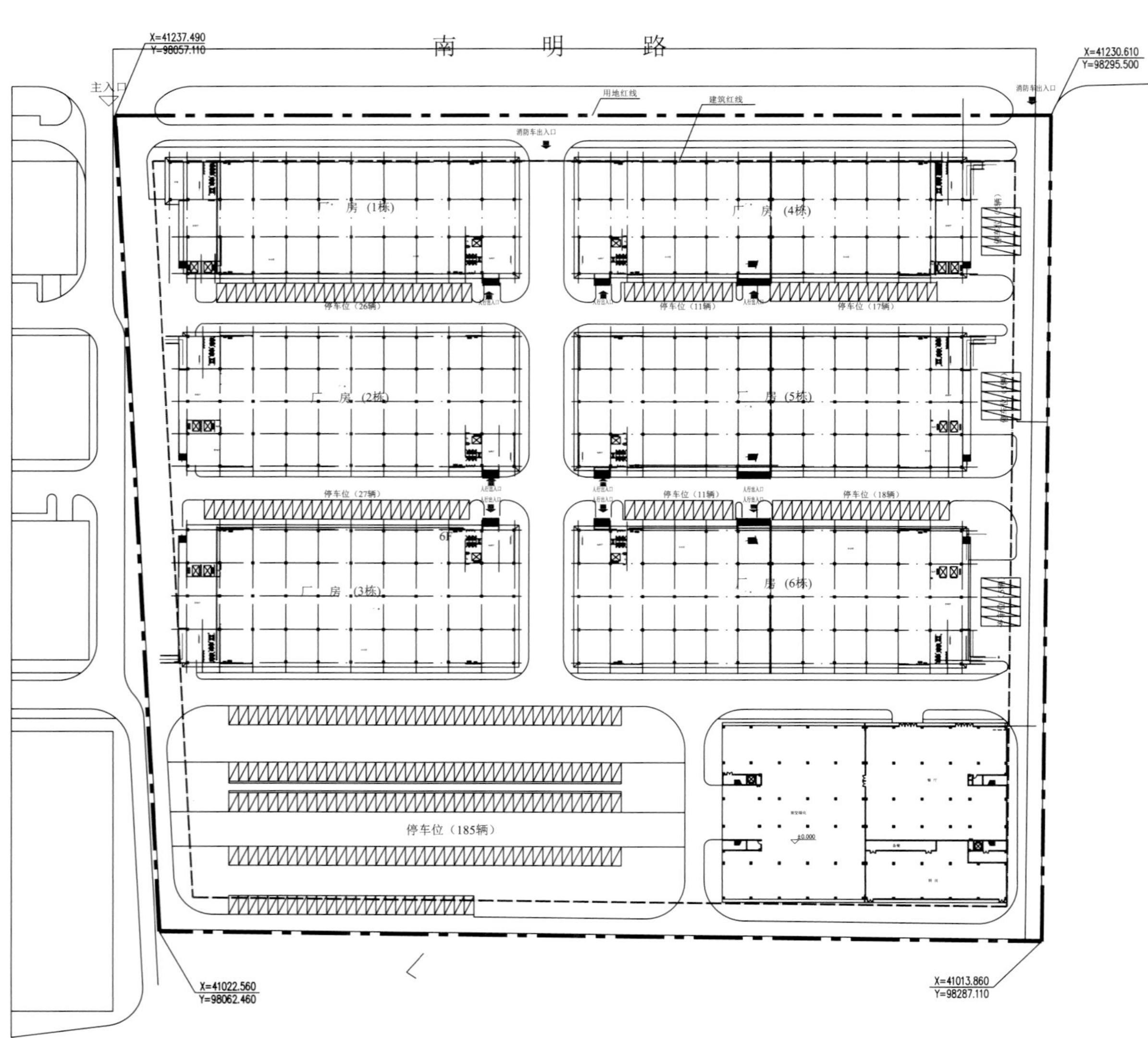
南 明 路
X=41237.490
Y=98057.110
X=41230.610
Y=98295.500
主入口
用地红线
建筑红线
消防车出入口
消防车出入口
厂房（1栋）
厂房（4栋）
停车位（26辆）
停车位（11辆）
停车位（17辆）
厂房（2栋）
厂房（5栋）
停车位（27辆）
停车位（11辆）
停车位（18辆）
厂房（3栋）
厂房（6栋）
停车位（185辆）
X=41022.560
Y=98062.460
X=41013.860
Y=98287.110

招租
少量高级公寓
宿舍等出租
招租电话
13613008118

珠海金山软件园区

项目地点：中国广东省珠海市
建筑设计：加拿大 KFS 国际建筑师事务所
用地面积：97 000 m^2
建筑密度：24%
容 积 率：1.5
绿 化 率：40%

本项目位于珠海高新区总部基地西南侧地块，规划用地南临大海，东北依石坑山，靠山临海，景观环境优越。

建筑外形的灵感来自周围群山、南面的海浪。通过时尚的建筑形式和简洁的结构布局方式营造最有效的功能空间，有利于节约成本、分期建设，缩短建设周期。“山水”元素的引入，构建了时尚的地标性建筑外观。主要建筑物都沿路规划，以保证最大的朝海面。建筑设置似双手环抱着基地，最大限度利用天然的观景面。采用 20m 的进深尺度，不仅保证了办公、会议等主要使用房间均能自然通风，同时避免出现背向海面的用户，基本实现全面观海。

03
17F
14F
22F
23F
11F
3F
4F
17F
15F
4F
12F
3F
4F
4F
01

一期剖面

0 10 20 30 40 50m

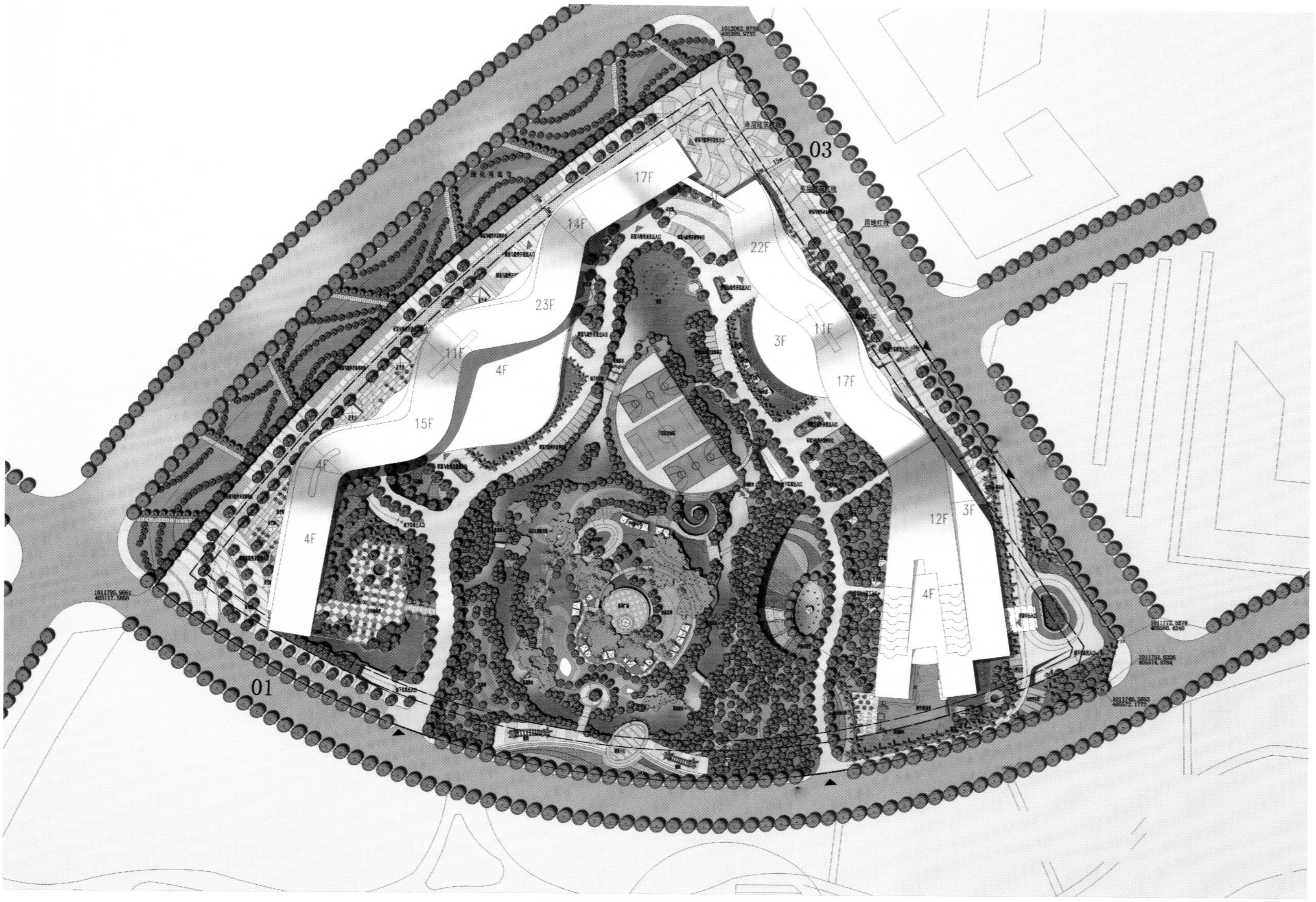

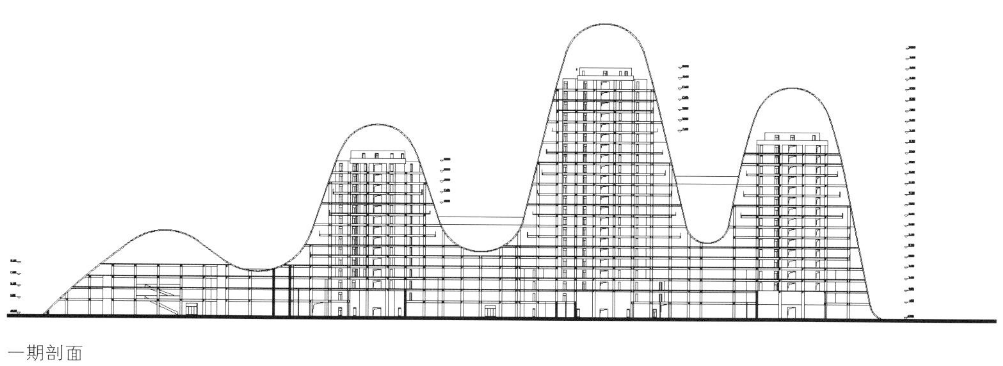

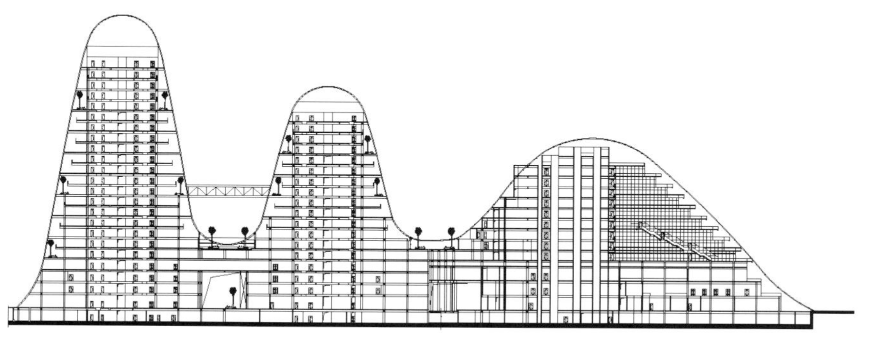

二期剖面

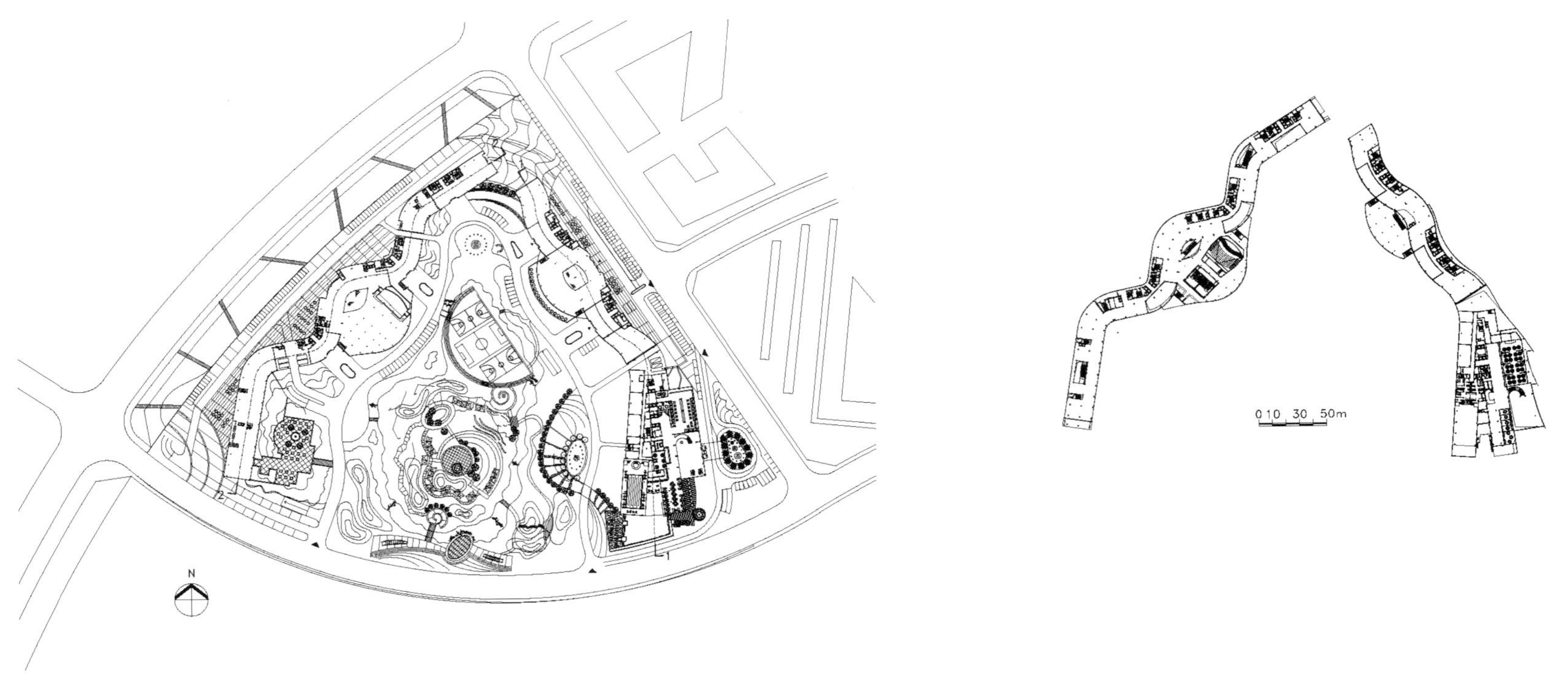
N
0 10 30 50m

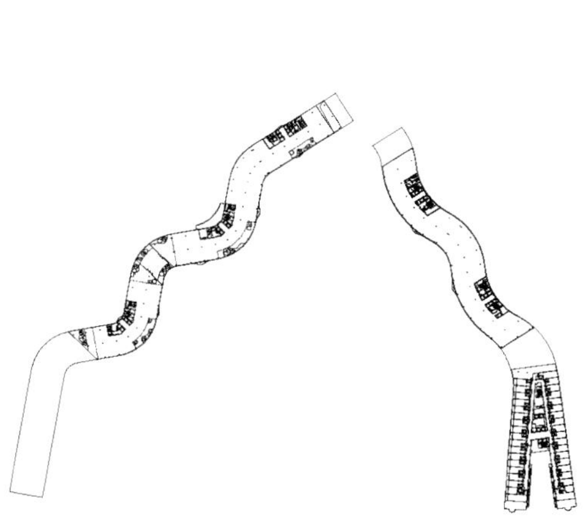

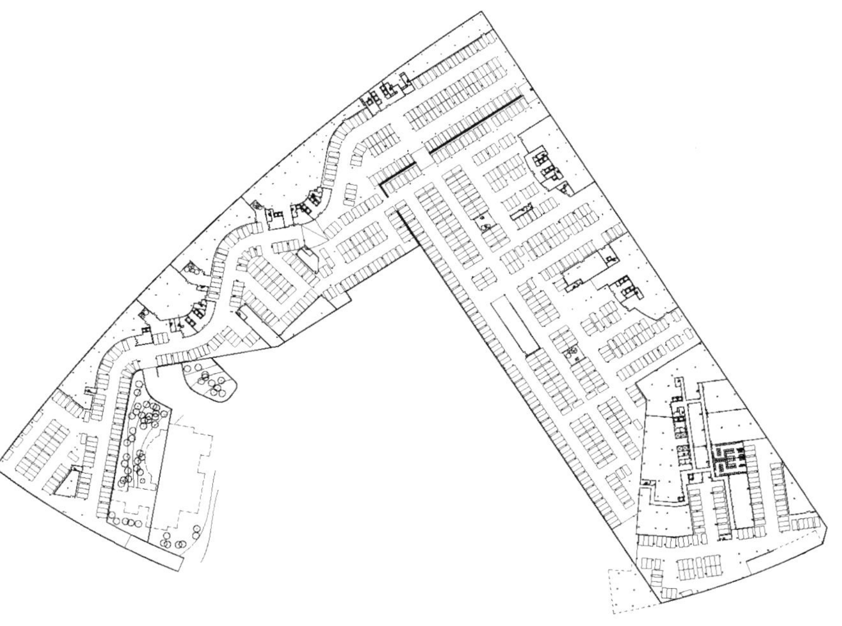

深圳市惠程电气股份有限公司厂区

项目地点：中国广东省深圳市
建筑设计：深圳大学建筑设计研究院
设 计 师：覃力
占地面积：30 100 m^2
总建筑面积：39 600 m^2
容 积 率：1.2

本项目为国内首座大规模清水混凝土工业建筑，也是深圳市第一座大规模清水混凝土建筑，清水混凝土面积达 30 000m^2。同时，它也是深圳市非常有时代感的一座造型突出、简洁明快、与国际接轨的新型现代工业建筑。

项目建筑设计方面强调时代感、现代意识和工业技术特征，建筑造型体量明晰、简洁大方。厂房中穿插设计庭院绿化，营造出轻松活跃的空间氛围。办公楼底层架空，水池绿化伸入建筑内部，使整个厂区的面貌大为改观。建筑物采用混凝土与花岗岩相结合的外观处理方式，立面用玻璃外挂金属百叶遮阳，既减少了日晒和噪声，又极具现代感，再加上绿化景观的辅助，建筑形象个性更显突出。

结合分期建设的要求，将厂前区设置在用地的西北侧，并以此为中心，形成管理办公和休息活动的区域。办公楼布置在用地的西侧，第一期建设的厂房位于用地的中央，东侧为二期开发的用地，厂房与办公楼之间以架空的走廊相连接。机动车交通沿着用地的外围形成环路，便于货物进出。办公楼前的广场禁止车辆进入，形成步行活动的区域。空间组织清晰合理，流线简洁，分区明确。

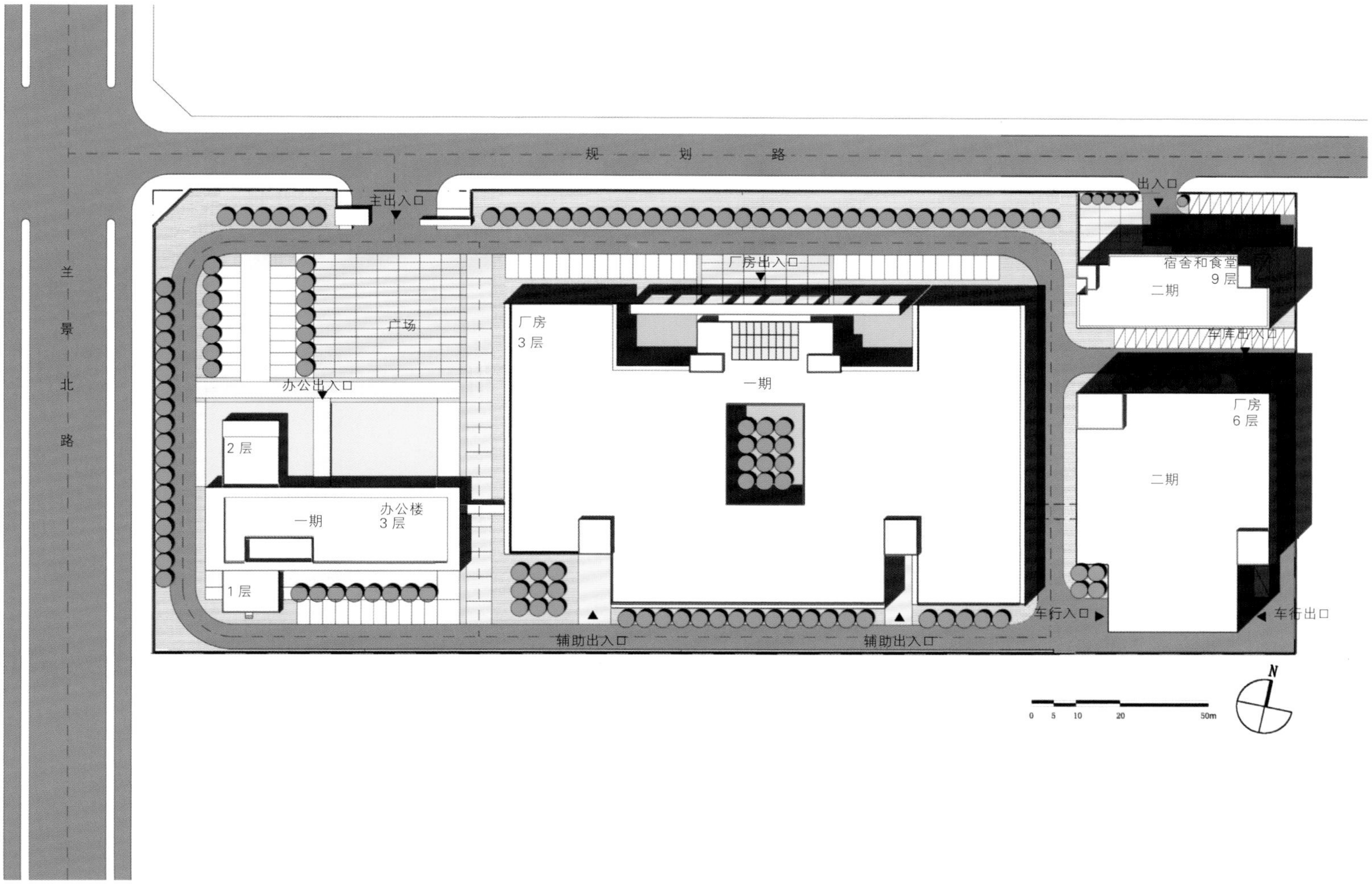

规划路
主出入口
出入口
厂房出入口
宿舍和食堂
9层
二期
兰景北路
广场
厂房
3层
车库出入口
办公出入口
一期
厂房
6层
2层
二期
一期
办公楼
3层
1层
车行入口
车行出口
辅助出入口
辅助出入口
N
0 5 10 20 50m

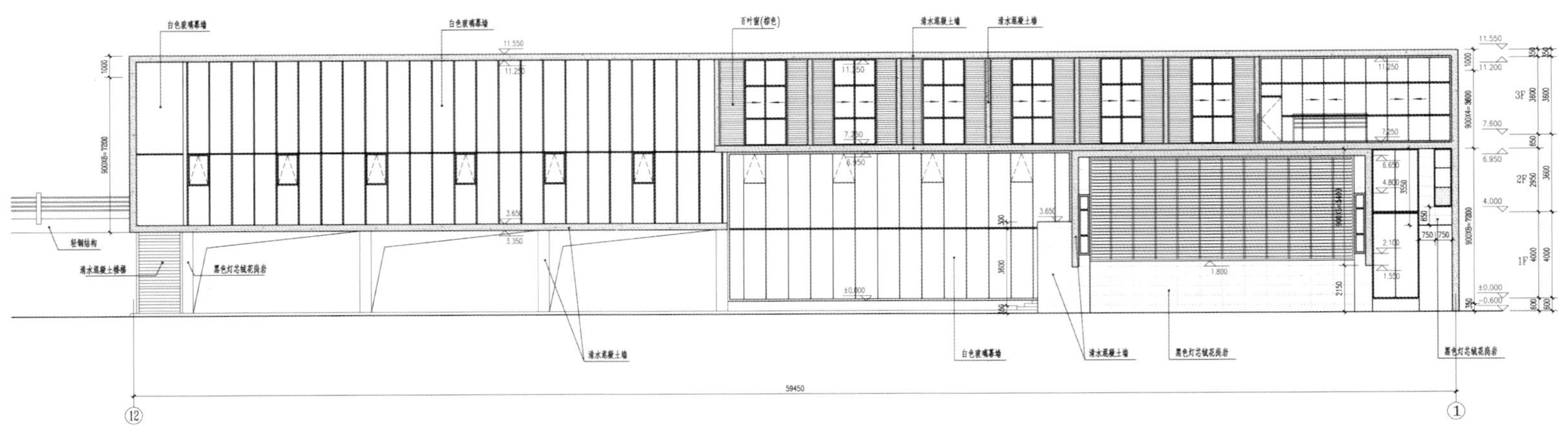

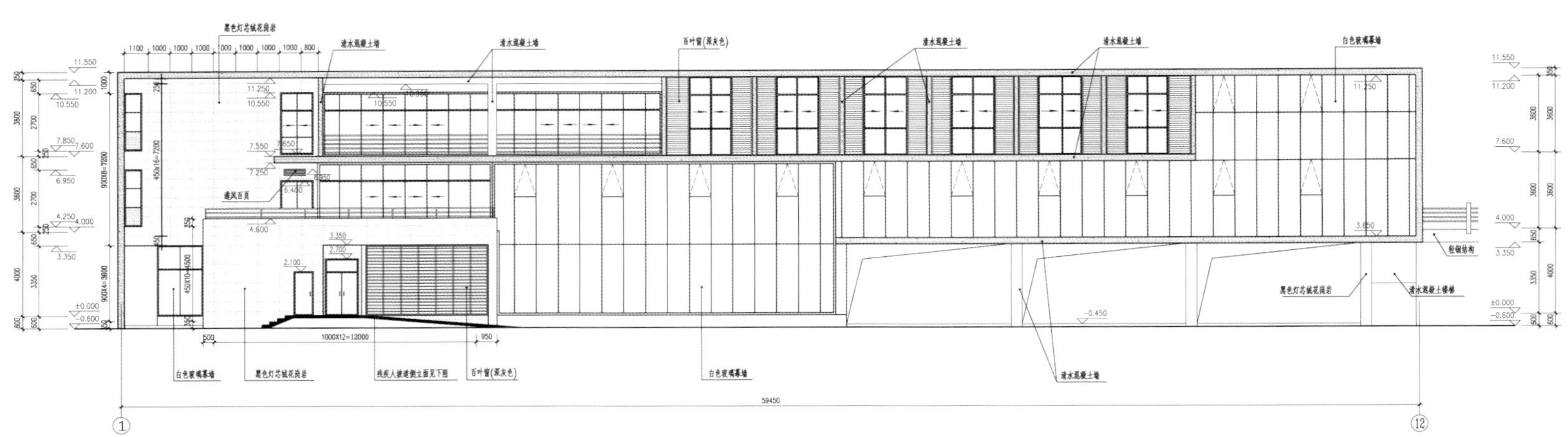

办公室立面图

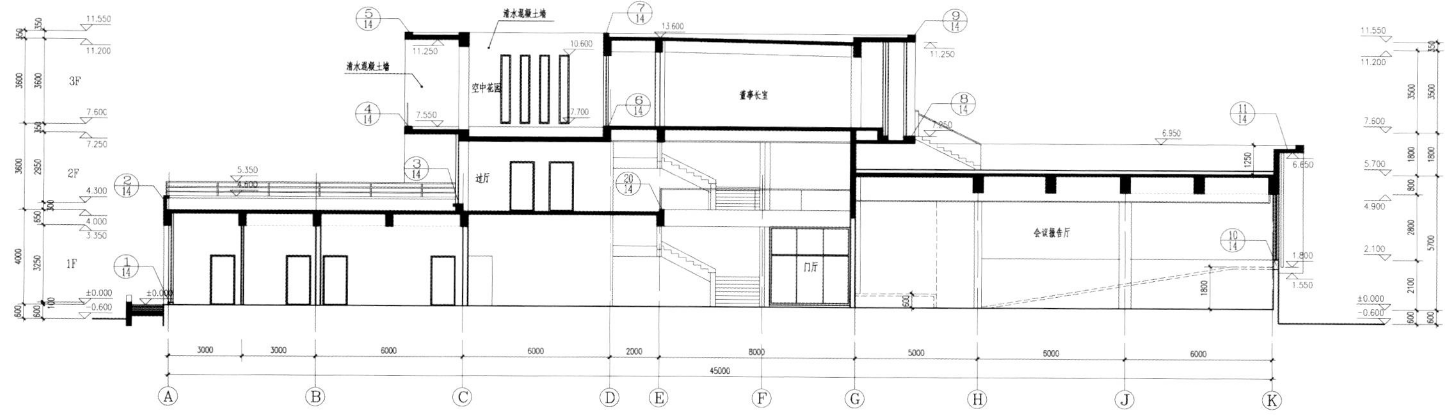

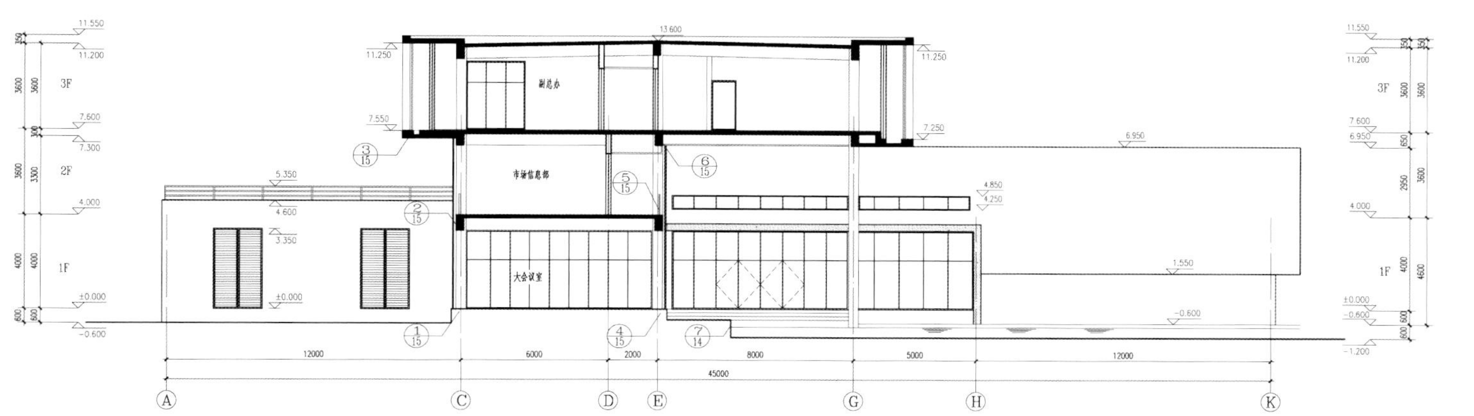

办公楼剖面图

办公楼一层平面图

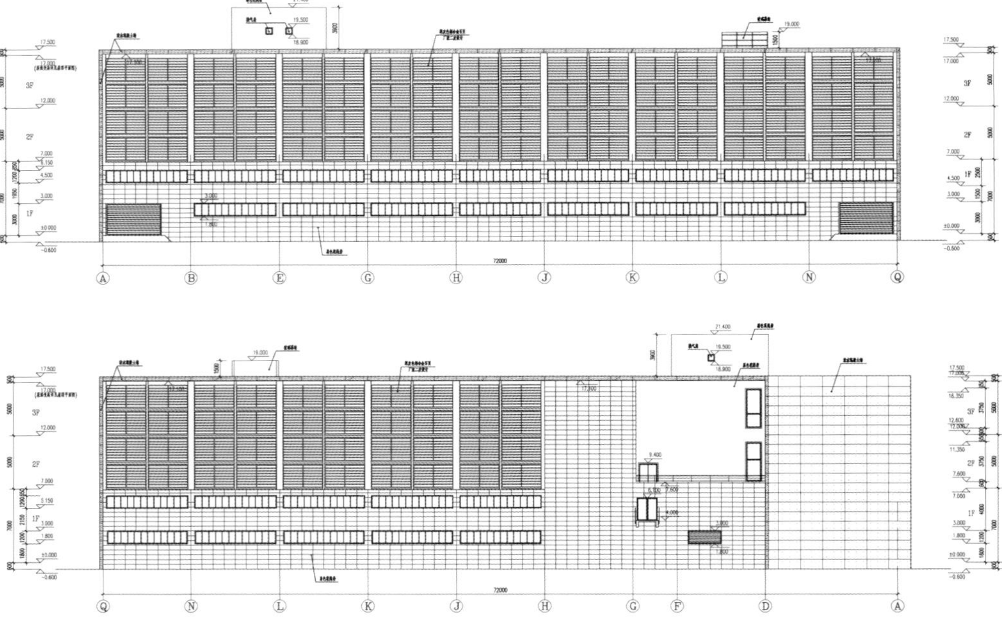

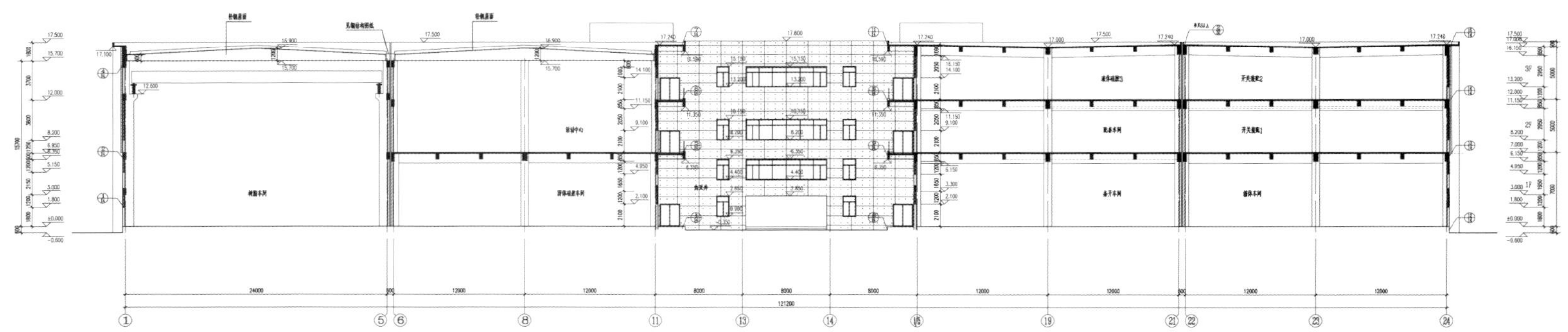

厂房剖面图

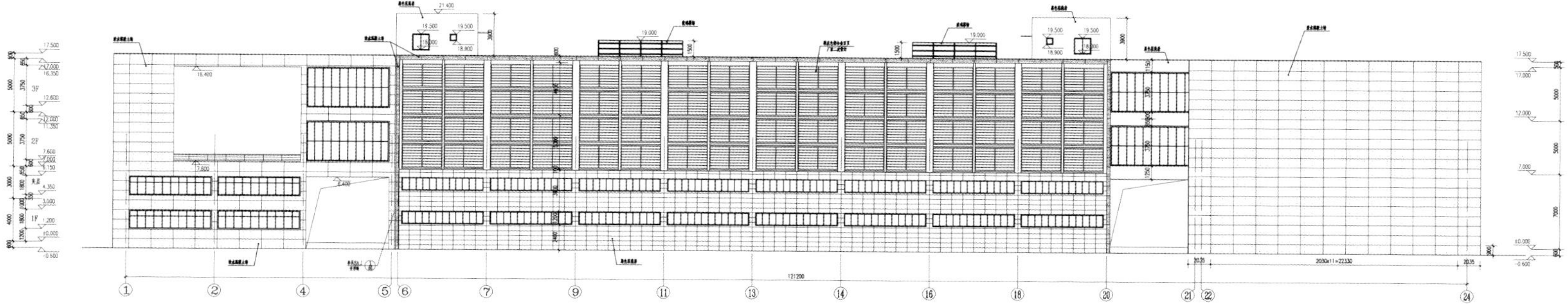

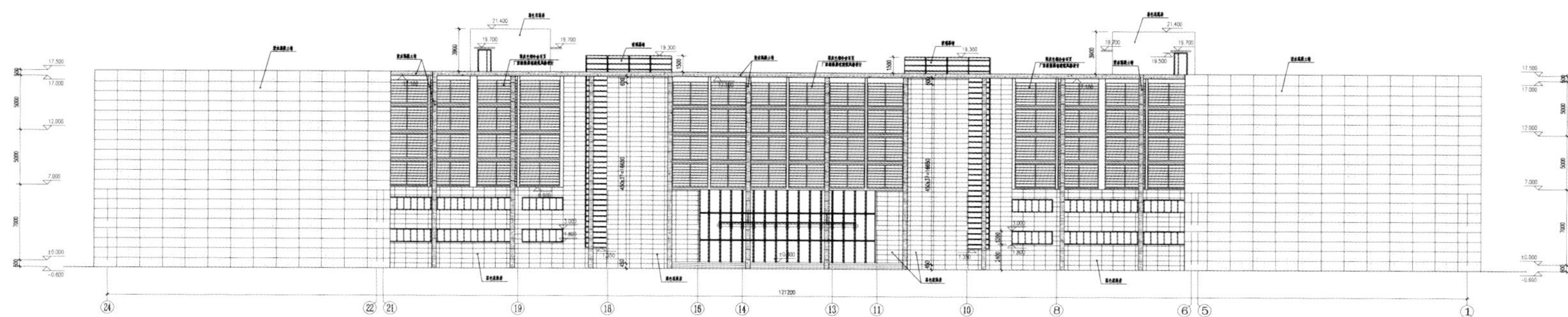

厂房立面图

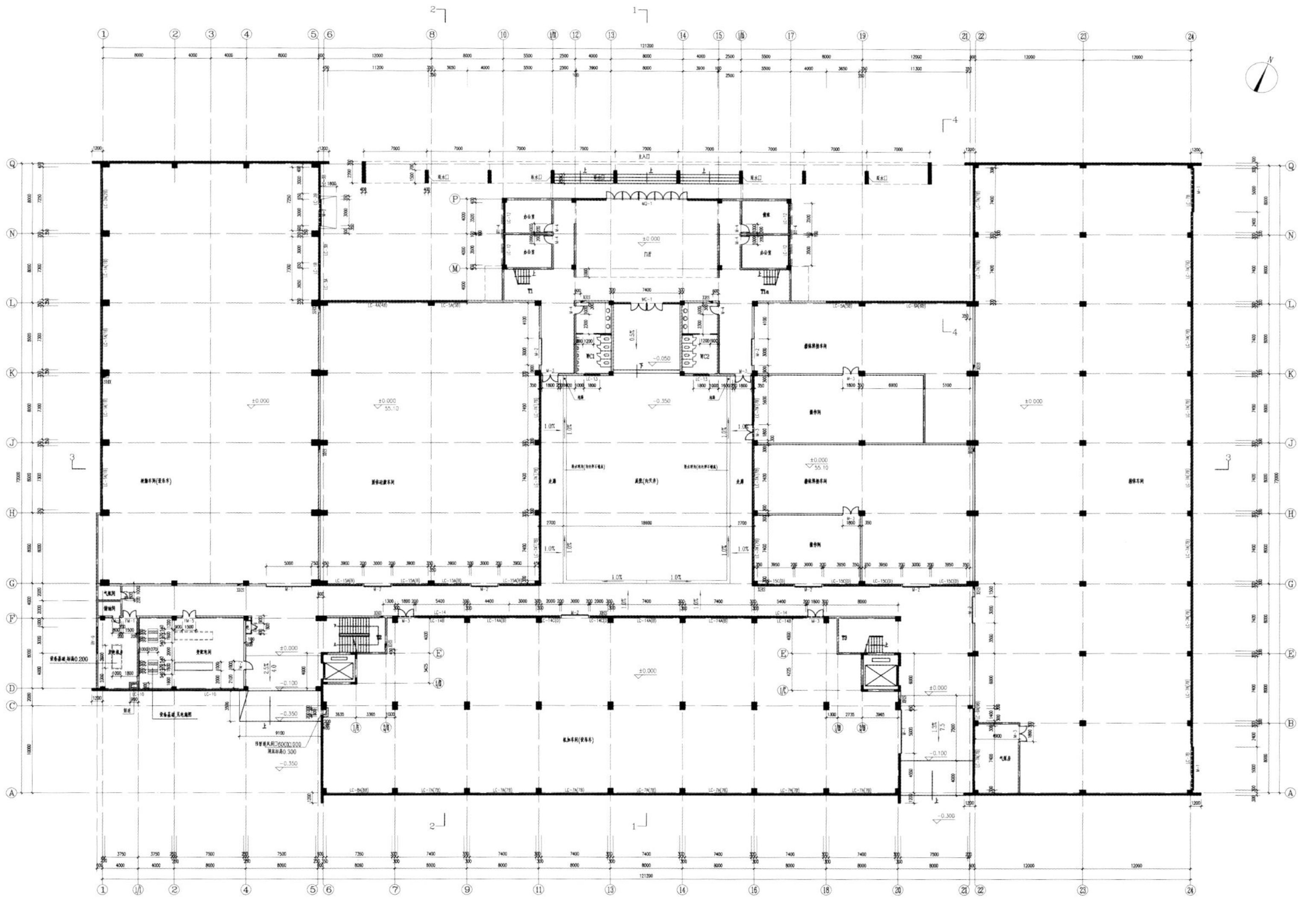

厂房一层平面图

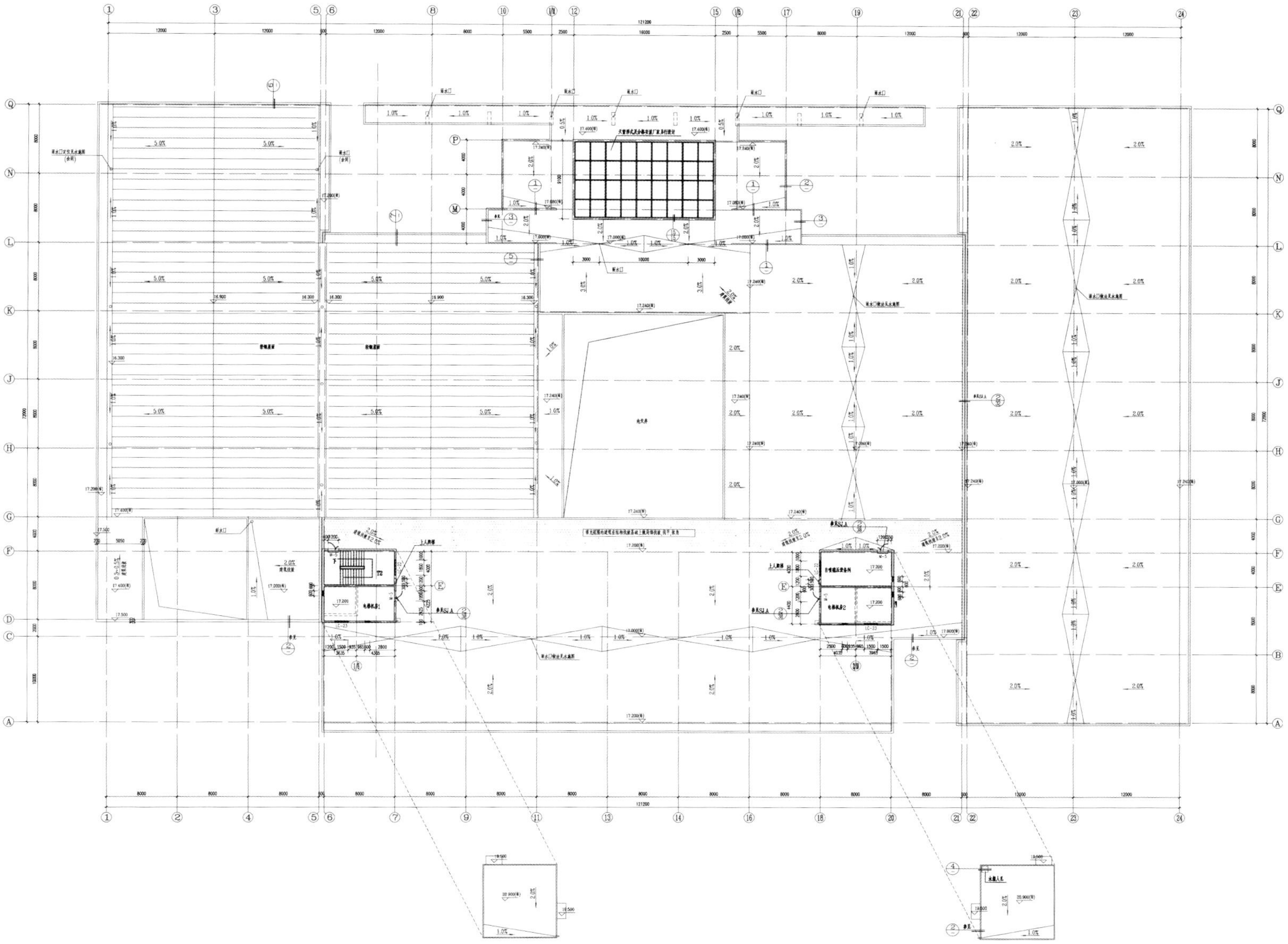

厂房层顶平面图

Catalyst 企业加速器

项 目 地 点： 荷兰埃因霍温高科技园区
客　　户： 埃因霍温 Twice 公司
建 筑 设 计： INBO
总建筑面积： 4 000 m²

Catalyst 是位于埃因霍温工业大学内的一座新的企业孵化器建筑。包括 2 000m² 的办公区、867m² 的工作区、600m² 的化学实验区和 533m² 的物理实验区。

整个建筑打造的透明立面及灯光特色使之引人注目。简洁的形体与相邻的 Twinning 中心及周围的绿色景观形成对比。一座透明的人行通道将该建筑与相邻的 Twinning 中心连接起来，使它们成为一体。Catalyst 所表现的高质量的公共空间向人们展示了大学校园向科技园转变的趋势。

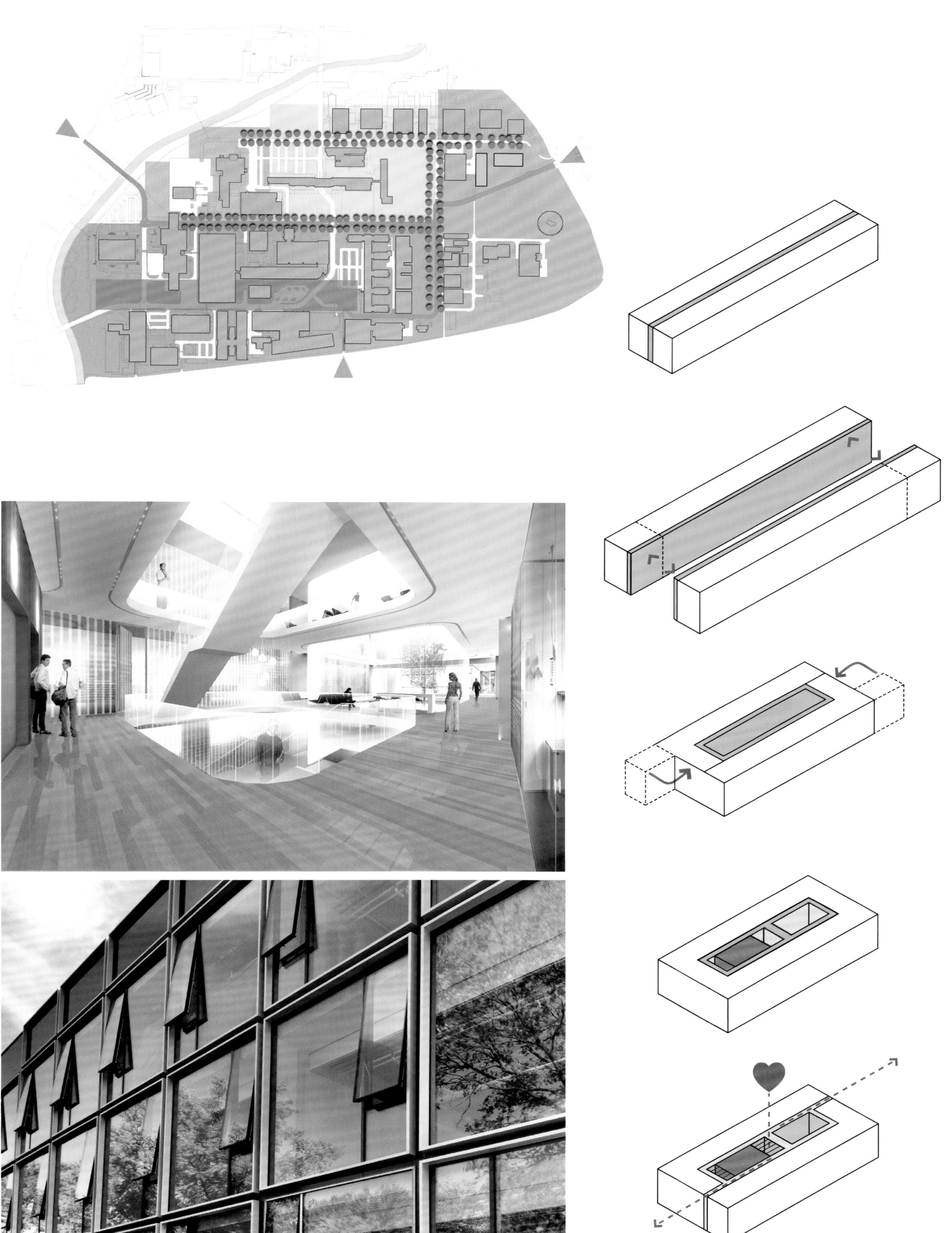

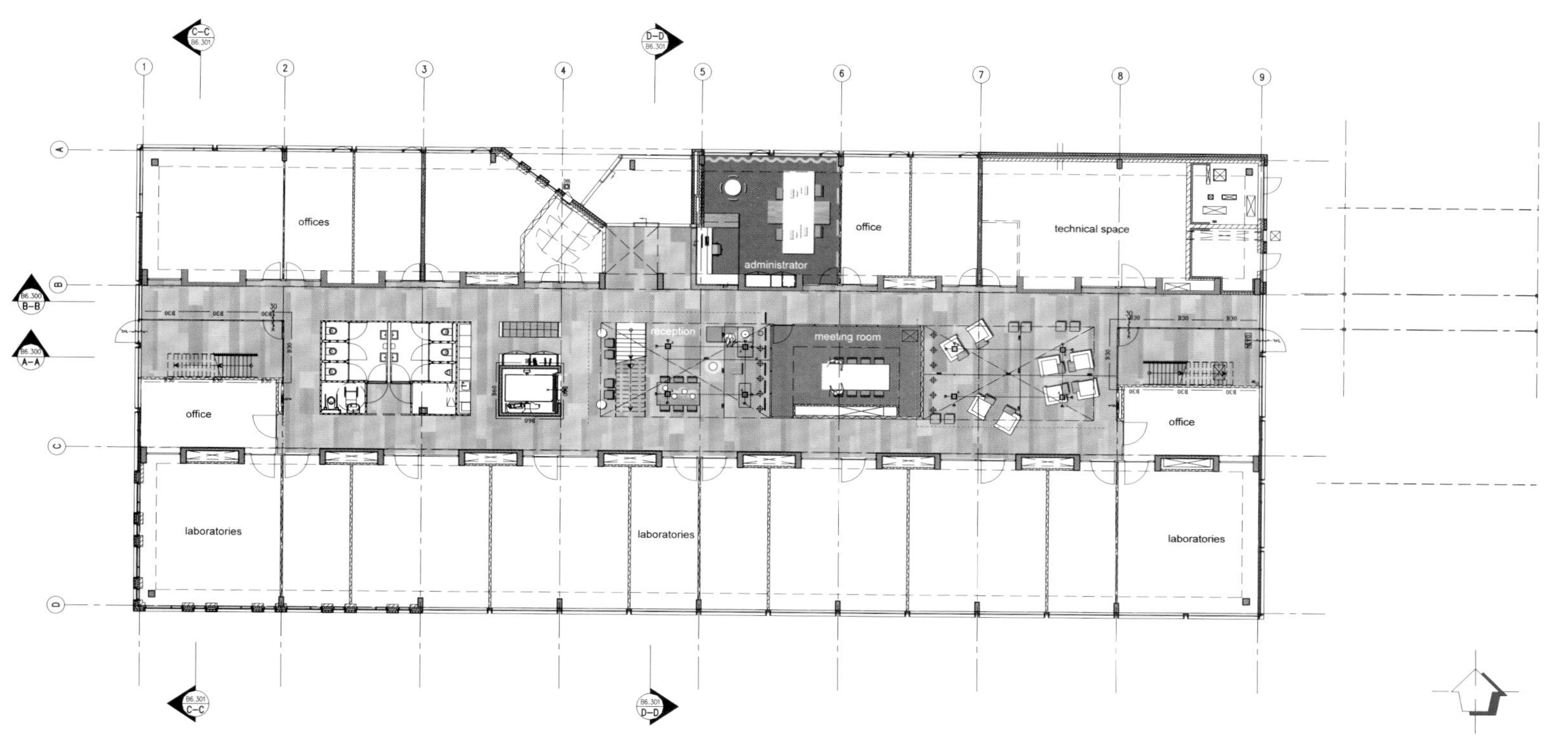

offices
administrator
office
technical space
reception
meeting room
office
office
laboratories
laboratories
laboratories

埃因霍温高科技园区总体规划

项 目 地 点：荷兰埃因霍温高科技园区
客　　　户：Vastgoed 飞利浦
建筑 / 规划设计：荷兰 INBO、JHK 建筑师事务所
景 观 设 计：Juurlink [+] Geluk 景观事务所
设 计 团 队：Jeroen Simons，Bert van Breugel，Jacques Prins，Hans Toornstra，Aron Bogers，Kevin Batterbee
总 建 筑 面 积：106 000 m^2

飞利浦渴望通过开放的网络来分享知识，并希望通过建立战略同盟来进行技术创新。为了达到这一目标，飞利浦决定开发一座高标准的科技园——埃因霍温高科技园，以其热情、开放及激发创想的概念成为科技界的新宠。

INBO 与 JHK 建筑师事务所及 Juurlink [+] Geluk 景观事务所为该科技园做了总体规划。规划坚持“多个元素相融的价值往往会高出单个元素的价值之和”。为了达到这种效果，园区规划、景观设计及建筑设计相互协调、合作进行，将生态、可持续发展与技术创新结合在一起。

整个科技园充满生气。目前有来自超过 50 个国家的 8 000 名工作人员在此工作生活。未来还将有更多的科技人才来到这里，预计总数会达到 10 000 人。对埃因霍温来说，这是成为“智慧港”之城的重要一步，对荷兰知识经济的发展也起到了关键性的作用。

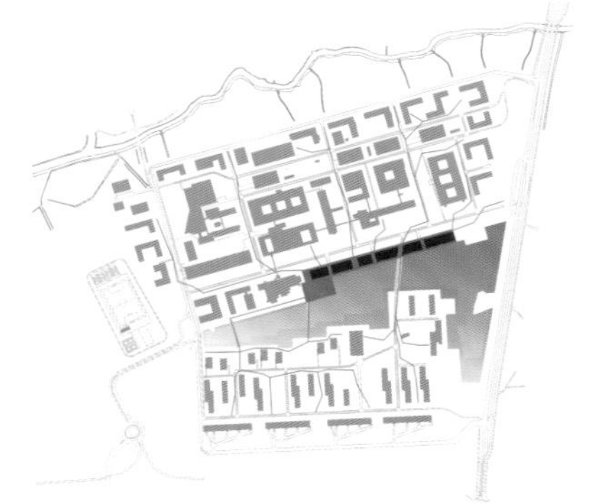
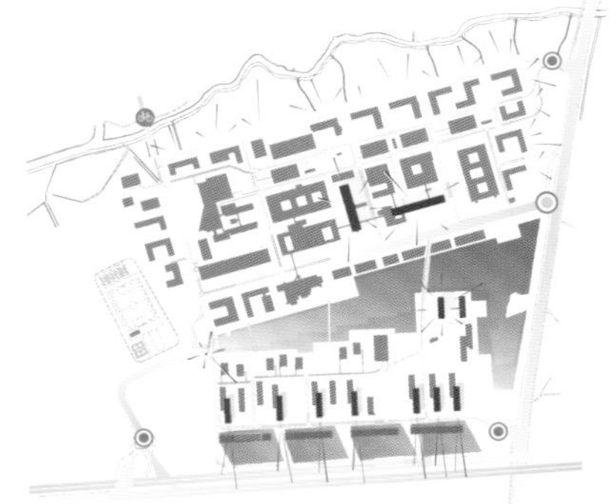
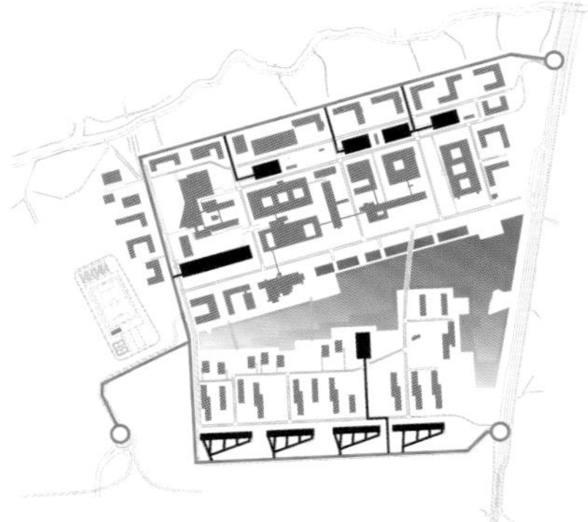
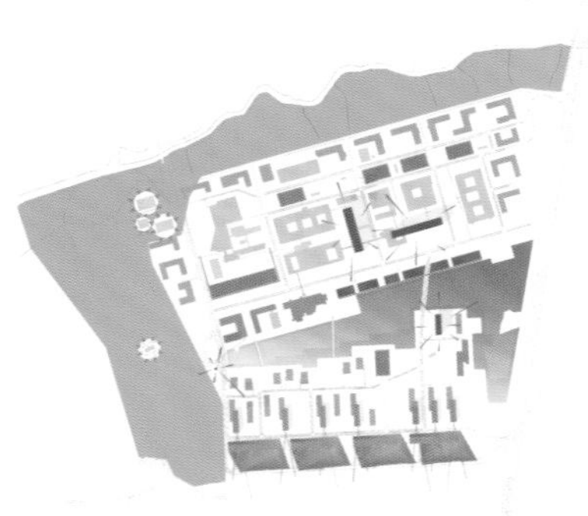
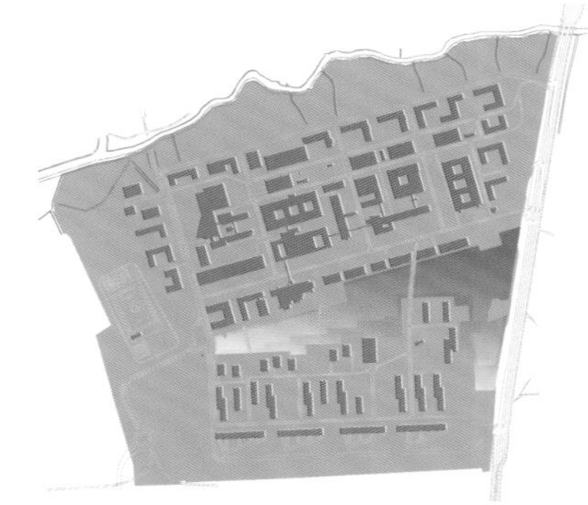

无锡中国微纳产业园三期

项目地点：中国江苏省无锡市

建筑设计：中国建筑设计研究院上海中森

中国微纳产业园总占地约400 000m²，分多期建设，力争通过3至5年的努力，吸纳海内外创新项目、创新人才来园区发展，进而把园区建设成为世界领先的国家级微纳产业基地，为高端微纳国际创新企业提供一个长期的绿色、和谐、人性化的办公研发环境，并成为国内独一无二的可持续性研发办公园区。

设计理念：

1. 以微纳产业的主要材料之一——微晶体作为独栋办公的立面的主要意向，外围以高科技线路板为意向的实体和以虚体为主的独栋办公形成鲜明有致的对比。

2. 建筑通过高层和多层办公的围合创造出连续的庭院，呼应微纳全区的规划结构，和一期二期达到空间形态上的统一。每个庭院空间通过底层架空联系在一起，形成一套完整的休闲步行系统。

3. 高层位于地块的最外侧，一方面在吴越路上和一期、二期形成高层的序列感；另一方面把地块内部的优越景观留给独栋企业办公，屏蔽城市快速路噪声。通过底层架空、空中庭院与屋顶花园等方式，将茵茵绿意引入内院与室内空间，营造出绿意盎然的生态办公环境。

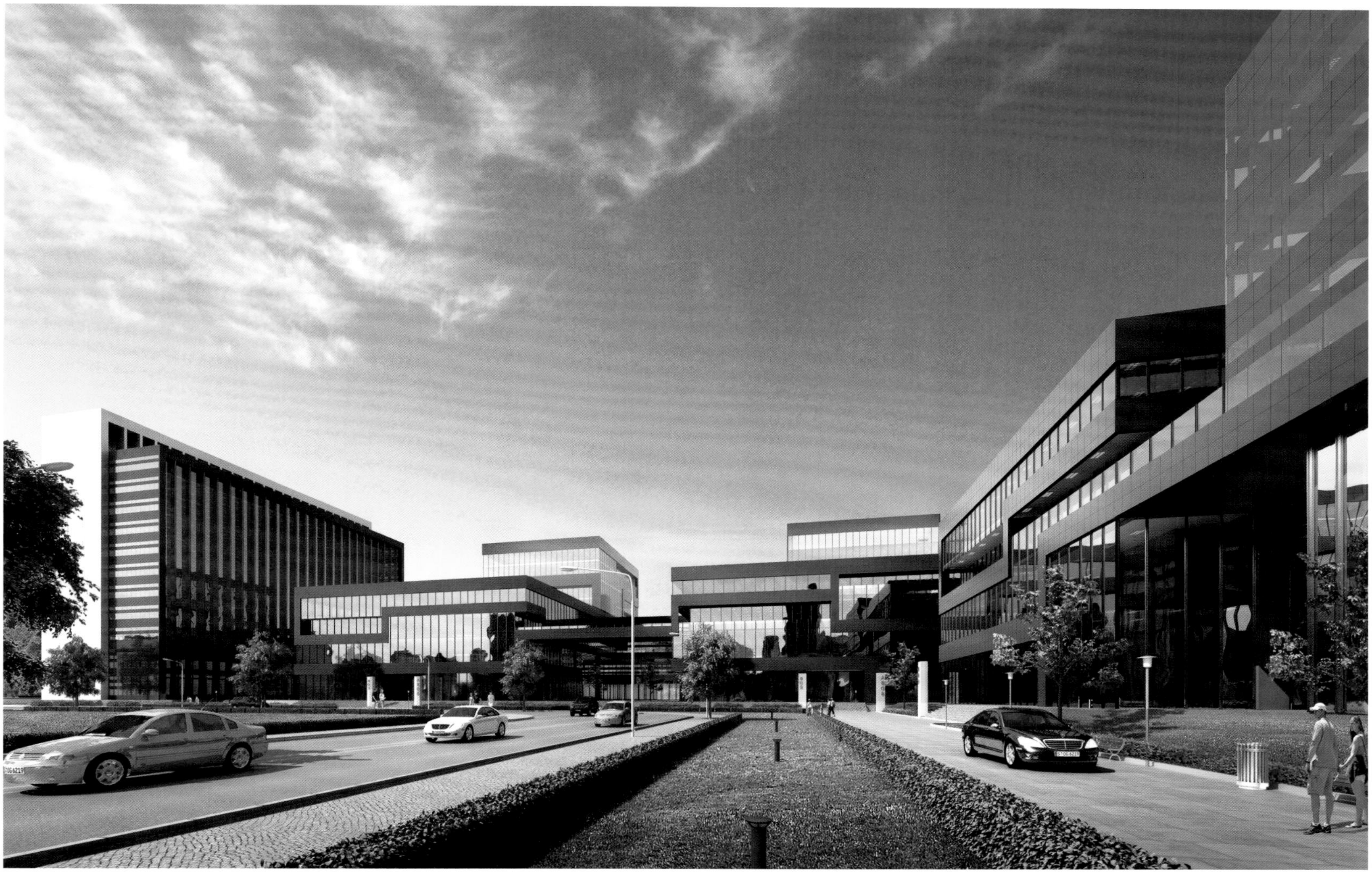

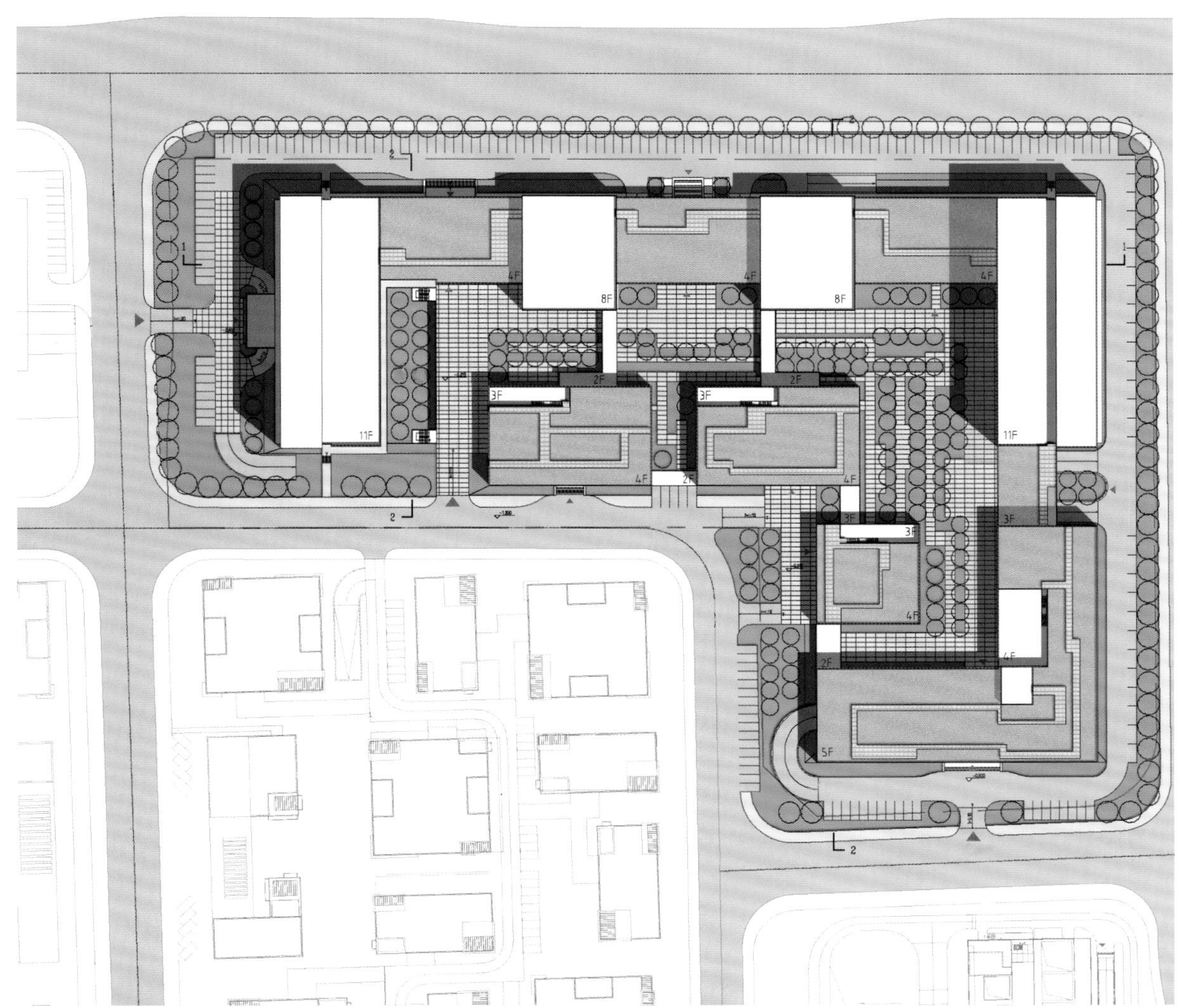
4F
8F
11F
3F
2F
5F

企业办公就像一颗颗晶体
被包裹在地块中心

设计理念

代表高科技的产物——集成线路板
作为立面和平面肌理的主要意向

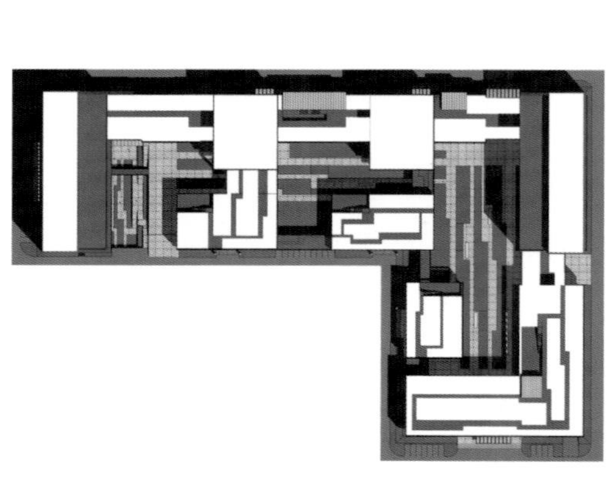

设计理念

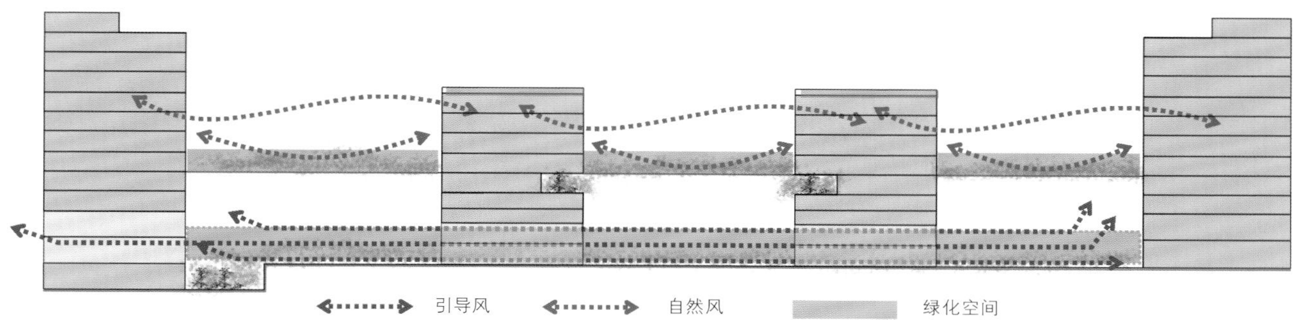

底层架空使建筑本身为活动空间提供避雨场所，同时能够有效引导和利用自然风资源，改善园内小气候，形成生态氧吧。

空中花园能缓解大气浮尘，净化空气，保护建筑物顶部，延长屋顶建筑寿命，降低室内温度，规避城市噪声。

生态景观理念

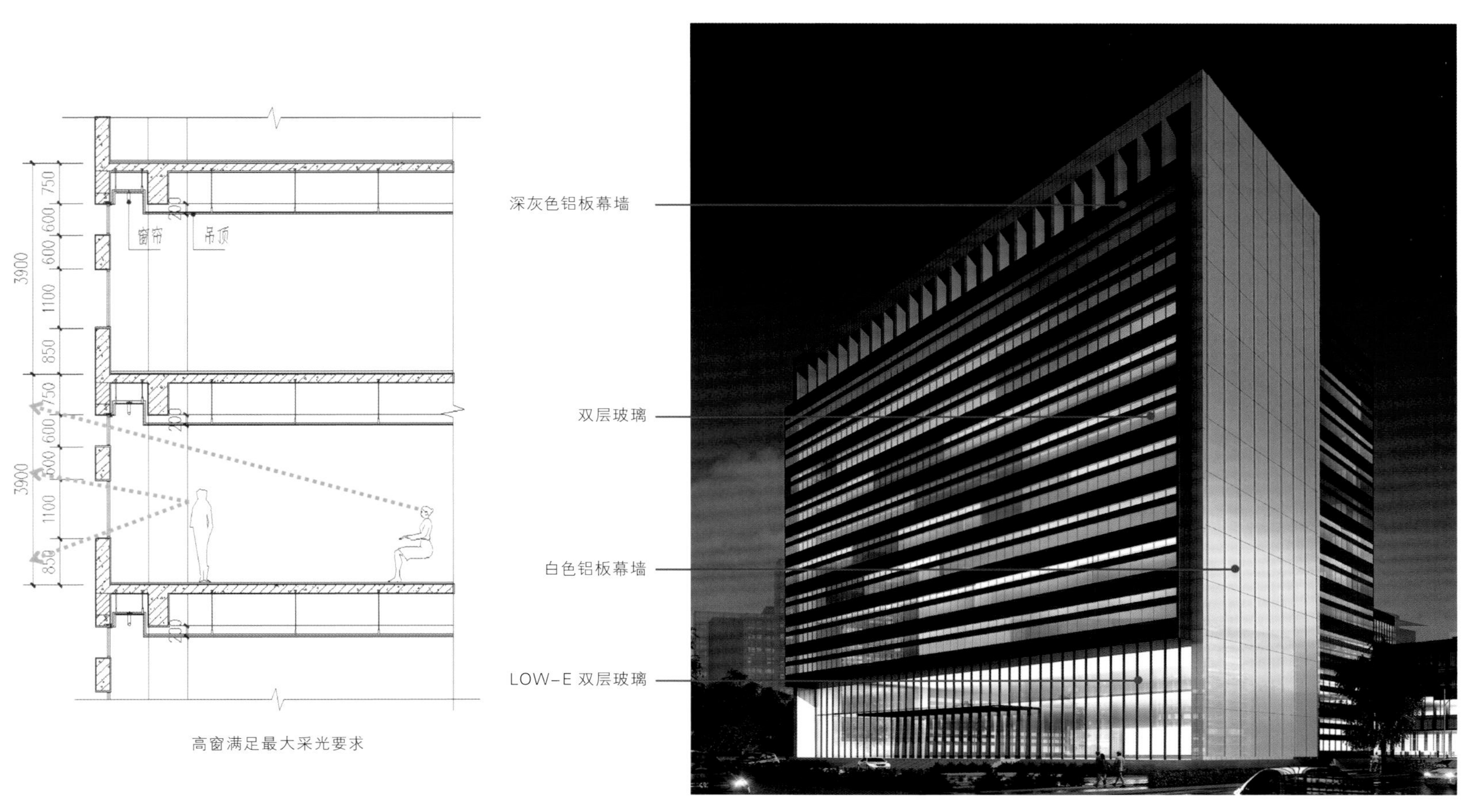

高窗满足最大采光要求

立面材料

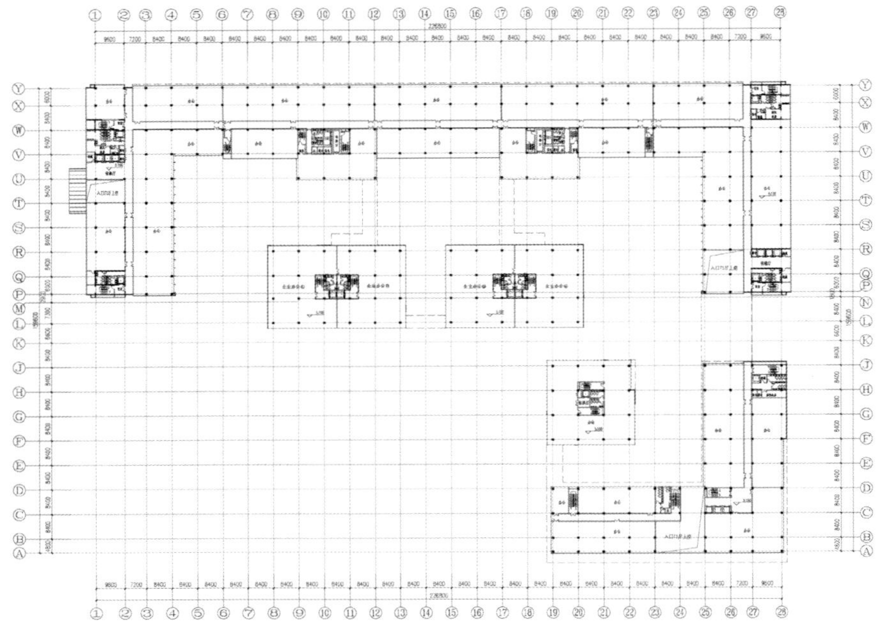

二层平面图

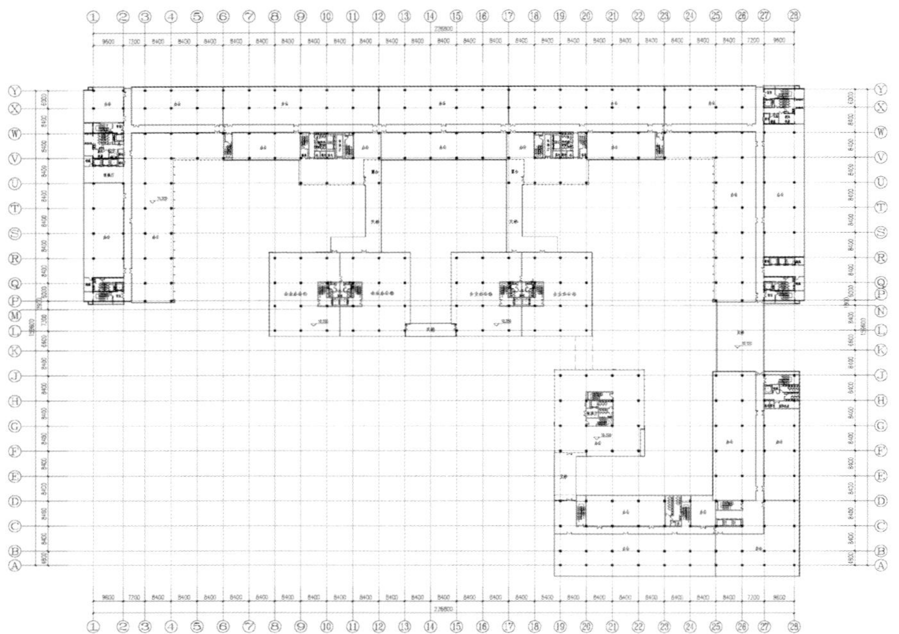

三层平面图

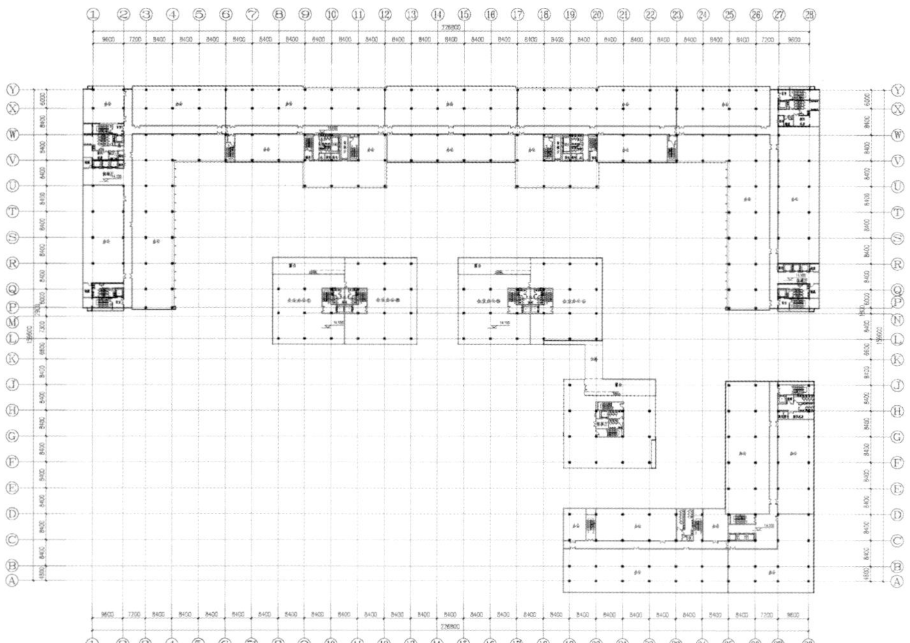

四层平面图

功能布局：方案设计的办公功能分为两种，以单元式办公为主的高层和多层部分主要位于紧邻城市道路的外侧，而以企业办公为主的多层部分位于地块的中心位置。服务于全区的配套功能放在地块北侧并且沿运河西路开人行口，方便日后面对运河西路的独立运营。

交通流线设计：在北向的景贤路和西南向的浪新路开设机动车出入口，结合出入口附近设置地下车库出入口，车行路在地块最外围环通，在运河西路设置地面卸货区。沿着这条外环路每个高层办公、企业办公以及配套功能都有独立的出入口。在人行广场与内院结合景观设置便捷到达各个门厅的人行入口，达到人、车的彻底分流。

材质及色彩：建筑的材质和色彩源于地域特征并且和一、二期协调统一，以江南的黑白灰作为建筑的主基调，穿插以木吊顶和空中庭院的绿化，创造出清新优雅的风格。立面材料主要使用铝板和玻璃，体现出现代建筑简约明快的风格。

绿化景观设计：整个地块抬高 1.2m，便于观运河景观，面对中心区沿街面开敞设计，底层架空、设置踏步、共享空间、屋顶活动平台，充分享受到园区绿化的盎然生机；结合庭院设置屋顶绿化，延续地面的绿化肌理，为人们观赏运河以及园区内风景提供绝佳场所，并且创造园区小气候。

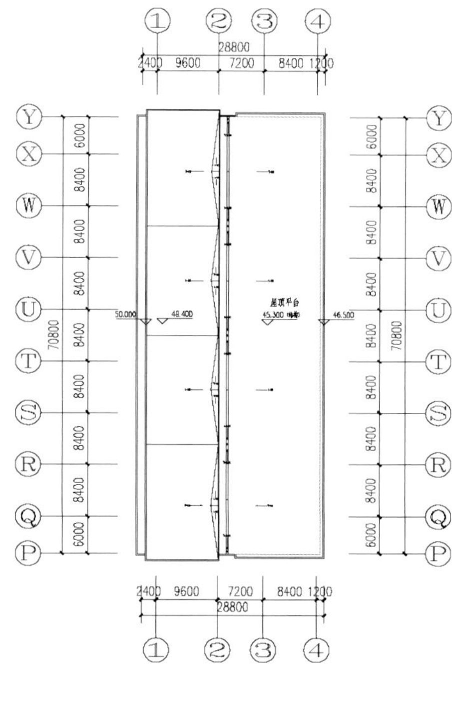

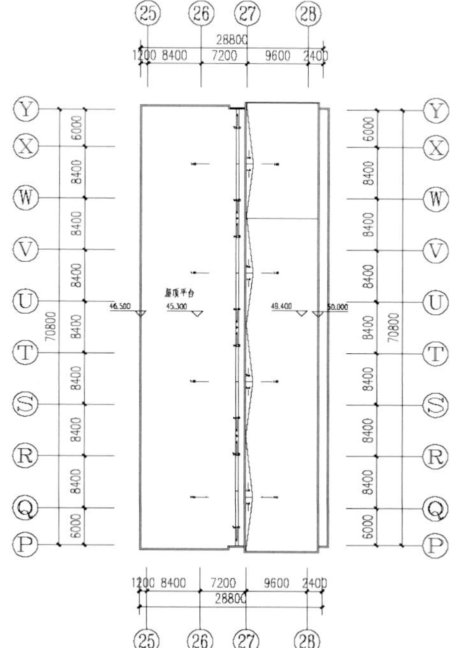

屋顶平面图

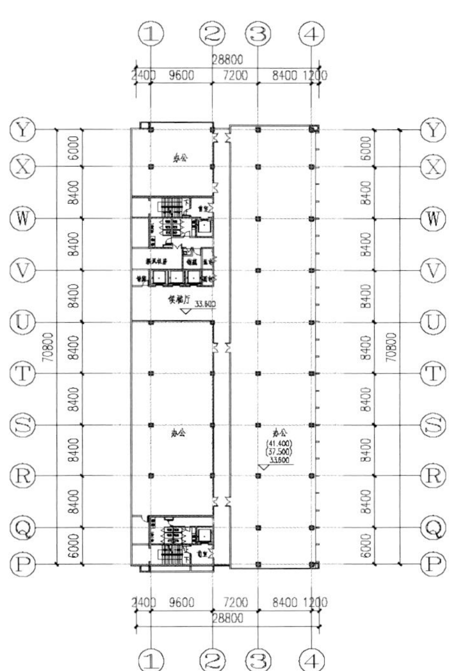

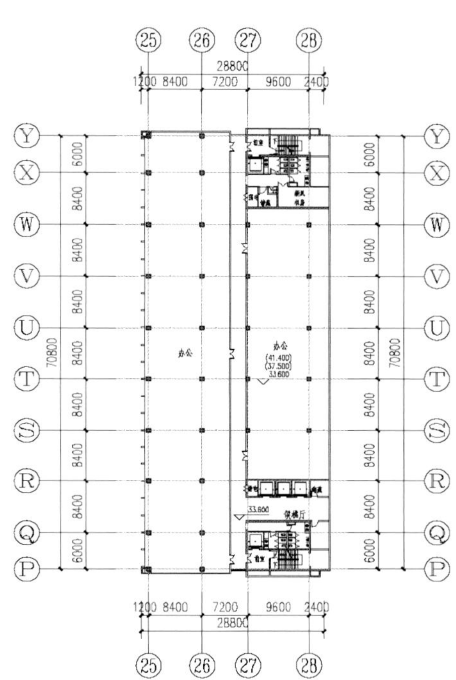

9～11层平面图

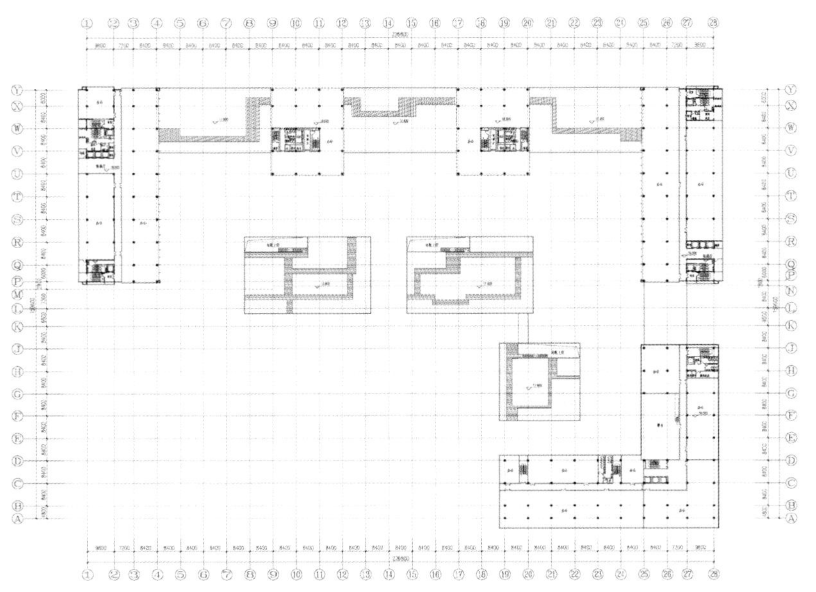

五层平面图

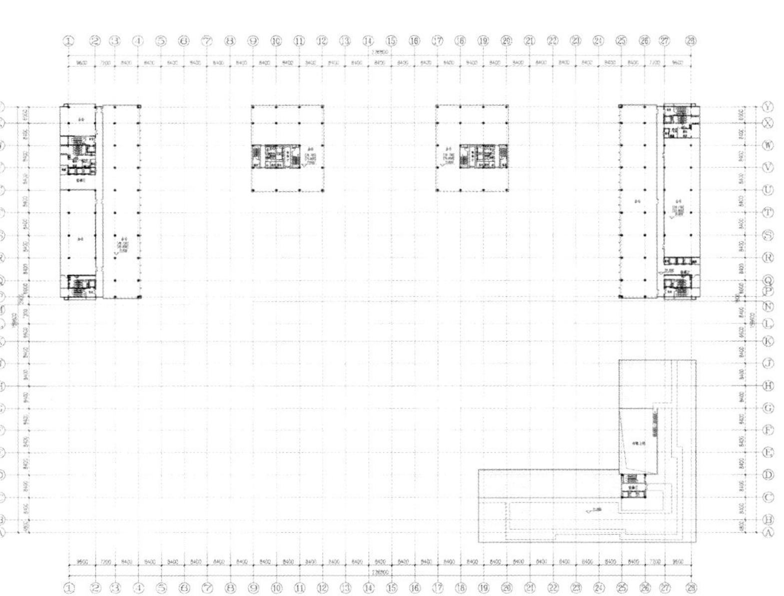

6～8层平面图

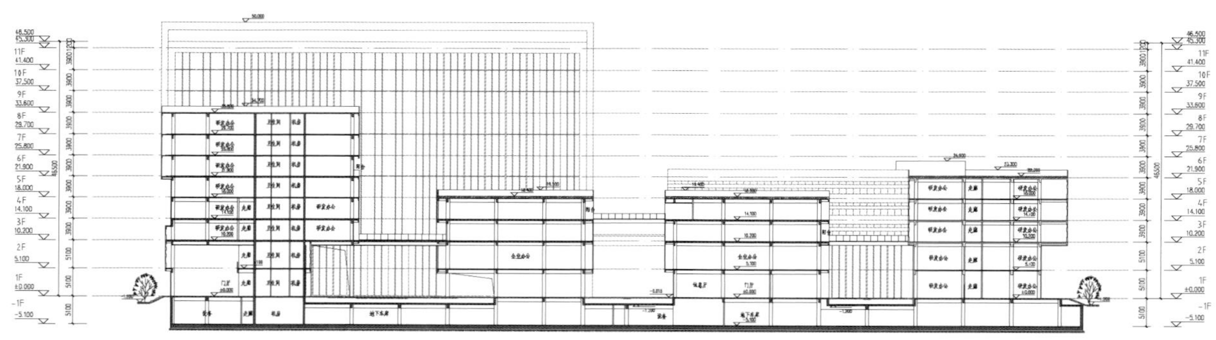

2–2 剖面图

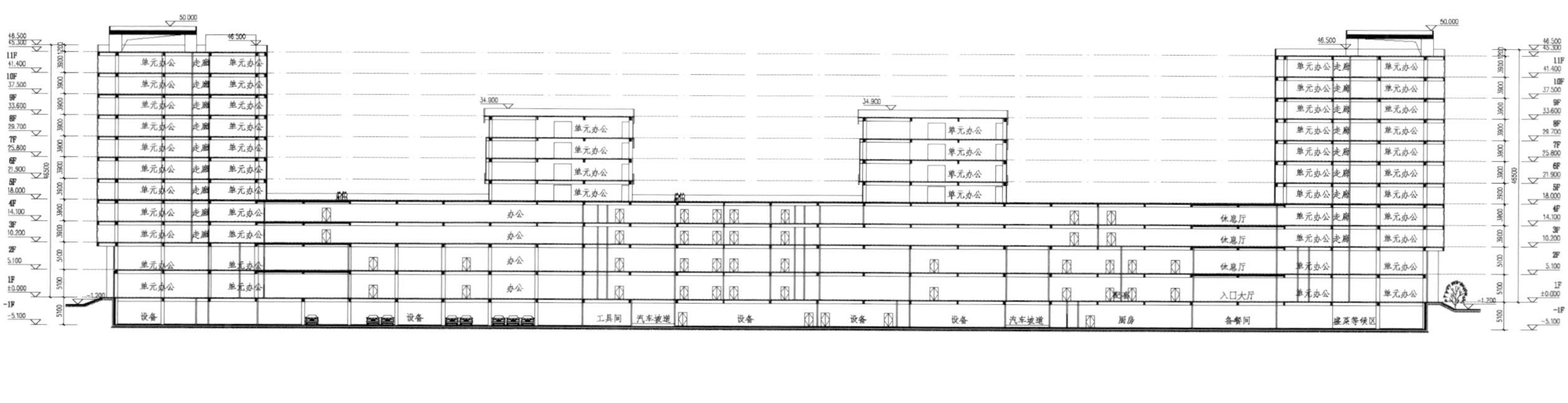

1–1 剖面图

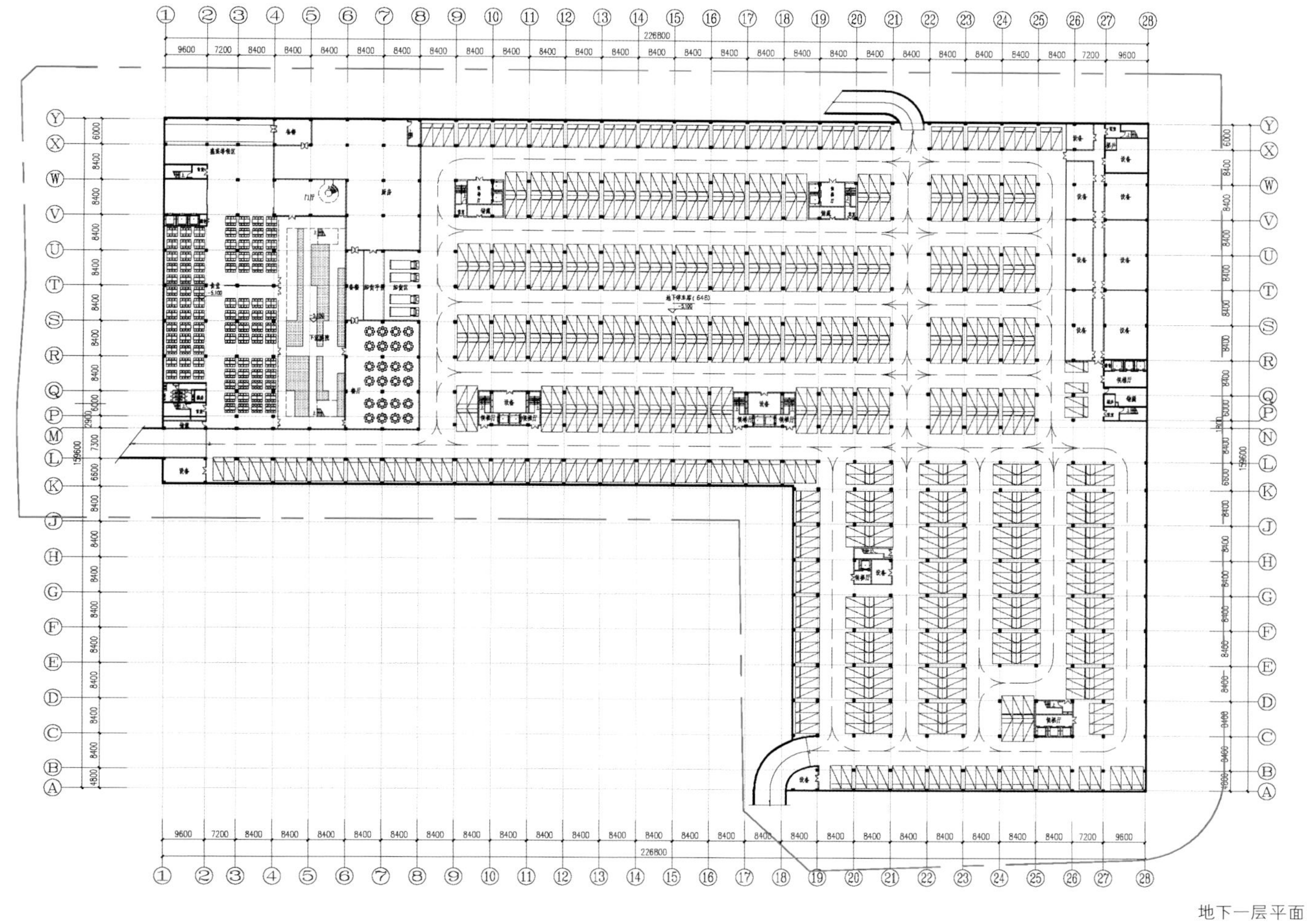

地下一层平面图

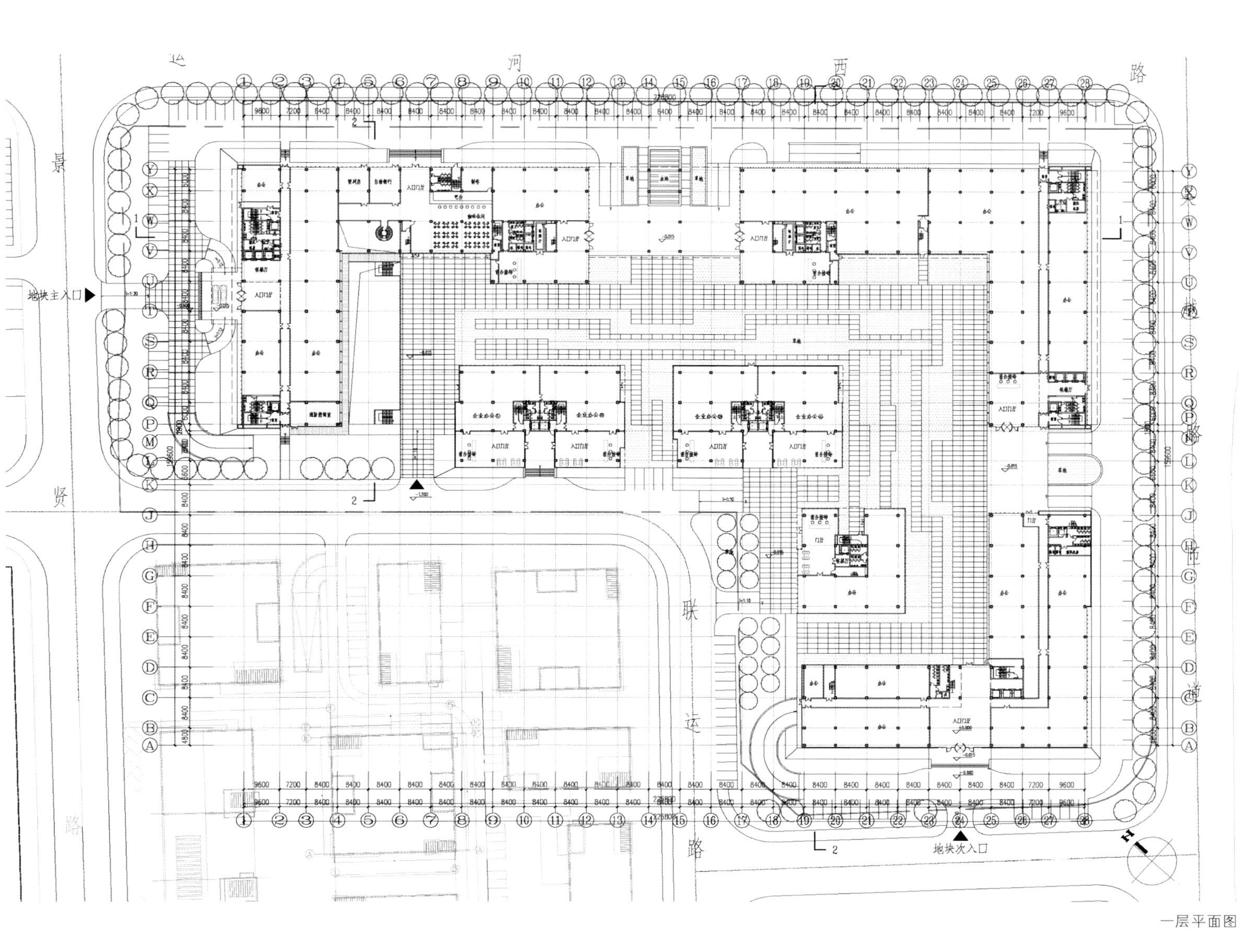

地块主入口

地块次入口

一层平面图

Central One 高科技商务中心

项 目 地 点：印度新德里古尔冈市
客　　户：印度 BPTP 房地产公司
建 筑 设 计：西班牙 Cervera & Pioz 建筑事务所
总建筑面积：23 000 m^2

该项目位于新德里卫星城古尔冈市的高尔夫球场路上，是一个高科技商务中心，有专门的商业空间和办公空间。该中心提供世界一流的现代化设施，环境幽雅宜人，交通便捷，能够直达机场。中心所在地“高尔夫球场之路”是古尔冈市主要的商业地带之一。随着该地区各式各样住宅和商业项目的涌现，该中心将成为古尔冈市未来的商业聚集地。

该中心由世界著名建筑师设计公司——西班牙 Cervera & Pioz 建筑事务所设计建造，配有现代化工作环境和设施，比如特色食品区、休闲酒吧、餐厅、游泳池、健康中心、健身房、温泉、高速电梯和现代音响技术设备等。

该中心 1 ~ 3 楼为零售区，所有的店铺都设在一个巨大的中庭前厅。办公楼层总共有 12 层，位于零售区上面。

先进的艺术设计和安静的环境氛围使得本中心成为一个具有优越连通性的理想商业空间和办公空间。

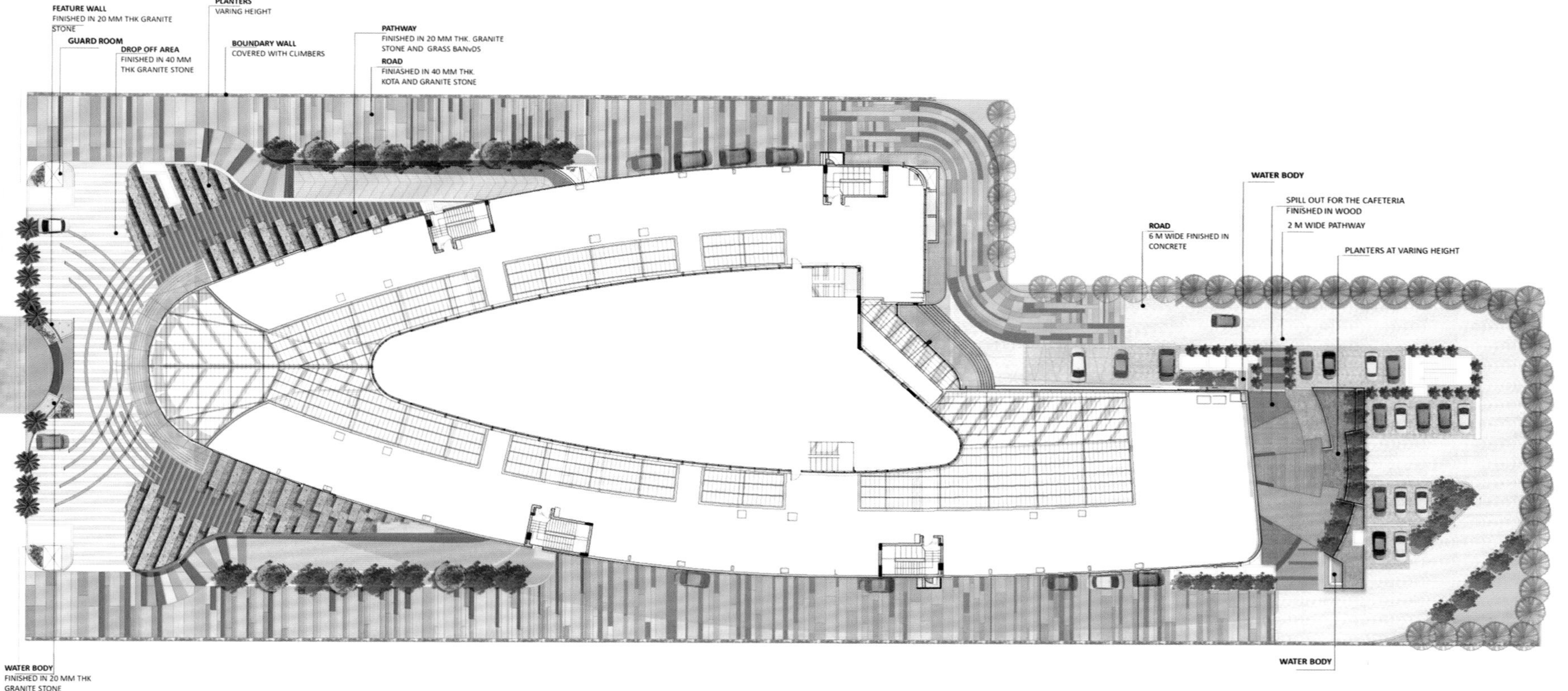

北京东亿国际传媒产业园

项 目 地 点：中国北京市
业　　　主：北京中视东升文化传媒有限公司
建 筑 设 计：北京博地澜屋建筑规划设计有限公司
用 地 面 积：56 926.67 m^2
总建筑面积：181 570.19 m^2
地上建筑面积：155 727.13 m^2
地下建筑面积：25 843.06 m^2
容 积 率：2.7
绿 化 率：47%

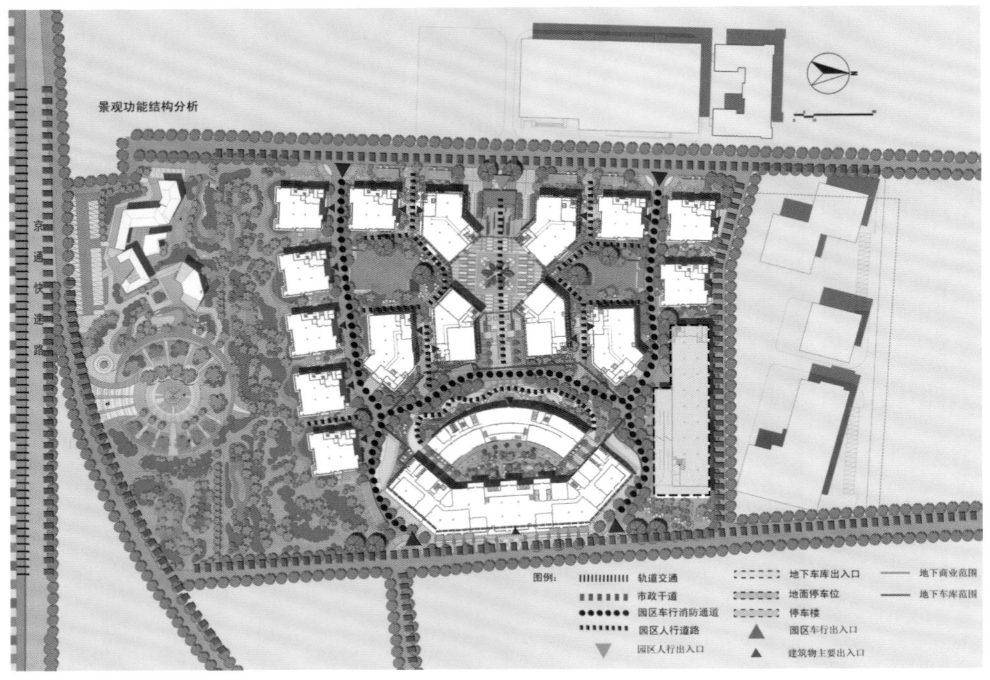

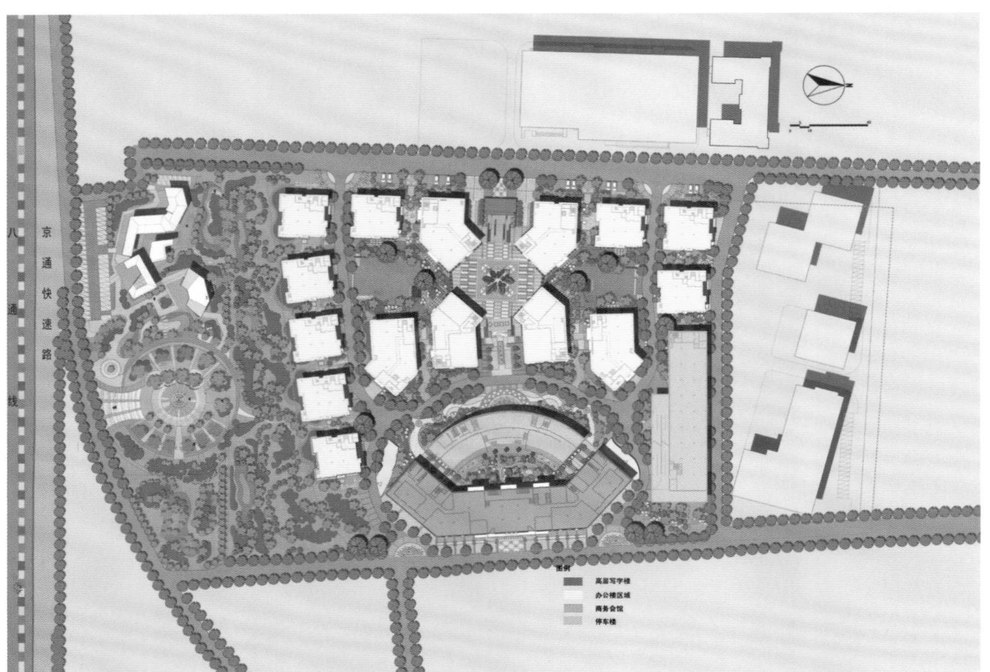

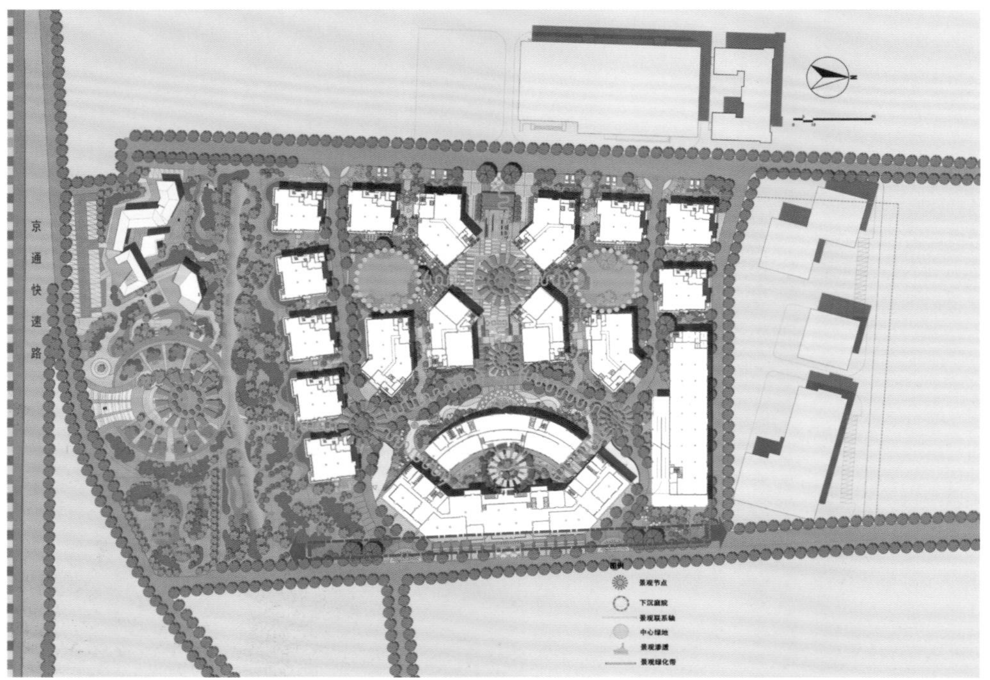

北京东亿国际传媒产业园坐落于北京长安街东延长线上，东临五环路，西瞰兴隆公园，北依朝阳路，南至京通快速路，处于北京CBD－定福庄传媒走廊的核心位置。园区建筑布局规整，以独栋多层为主，整体风格简洁大气，并赋予文化气息，在景观方面注重打造自然式园林景观与家庭式办公环境，实现真正意义上的OFFICE PARK。

园区内“工”字道路把园区分为四个部分，北面是停车场和两个办公楼；西面中心布置了商业和办公楼的综合体；在东面中心设计的是整个园区之首的高层写字楼和酒店；南面则是五栋独栋办公楼。每个地块建筑独具特色，紧紧相依。东面的高层写字楼和酒店环抱相依，将整个建筑群凝聚到一起。

项目规划中参考北京传统四合院空间布局，提取了本土建筑空间元素，强调“院”的概念。设计师在初期规划设计时就预留了空间，考虑到人、建筑、环境的交流与对话，同时为后期景观设计留下余地。

建筑采用现代简约风格，运用中式经典色彩，深灰、浅灰、红色，与一期建筑色彩相呼应。内部有开敞的办公空间、顶层露台、外挑阳台，可以从多角度欣赏外面的景观环境。

写字楼立面简洁，正立面成对称的格局，虚实结合，整体采用灰色色调并灵活运用红色，达到统一中有变化，变化中有统一的效果。

酒店整体采用弧形对称设计，立面简洁，稳健并具有强烈动感，弧线造型柔和亲切而富有韵律，如此精细的细节设计，使建筑更加人性化。

该项目设计以自然骨架为支撑，打造了自然式山水景观，四周建筑独享内庭院景观，演绎生态绿肺、天然氧吧，为酒会、展览、露天聚会等提供舒适开敞的景观环境。中轴广场的设立使园区整体增加仪式感，引导人们视线，增强广场区与酒店区、绿肺花园区的延续性与互通性，并且带动地下商业，与一期演播大厅相呼应。

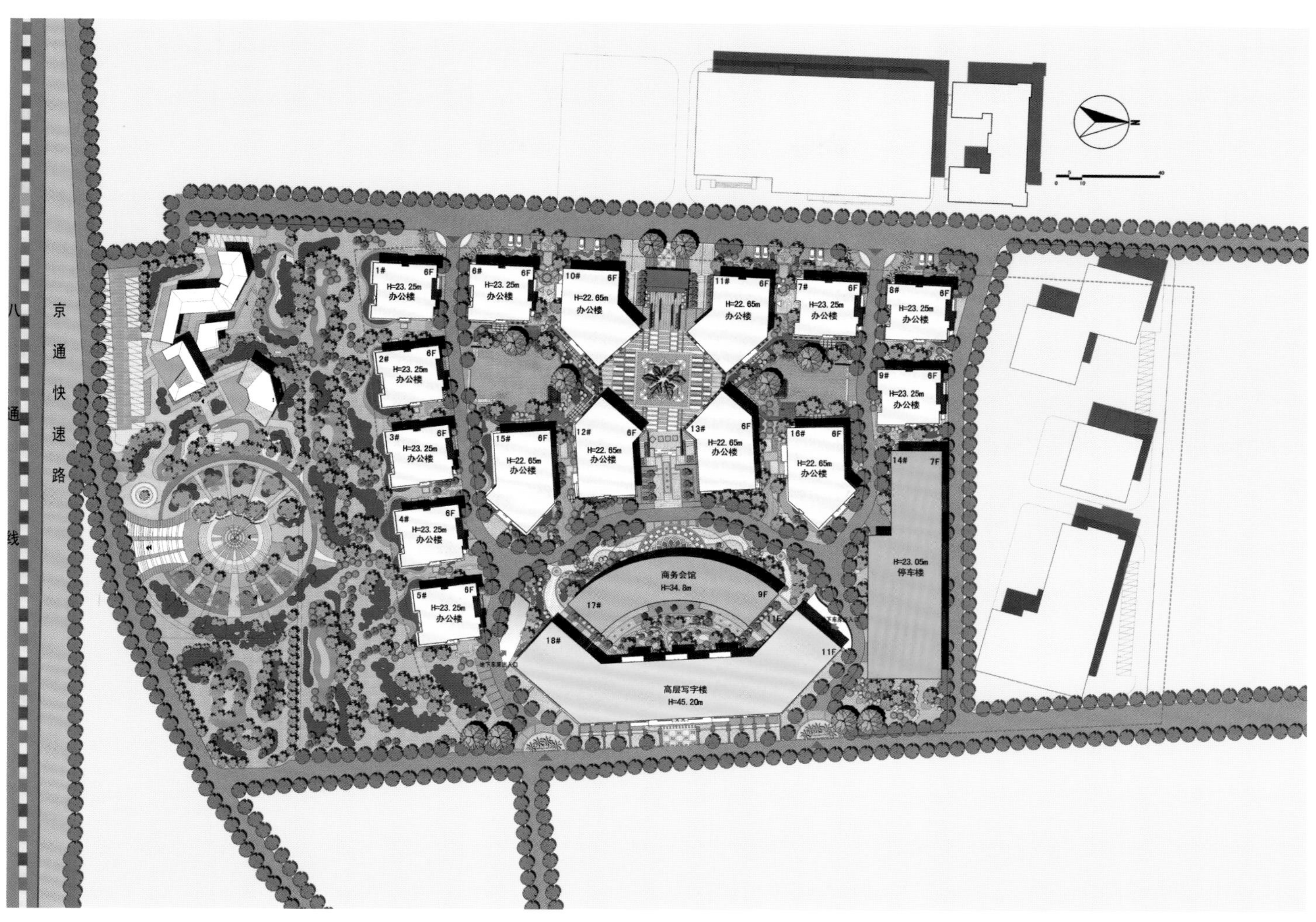
京通快速路
八通线
1# 6F H=23.25m 办公楼
6# 6F H=23.25m 办公楼
10# 6F H=22.65m 办公楼
11# 6F H=22.65m 办公楼
7# 6F H=23.25m 办公楼
8# 6F H=23.25m 办公楼
2# 6F H=23.25m 办公楼
9# 6F H=23.25m 办公楼
3# 6F H=23.25m 办公楼
15# 6F H=22.65m 办公楼
12# 6F H=22.65m 办公楼
13# 6F H=22.65m 办公楼
16# 6F H=22.65m 办公楼
14# 7F H=23.05m 停车楼
4# 6F H=23.25m 办公楼
5# 6F H=23.25m 办公楼
商务会馆 H=34.8m 9F 17#
18# 11F 11F
高层写字楼 H=45.20m

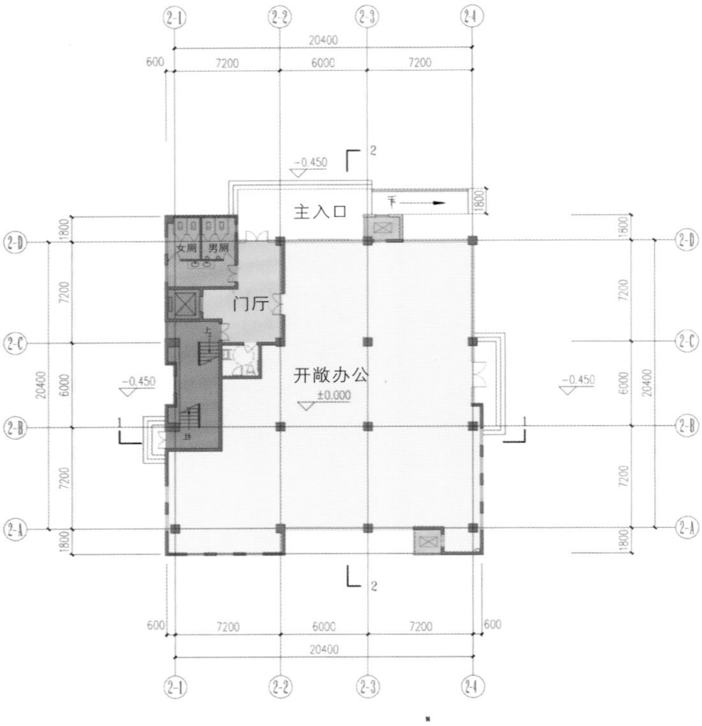

主入口
女厕 男厕
门厅
开敞办公
±0.000
−0.450

首层平面图 1:100

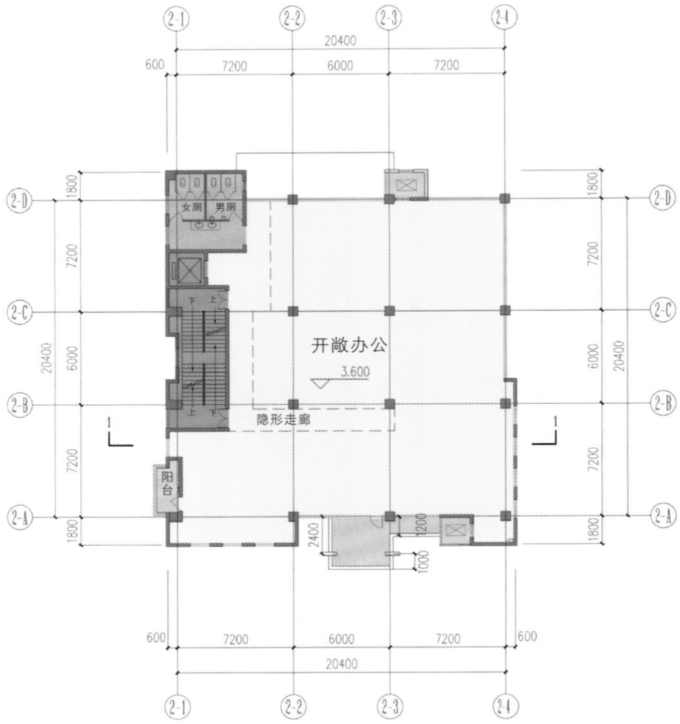

女厕 男厕
开敞办公
3.600
隐形走廊
阳台

二层平面图 1:100

门厅
开敞办公
隐形走道
开敞办公

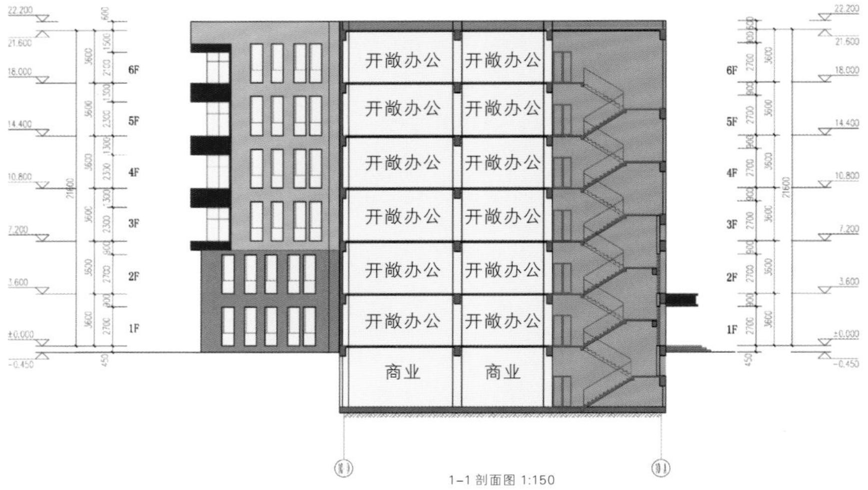

开敞办公	开敞办公
开敞办公	开敞办公
开敞办公	开敞办公
开敞办公	开敞办公
开敞办公	开敞办公
开敞办公	开敞办公
商业	商业

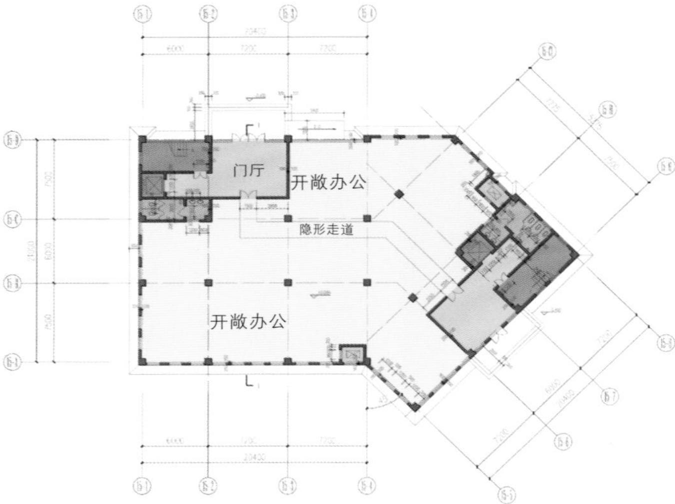

1–1 剖面图 1:150

欧洲航天创新中心（ESIC）

项 目 地 点： 荷兰诺德维克航天科技园
客　　　户： 海牙 NL 发展公司
建 筑 设 计： 荷兰 Cepezed 建筑师事务所
总建筑面积： 2 700 m^2

荷兰诺德维克起初是因位于该市的欧洲空间研究与技术中心而闻名。该中心是欧洲空间局最大的分部。为了保留长期以来建立起的附属业务，并且为此建造一座重要的基础设施，市政府开建了这个空间商业园，专门为知识密集型企业，尤其是跟航天、宇宙旅行相关的企业服务。欧洲航天创新中心便是园区一家集体企业的办公大楼。该大楼的设计注重建筑的可持续性、灵活性、工业吸引力及高性价比。

大楼拥有U形形体、退台结构和拱形屋顶。中心设有一个透明的带屋顶的中庭，与室外的露台相连。这里设有一些公共设施，包括非正式洽谈区及一个小型的餐厅，为人们提供会晤约谈的空间。为了鼓励少用电梯，压缩铝型材铸造的主楼梯被设置在中心位置，欢迎人们使用。立面及内墙大面积使用玻璃，为人们营造了开阔的空间感及通透感，同时也加强了不同企业之间的互动与联系。

该建筑的设计、施工、气候设施及其他方面都相互统一。在这一过程中，大量使用三维建筑信息模型（BIM）。为了达到持续、高效的目的，建筑尽量少地采用技术安装。通风系统被超压系统替代，用来加强办公空间与中庭内部的空气流动。而在这一过程中，热泵则用来收集空气中的热能，之后才将之释放到室外。吸热的钢板混凝土地板使建筑内部保持舒适的温度。除此之外，大楼还设有隐藏在不透明的立面下方的雨水排放系统以及防火安全区。同时，中庭屋顶的钢结构也有利于遮阳板的安装。

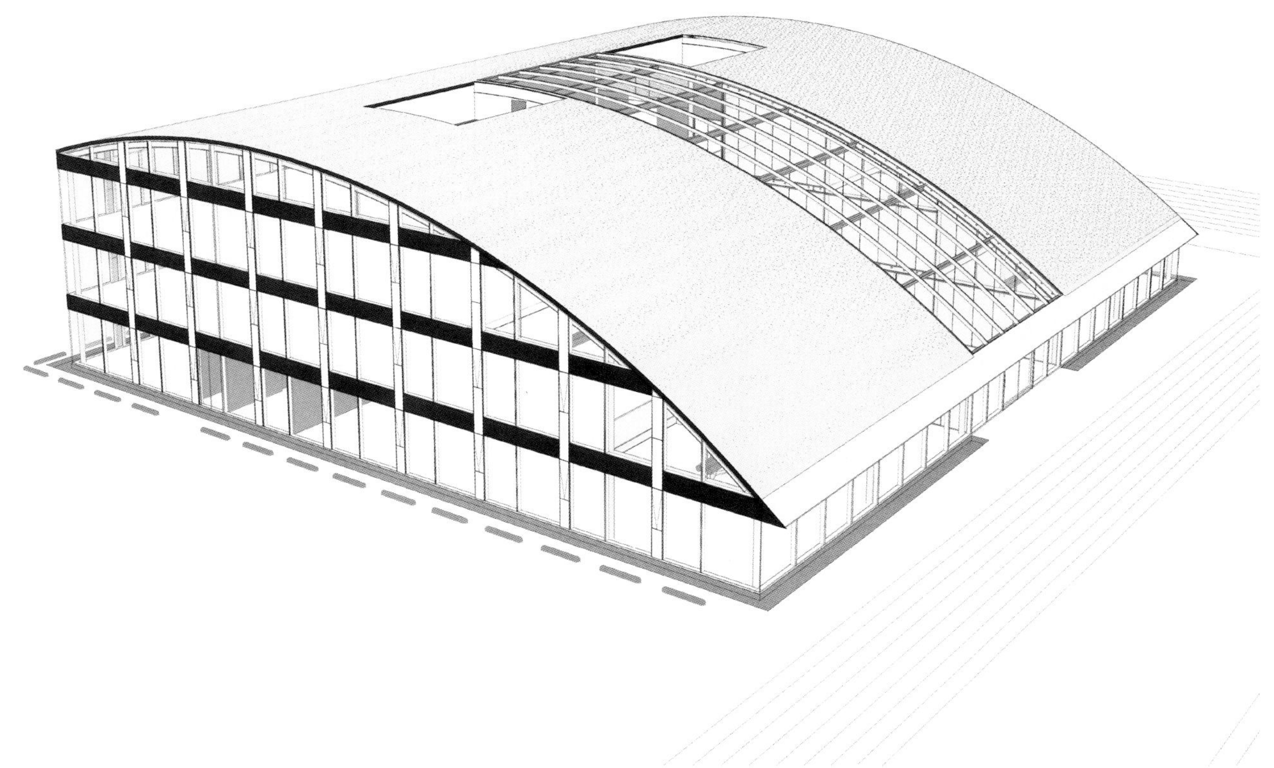

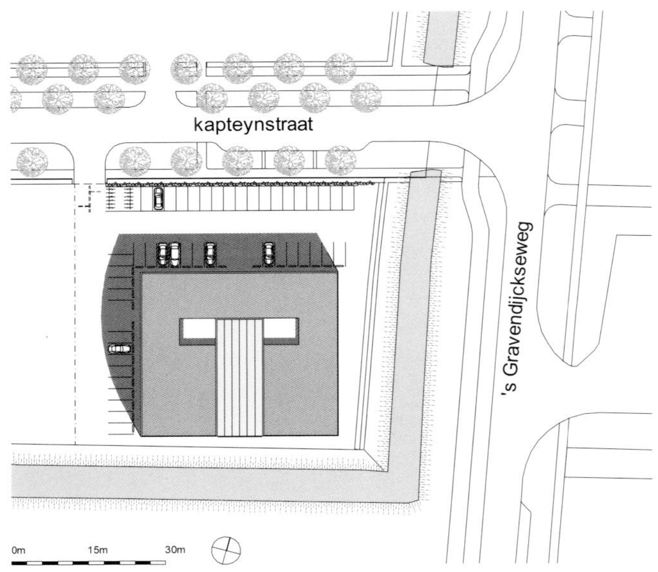

Situation

Ground Floor

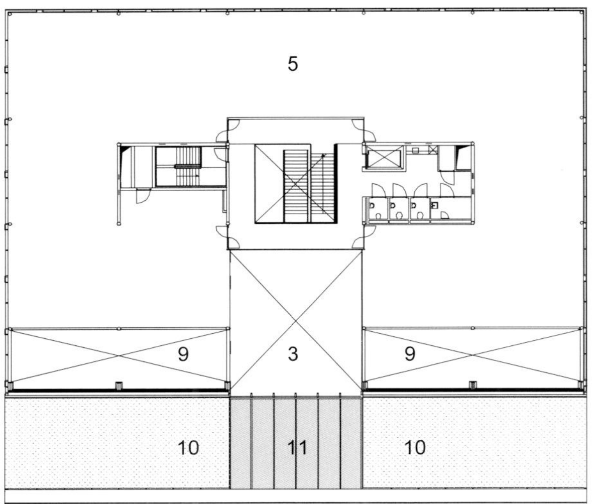

Second Floor

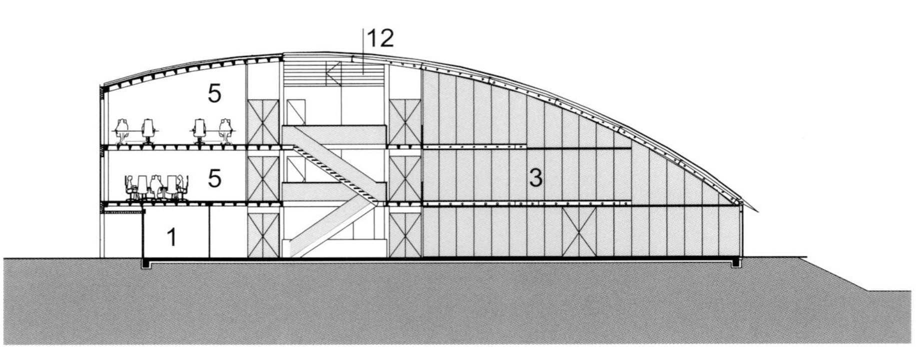

Cross Section Through The Atrium

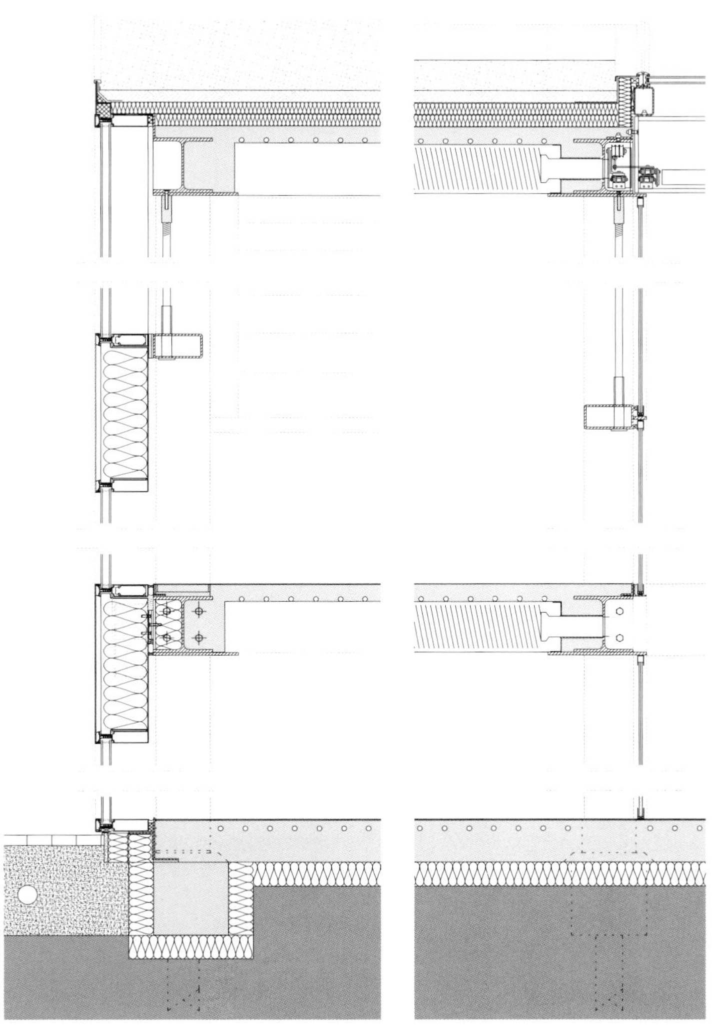

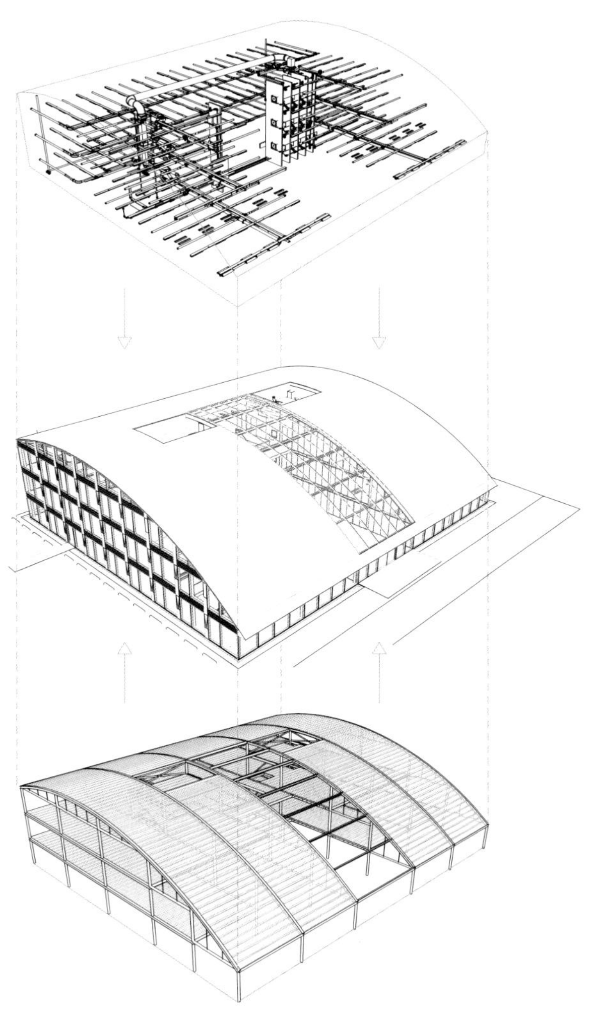

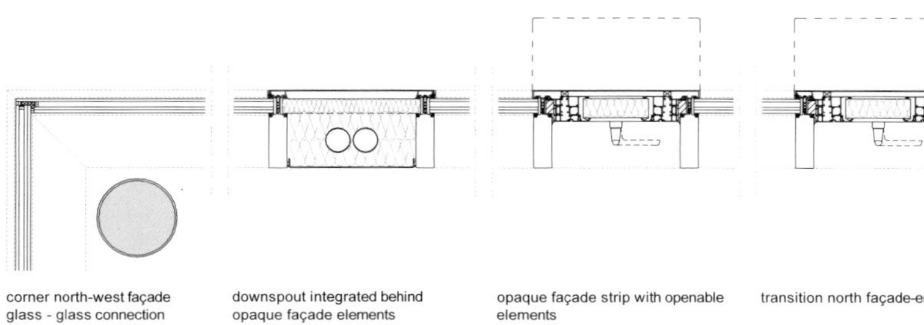

corner north-west façade glass - glass connection

downspout integrated behind opaque façade elements

the opaque elements are sandwichpanels of bright anodised and polished aluminum

opaque façade strip with openable elements

transition north façade-entrance

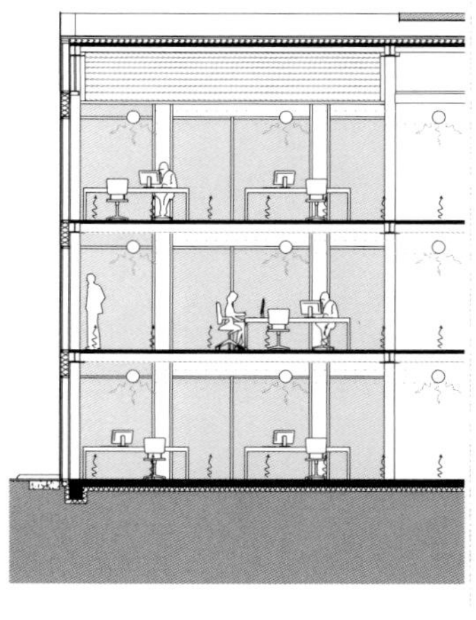

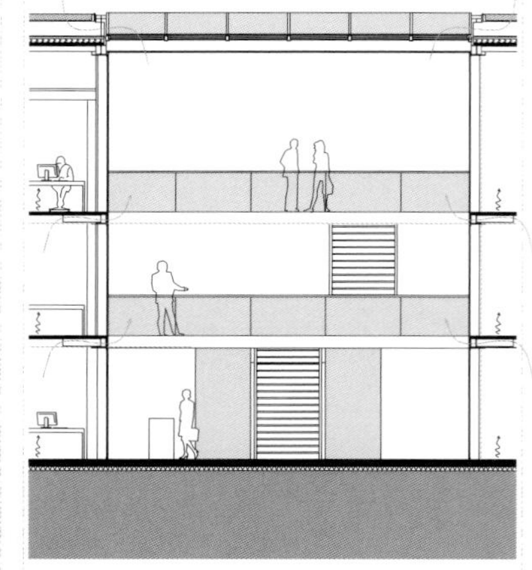

淮南志高动漫文化科技产业园指挥部

项目地点：中国安徽省淮南市
开 发 商：淮南志高实业有限公司
建筑设计：三磊建筑设计有限公司
设计人员：张华、何威、刘维维、Stefanie、陈娜、彭雪峰
建筑面积：12 306 m^2
容 积 率：0.67

本项目坐落于安徽省淮南市，是淮南志高动漫文化科技产业园的指挥部，是一栋地上五层、地下一层的办公及展览建筑。淮南志高动漫文化科技产业园是一座融观赏、娱乐、休闲、博览、科普教育和产业开发于一体的超大型世界顶级动漫产业园。包括方舟广场、奇奇乐园、淮南王国、火红迷林、泰坦冰川、达芬奇小镇、第九星河、时光岛八个主题区。

在规划布局上，考虑到本案为整个动漫产业园的指挥部的核心，将整个建筑的地下一层设置为汽车库、职工餐厅及相关设备配套用房，一层为展览及营销大厅，二层至四层为办公用房及办公配套用房，五层为办公接待用客房。将产业园区着力打造成文化创意产业基地和科普教育的指挥中枢。

整个建筑的概念设计源自“融化的冰块”。不规则的建筑肌理将要“融化的冰块”的构思很好地表现出来，形成了建筑丰富的外立面；两栋主体建筑通过一个空中的过道恰到好处地连接起来，整体在横竖交错中形成了一种半围合的结构。在建筑的表面材料的选用上，幕墙部分采用金属幕墙、玻璃幕墙及直立锁边屋面系统。内装部分采用砌块填充墙，轻钢龙骨轻质板材及玻璃隔断。在外围护墙上选用轻集料混凝土空心砌块砖填充墙。

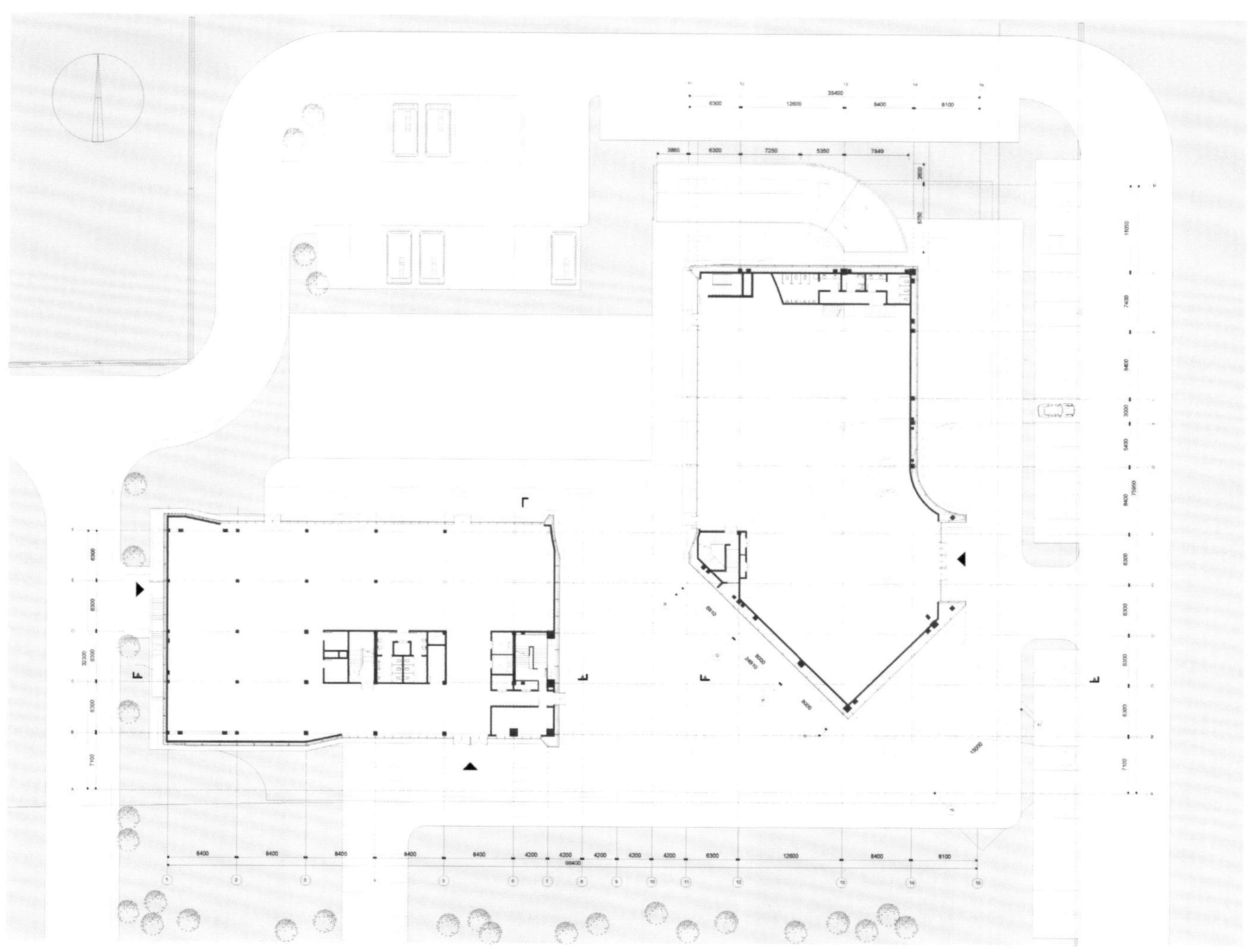

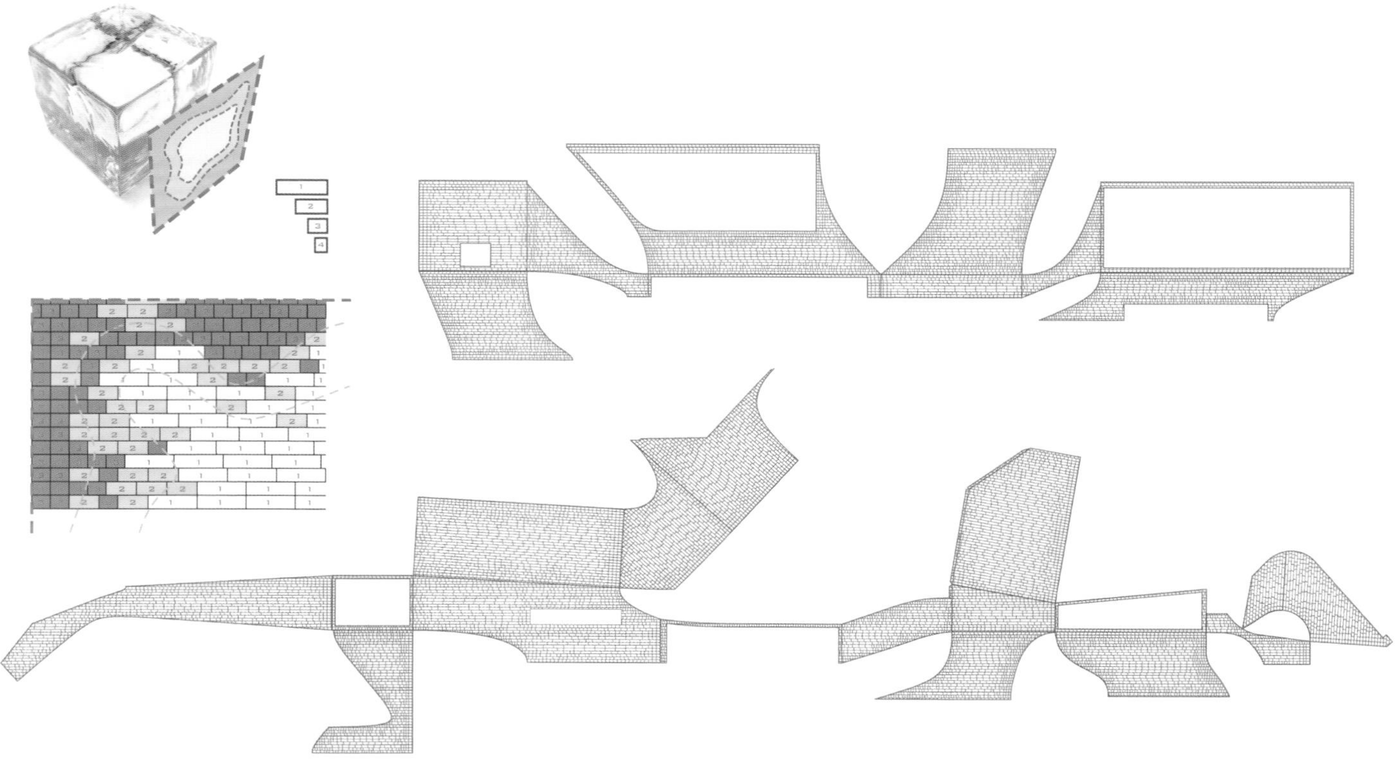

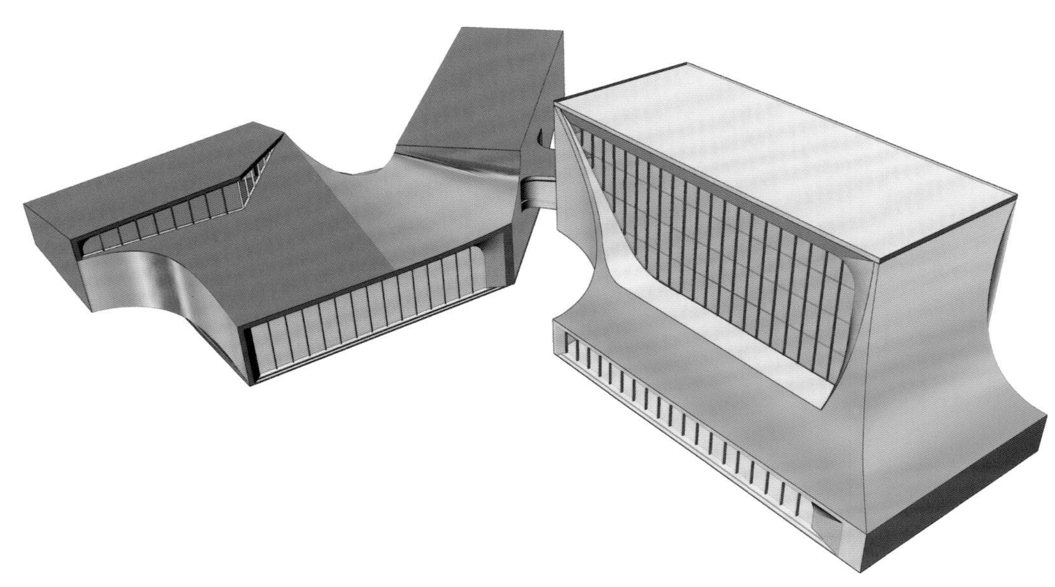

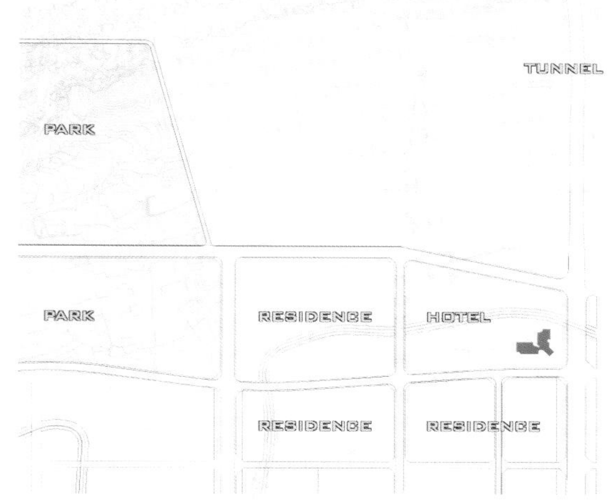
TUNNEL
PARK
PARK
RESIDENCE
HOTEL
RESIDENCE
RESIDENCE

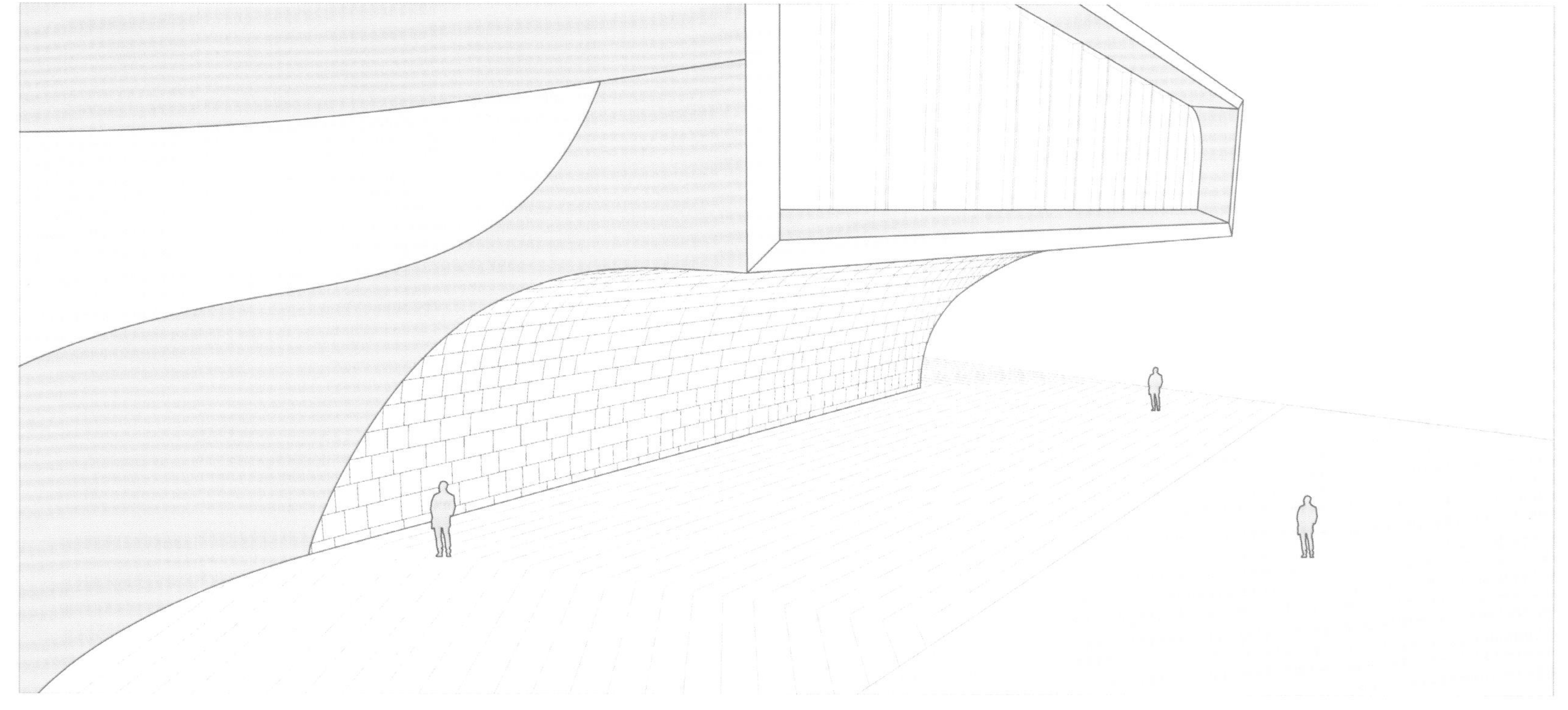

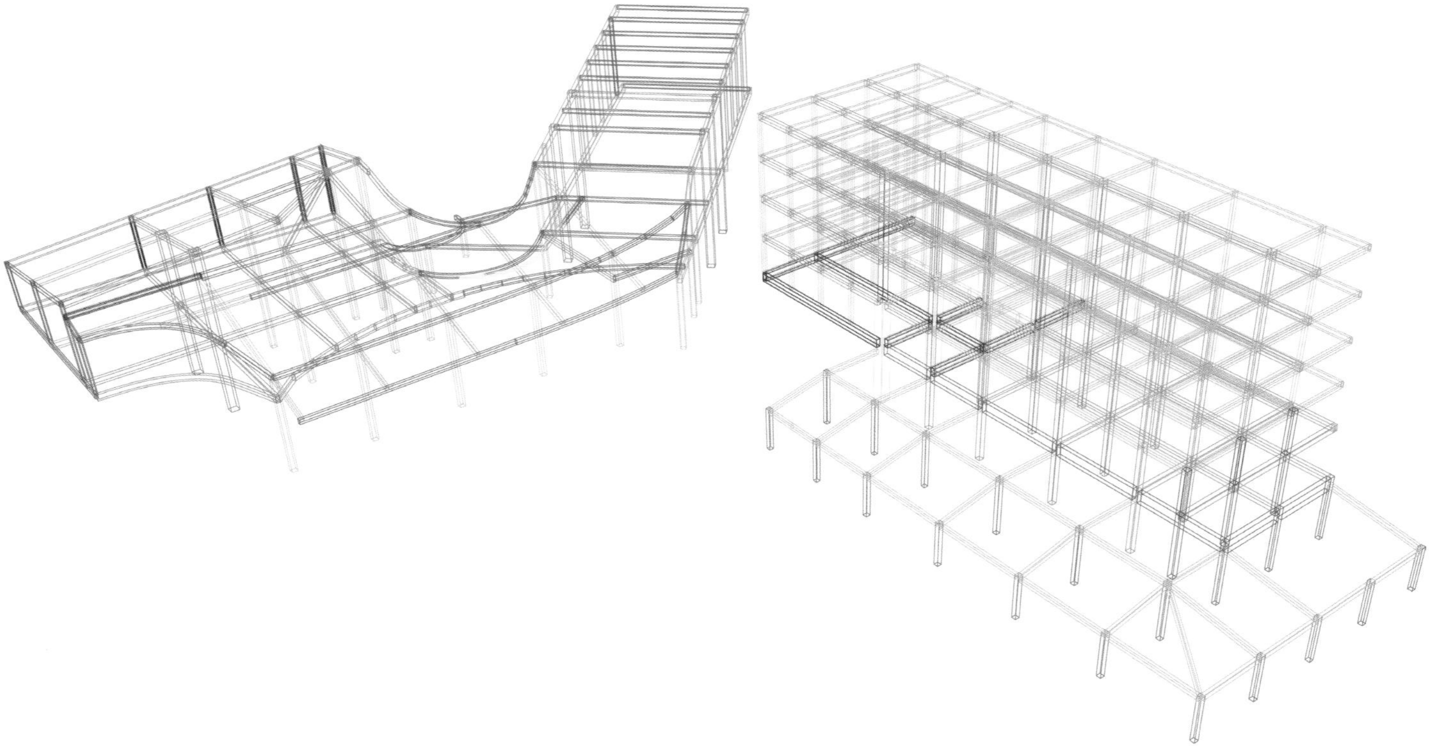

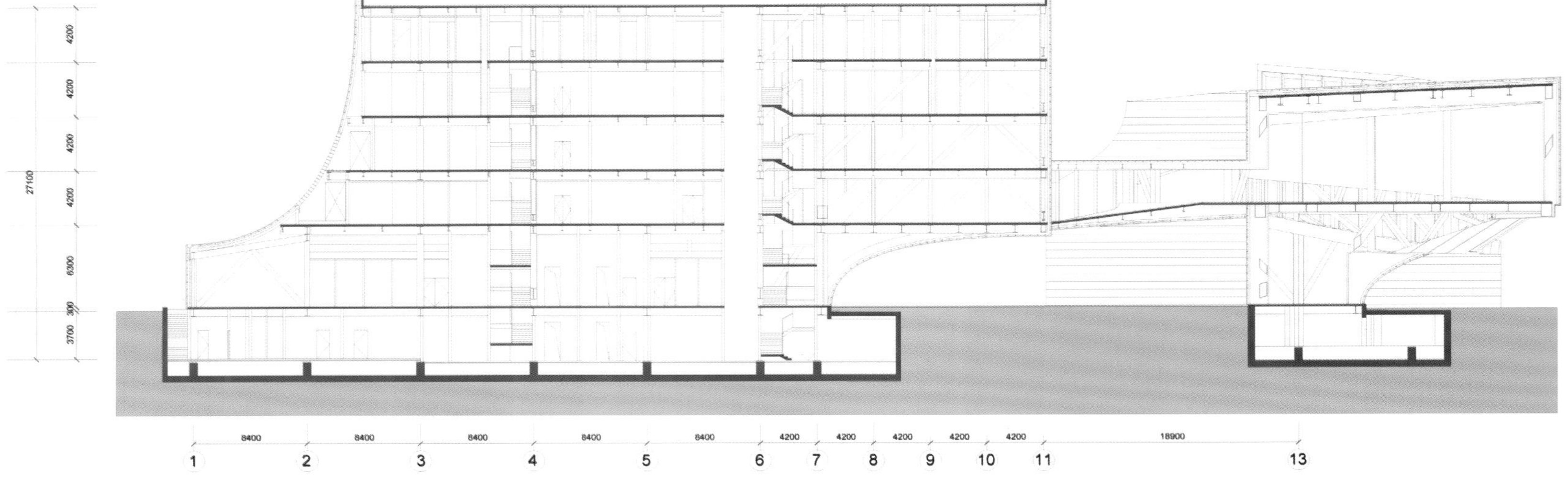
4200
4200
4200
4200
27100
6300
300
3700
8400
8400
8400
8400
8400
4200
4200
4200
4200
4200
18900
1
2
3
4
5
6
7
8
9
10
11
13

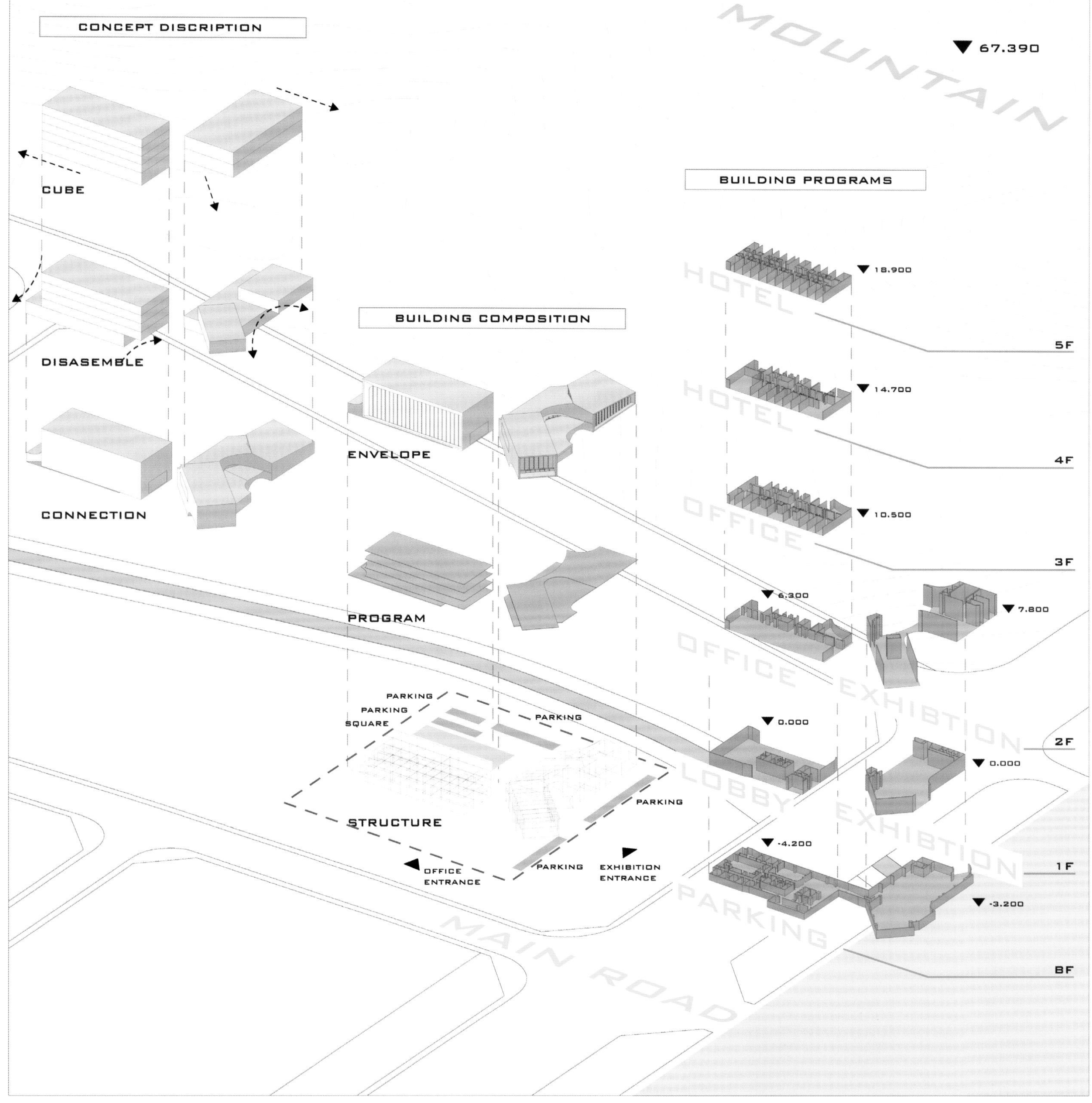
CONCEPT DISCRIPTION
MOUNTAIN
67.390
CUBE
BUILDING PROGRAMS
18.900
HOTEL
DISASEMBLE
BUILDING COMPOSITION
5F
14.700
HOTEL
ENVELOPE
4F
CONNECTION
10.500
OFFICE
3F
6.300
7.800
PROGRAM
OFFICE
EXHIBTION
PARKING
PARKING
PARKING
SQUARE
0.000
2F
0.000
LOBBY
PARKING
EXHIBTION
STRUCTURE
-4.200
OFFICE
ENTRANCE
PARKING
EXHIBITION
ENTRANCE
1F
-3.200
PARKING
MAIN ROAD
BF

深圳 TCL 高科技工业园

项 目 地 点：中国广东省深圳市
占 地 面 积：263 332.68 m^2
总建筑面积：438 700 m^2

该项目位于深圳市南山区留仙洞，规划区占地面积 263 332.68m^2，地块呈不规则长方形，园区内地形平整。园区东面自然山体排水渠从园区东部中间位置自东向西穿过园区，北面为留仙二路，东面隔自然山体为同乐路，南面为茶光路。

项目的建设形态主要为研发、检测大楼及员工宿舍，共计 55 栋建筑，包括 18 层的高层建筑 10 栋，17 栋 10 层的建筑，9 栋 8 层的建筑，7 栋 6 层建筑，2 栋 4 层的建筑，10 栋 3F 的建筑，总建筑面积约 438 700m^2，不设置地下层。在园区入口处东南方向的培训展示区的建筑物部分采用玻璃幕墙。另外园区还将建设物业管理中心、保安宿舍、职工活动中心、食堂（配餐）、公共厕所、中水处理系统等配套服务设施，并进行园区绿化。

A2

A2

天津海泰软件产业基地

项目地点：中国天津市
业　　主：天津市海泰科技发展股份有限公司
建筑设计：兰闽建筑师事务所
合作设计：Gensler
设计人员：兰闽、钟志怡、常孟玮

项目位于天津市高新区国家软件及服务外包产业基地核心区，作为天津市技术创新的前沿和高新技术转化基地，高新区近年来呈现出良好的发展态势，以软件为特色的IT产业是高新区的优势产业群之一。海泰软件产业基地着力打造绿色高效的产业基地。

项目A区是对原有规划的重新布局，其中的企业独立办公区做了完整的规划及单体设计，采用集群设计的理念，营造疏密相间的群体空间。

项目B区的建筑物是在施工图已全部完成的情况下对立面做的重新设计，主要采用了整合形体的方法，同时注重不同材料的表现方式。

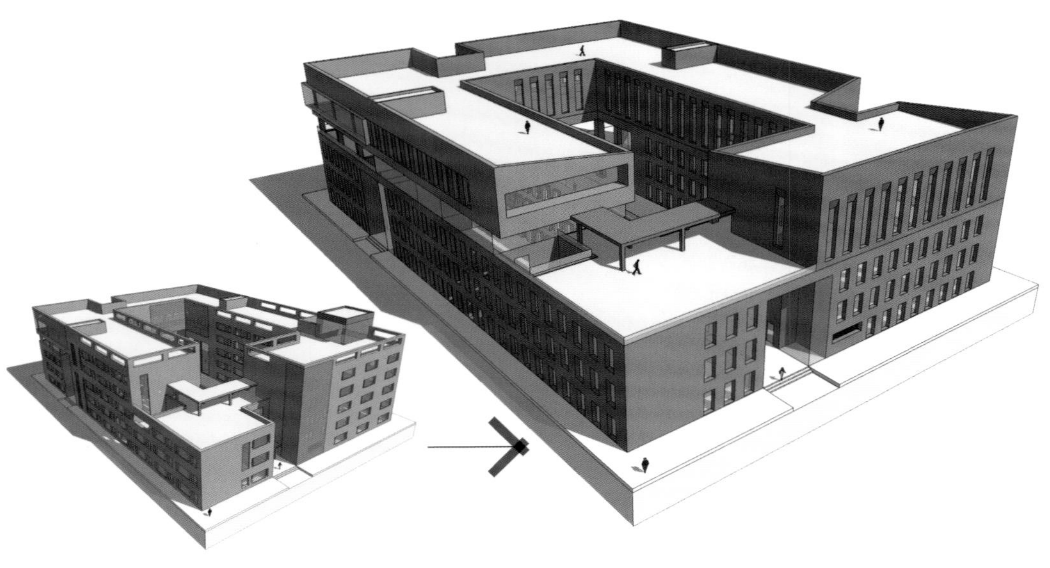

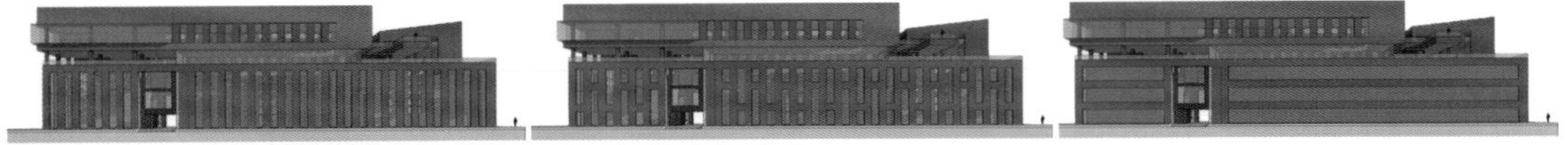
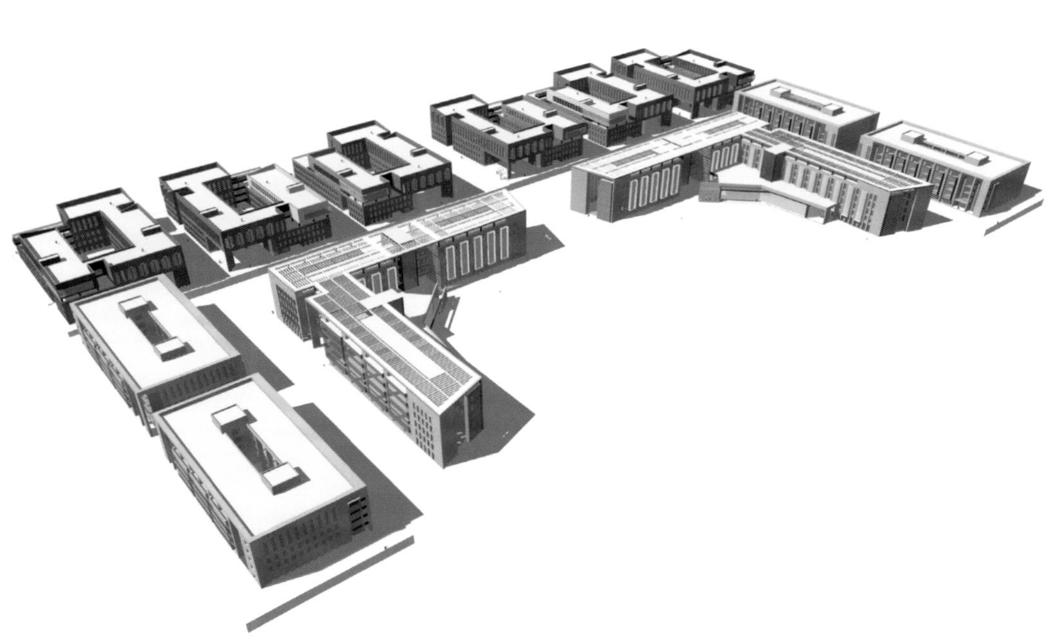

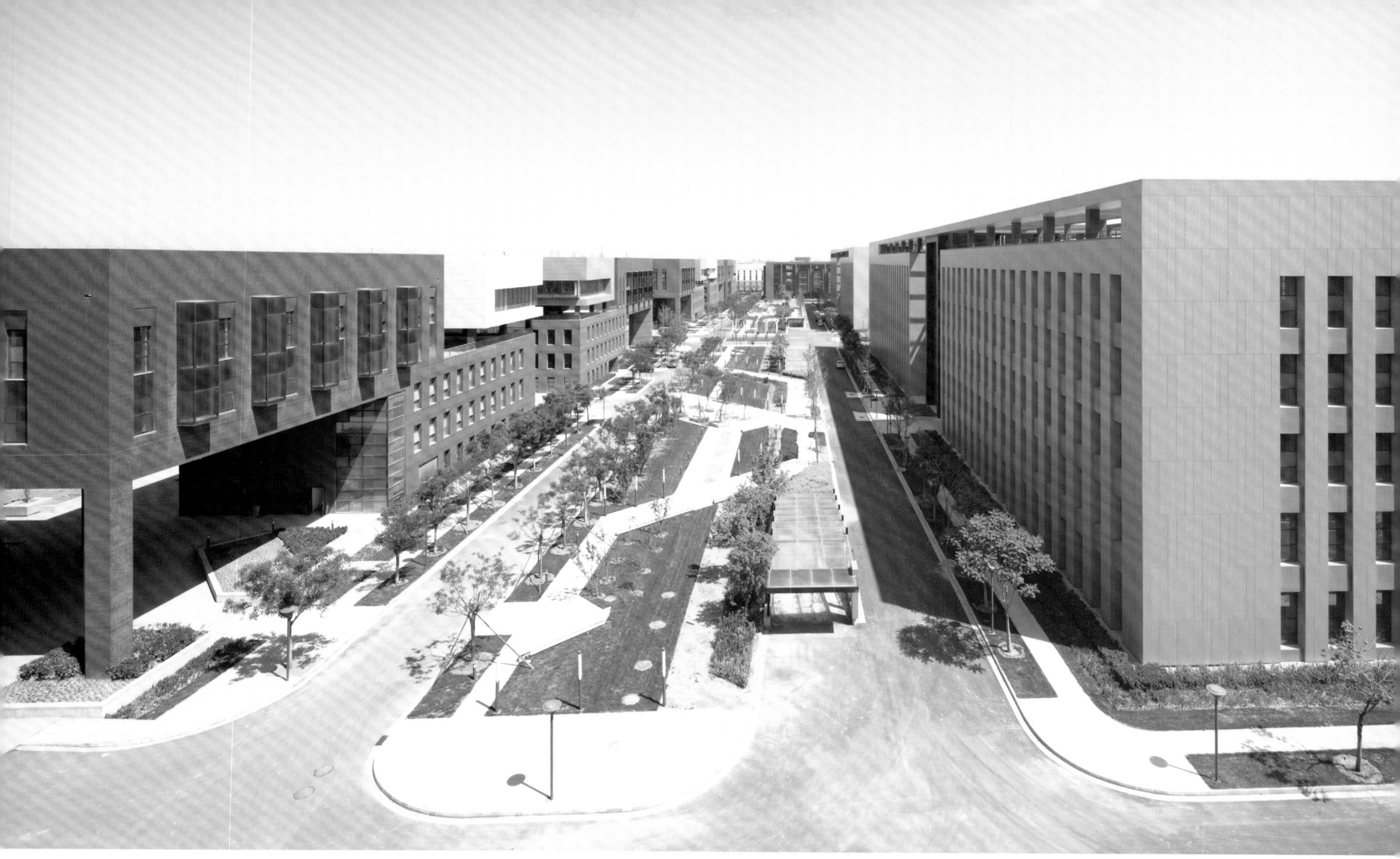

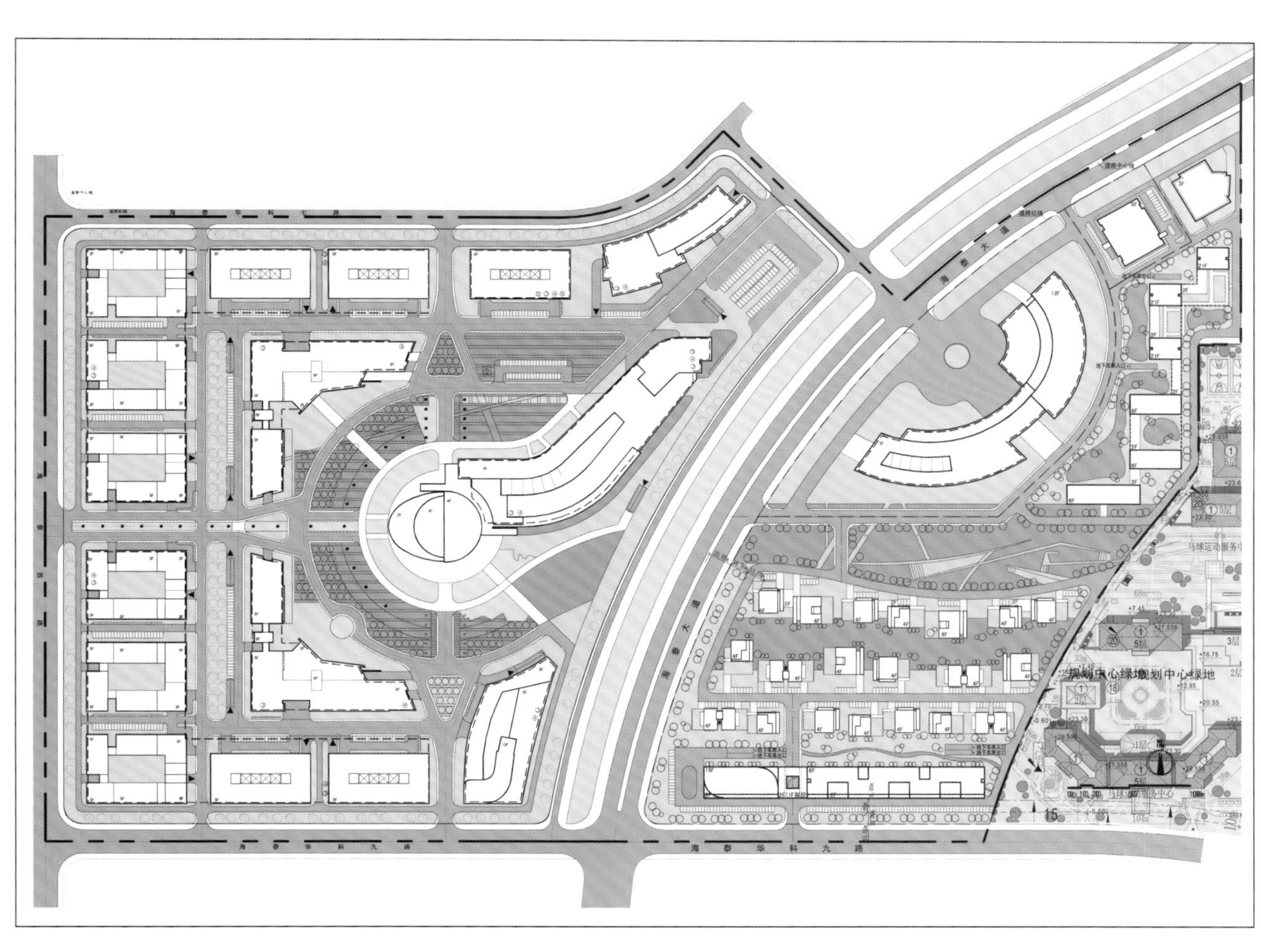
规划中心绿地规划中心绿地
马球运动服务中心
15

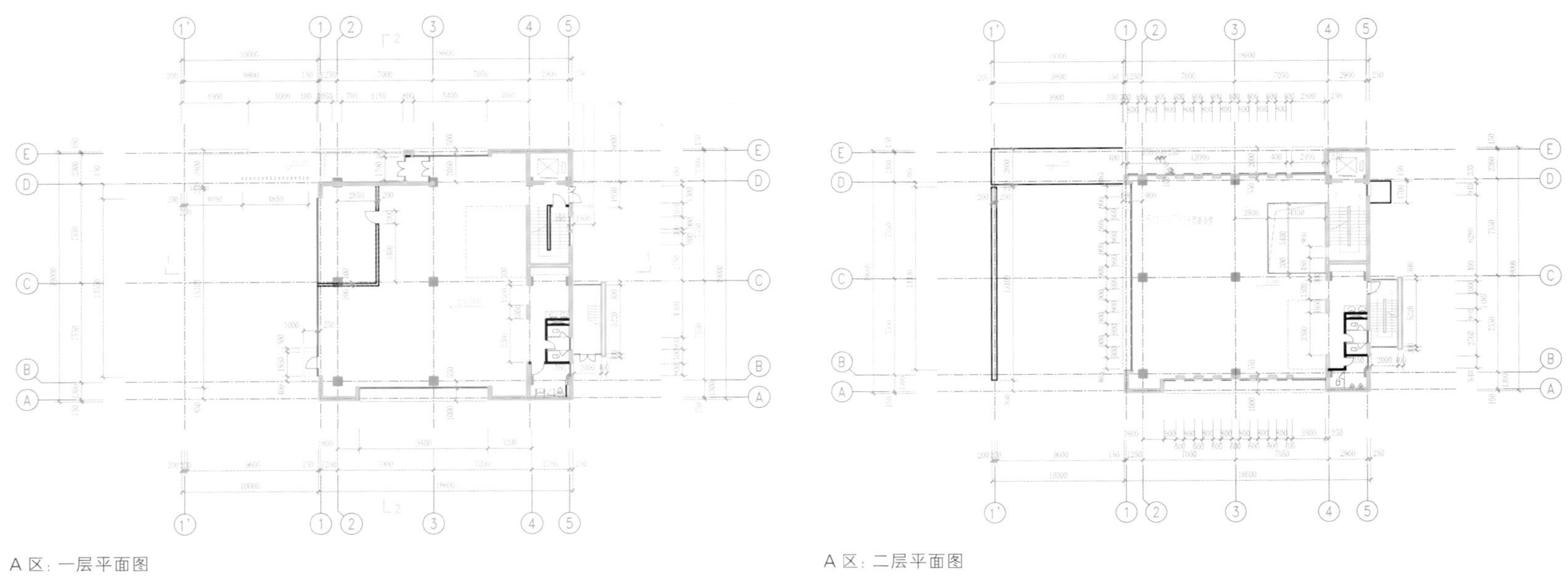

A 区：一层平面图

A 区：二层平面图

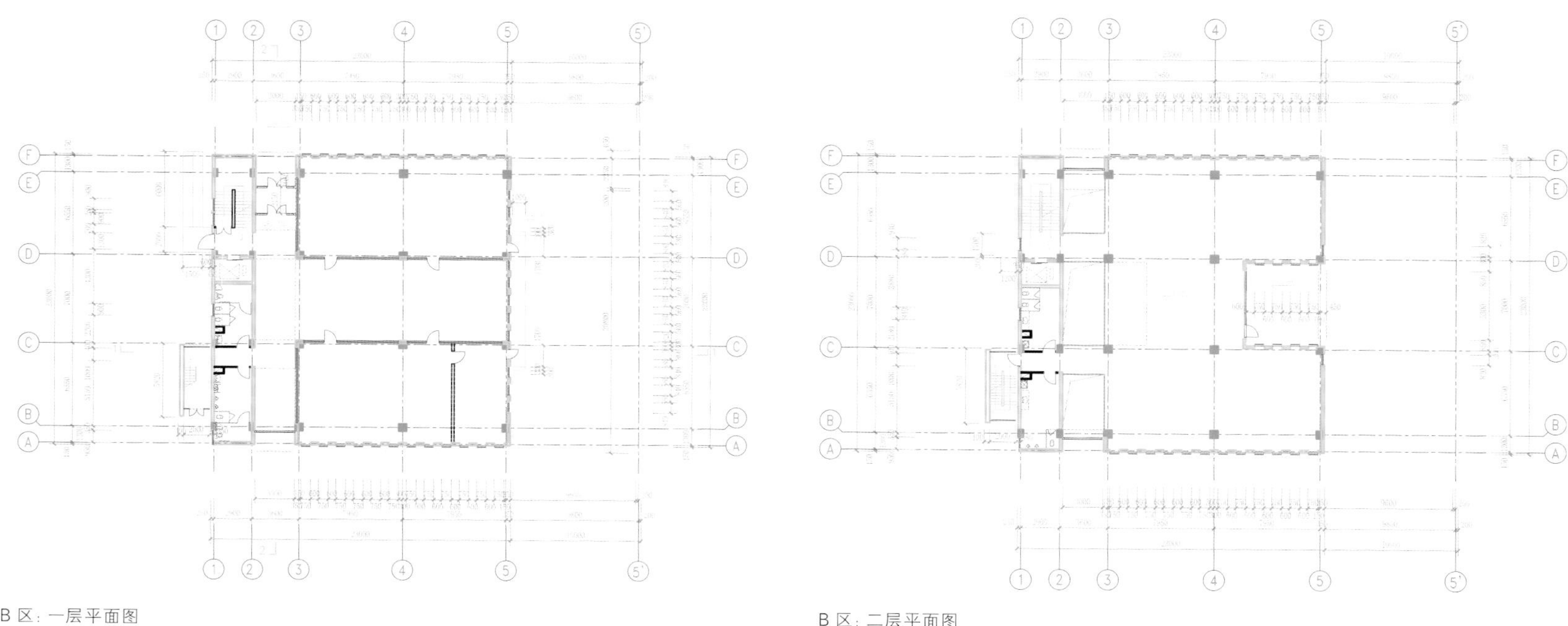

B 区：一层平面图

B 区：二层平面图